工业机器人虚拟仿真实用教程

（配视频）

刘天宋　张　俊　编著

化学工业出版社

·北京·

内容简介

机器人虚拟仿真技术可以协助工程师对机器人单机或生产线进行检验或预测。本书根据工业机器人职业技能要求，采用项目式的编写形式，详细介绍了运用ABB机器人仿真软件RobotStudio搭建工作站、建立模型和对典型工作站进行仿真的方法；以PQArt软件为例，对通用型机器人虚拟仿真软件也进行了介绍，讲解了操作方法及其在不同行业的应用实例。

本书配有丰富的视频，扫描二维码即可观看；还提供了部分源文件资源可供下载。

本书可供从事工业机器人相关工作的技术人员学习参考，也可作为高职院校工业机器人相关专业的教学用书。

图书在版编目（CIP）数据

工业机器人虚拟仿真实用教程：配视频/刘天宋，张俊编著.—北京：化学工业出版社，2021.5

ISBN 978-7-122-38641-0

Ⅰ.①工… Ⅱ.①刘… ②张… Ⅲ.①工业机器人-计算机仿真-教材 Ⅳ.①TP242.2

中国版本图书馆CIP数据核字（2021）第039126号

责任编辑：贾　娜　　文字编辑：温潇潇　陈小滔
责任校对：宋　夏　　装帧设计：王晓宇

出版发行：化学工业出版社（北京市东城区青年湖南街13号　邮政编码100011）
印　　装：北京缤索印刷有限公司
787mm×1092mm　1/16　印张$13^{3}/_{4}$　字数329千字　　2021年8月北京第1版第1次印刷

购书咨询：010-64518888　　售后服务：010-64518899
网　　址：http://www.cip.com.cn
凡购买本书，如有缺损质量问题，本社销售中心负责调换。

定　　价：78.00元

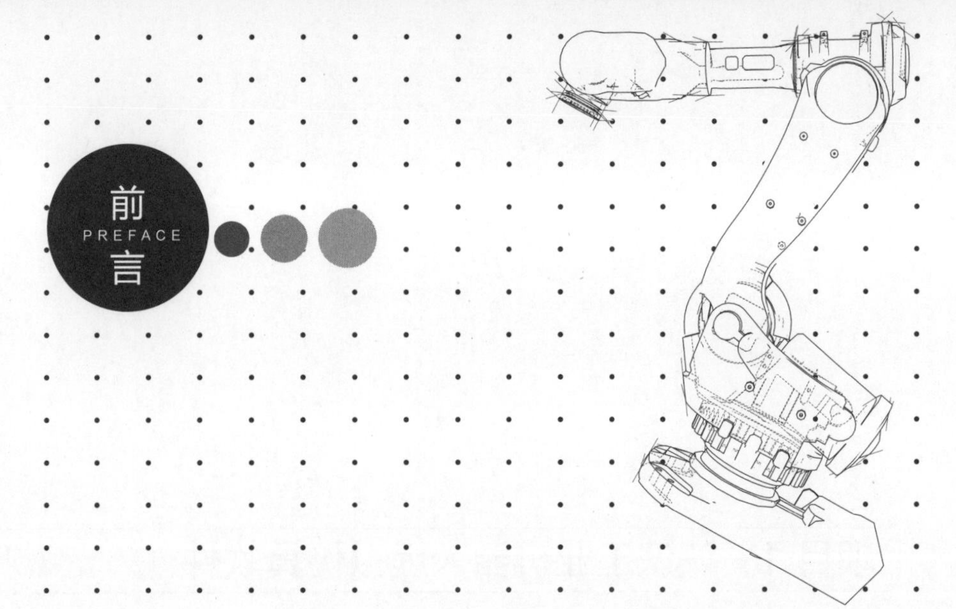

在“中国制造2025”行动纲领的大背景下，机器人产业的发展得到国家的大力支持。如今，越来越多的工业现场采用机器人作为生产线的核心部件，越来越多的职业院校开设了工业机器人专业。

工业机器人虚拟仿真技术既是工业机器人应用的敲门砖，也是工业机器人安全应用的保护伞。一方面，对于初学者来说，借助于虚拟仿真技术，可以在脱离真机的前提下学习机器人的基础操作方法、指令、编程方法等内容；另一方面，有经验的工程师可以借助虚拟仿真技术检验或预测机器人工作站或者生产流水线的安全、效率等问题。

本书紧扣工业机器人职业技能要求，对两种不同类型的工业机器人虚拟仿真软件的使用方法进行了介绍。首先依托ABB公司的RobotStudio软件，讲解了应用该软件对工业机器人进行虚拟仿真的操作过程、建模方法、轨迹离线编程、工作站模仿构建、仿真验证等内容；然后，以PQArt软件为例，对通用型机器人虚拟仿真软件也进行了介绍，主要讲解了三维球的操作、三维模型的搭建、离线编程等内容，并介绍了PQArt软件在不同行业的应用实例。

本书编写过程中，充分考虑了读者的认知规律，书中内容采用图文并茂的表现形式，并配有丰富的视频教学资源，除配备了二维码视频可供随时扫码观看外，还提供了部分源文件资源，可在化学工业出版社网站www.cip.com.cn中的“资源下载”区下载学习。本书可供从事工业机器人相关工作的技术人员学习参考，也可作为高职院校工业机器人相关专业的教学用书。

本书由刘天宋、张俊编著。在本书编写过程中，得到了北京华航唯实机器人科技有限公司的大力帮助，在此致以最诚挚的谢意！

由于编者水平所限，书中难免有不妥之处，敬请读者批评指正并提出宝贵意见。

编著者

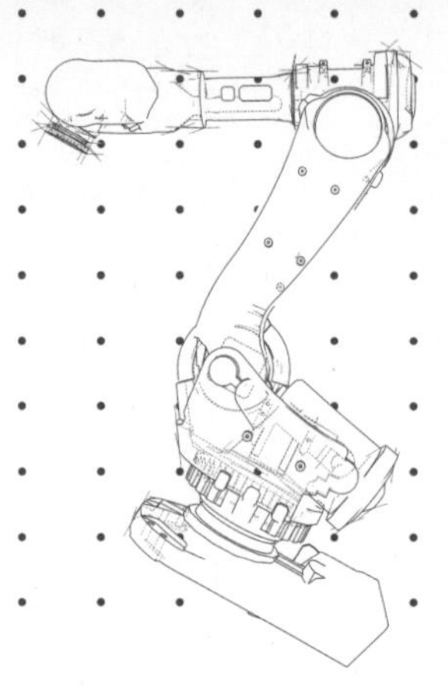

目录

/Administration
Resources
/Legal
/Accounting
/Finance
/Marketing
/Publicity
/Promotion
/Research
/Business
/Development
/Engineering
/Manufacturing
/Planning

项目1

认识工业机器人虚拟仿真软件

任务1　安装 RobotStudio 软件

任务2　认识 RobotStudio 软件的界面

安装 RobotStudio 软件

通过本任务，可以了解虚拟仿真技术的概念和发展历程，认识常用的工业机器人仿真软件，学会 RobotStudio 软件的获取、安装等操作，为接下来的操作和使用打下基础。

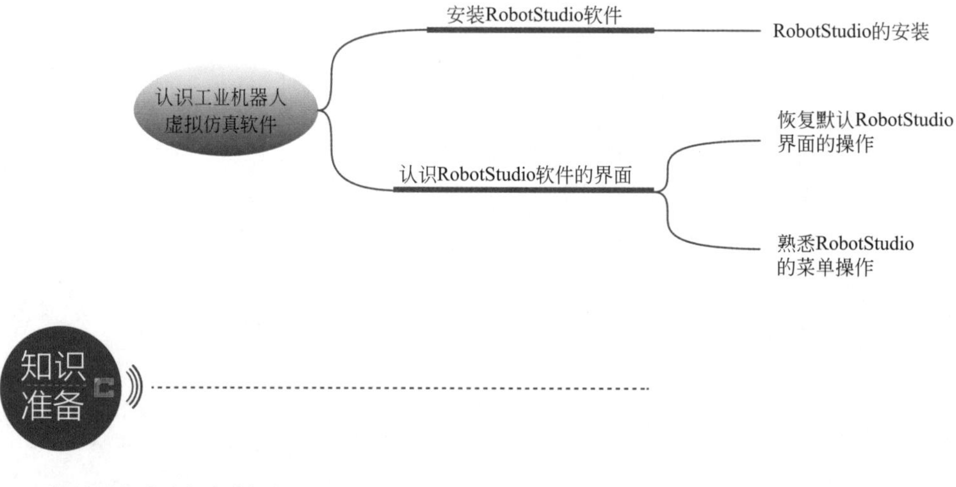

知识准备

1. 虚拟仿真技术简介

虚拟仿真技术是用虚拟的系统模仿真实系统的技术。随着计算机技术的发展，虚拟仿真技术逐步自成体系，成为继数学推理、科学实验之后人类认识自然界客观规律的第三类基本方法，而且正在发展成为人类认识、改造和创造客观世界的一项通用性、战略性技术。过去，人们只用仿真技术来模拟某个物理现象、设备或简单系统。今天，人们要求能用仿真技术来描述复杂系统，甚至描述由众多不同系统组成的系统体系。这就要求仿真技术不断进步发展，并吸纳、融合其他相关技术。

虚拟仿真软件的发展可分为三个较为典型的阶段。

（1）第一阶段

在第二次世界大战的末期，仿真技术在火炮控制和飞行控制动力学研究的推动下，开启了发展的道路。其具体发展历程可概括为：20 世纪 40 年代第一台通用电子模拟计算机研制成功；随后，在 50 年代末至 60 年代，随着宇宙飞船和导弹轨道动力学的发展，仿真技术被运用于核电站建设与阿波罗登月计划中，50 年代末第一台混合计算机系统被用于洲际导弹的仿真。

（2）第二阶段

20 世纪 70 年代，随着国际政治军事格局的改变，仿真技术的发展速度越来越快，发展的领域也越来越宽。除了在军事领域的普遍运用，仿真技术还被运用于民航客机的驾驶培训中。这在某种程度上标志着仿真技术步入成熟阶段。70 年代末，世界各国的投资重点由军事建设转为经济建设。由于现代战争中，先进武器的研制成本、操作人员的培训费用、研究开发人员的培养成本等越来越高，在投入资金减少的情况下，仿真技术为以上种种问题的解决提供了经济有效的渠道，仿真技术步入成熟阶段。

（3）第三阶段

在经历了发展阶段和成熟阶段后，以美国国防部高级研究计划局与美国陆军共同制定与执行的 SIMNET(Simulators Network) 研究计划和美国三军组建的先进科学的半实物仿真实验室为标志，仿真技术在 20 世纪 80 年代迈进了发展的高级阶段。

伴随着社会的不断发展，仿真技术在现代工程技术中的作用也日益突出。其不但广泛运用于航天、化工、通信、电子等各个工程领域，而且在教育、经济、生物等各个非工程领域也被大力地推广和应用，成为现代高科技的重要力量之一。

2. 常用工业机器人虚拟仿真软件的介绍

目前，应用较多的工业机器人仿真软件有 RobotStudio、Robotmaster 和 PQArt。它们可以实现机器人系统仿真模型的搭建，可以通过输入参数获得系统的输出参数，并为实际生产提供可靠的参考意见。

（1）PQArt 软件

PQArt（原 RobotArt）软件是在航空航天背景下开发的，是目前国内离线编程仿真软件中的佼佼者。该软件可以根据虚拟场景中的零件形状自动生成加工轨迹。该软件支持大部分主流的机器人品牌，包括国内的一些机器人品牌。软件根据几何数模的拓扑信息生成机器人运动轨迹，融合了轨迹仿真路径优化和后置代码等功能，同时集碰撞检测、场景渲染、动画输出于一体，可快速生成效果逼真的模拟动画。该软件广泛应用于打磨、去毛刺、焊接、激光切割、数控加工等用途。如图 1-1 所示为 PQArt 离线编程仿真软件的界面。

（2）Robotmaster 软件

Robotmaster 软件来自加拿大，是专为工业机器人开发的编程软件。它无缝集成了机器人离线编程、仿真和代码生成。用 3 个词概括 Robotmaster，就是“工业机器人”“复杂轨迹”“离线编程”软件。如图 1-2 所示为 Robotmaster 软件界面。

（3）RobotStudio 软件

RobotStudio 软件是 ABB 机器人的配套软件。RobotStudio 支持图形化编程、编辑和调试机器人系统。与 PQArt 和 Robotmaster 相比，RobotStudio 软件专用性较强，只支持 ABB

机器人。如图 1-3 所示为 RobotStudio 软件界面。

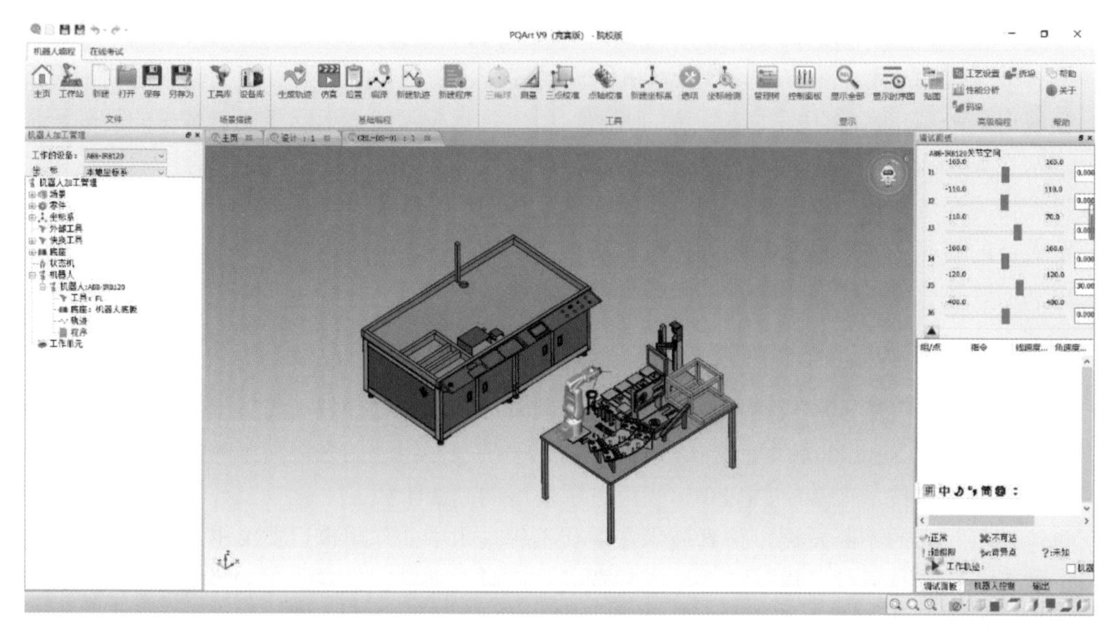

图 1-1　PQArt 软件界面

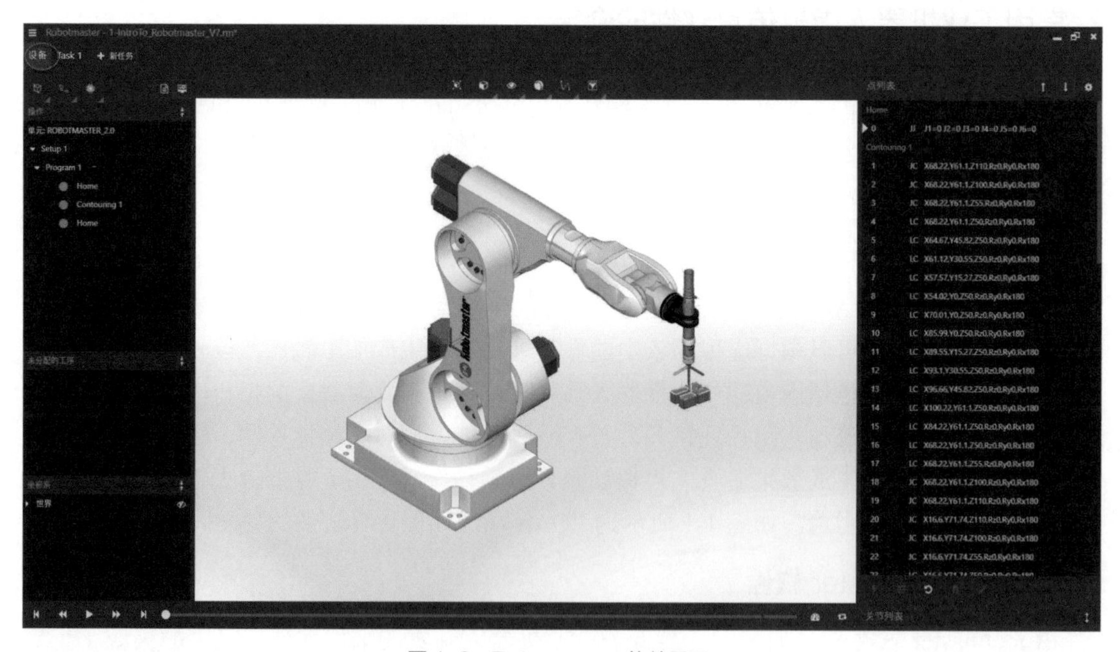

图 1-2　Robotmaster 软件界面

RobotStudio 软件包括如下功能：

① CAD 导入。可方便地导入各种主流 CAD 格式的数据，包括 IGES、STEP、VRML、VDAFS、ACIS 及 CATIA 等。机器人程序员可依据这些精确的数据编制精度更高的机器人程序，从而提高产品质量。

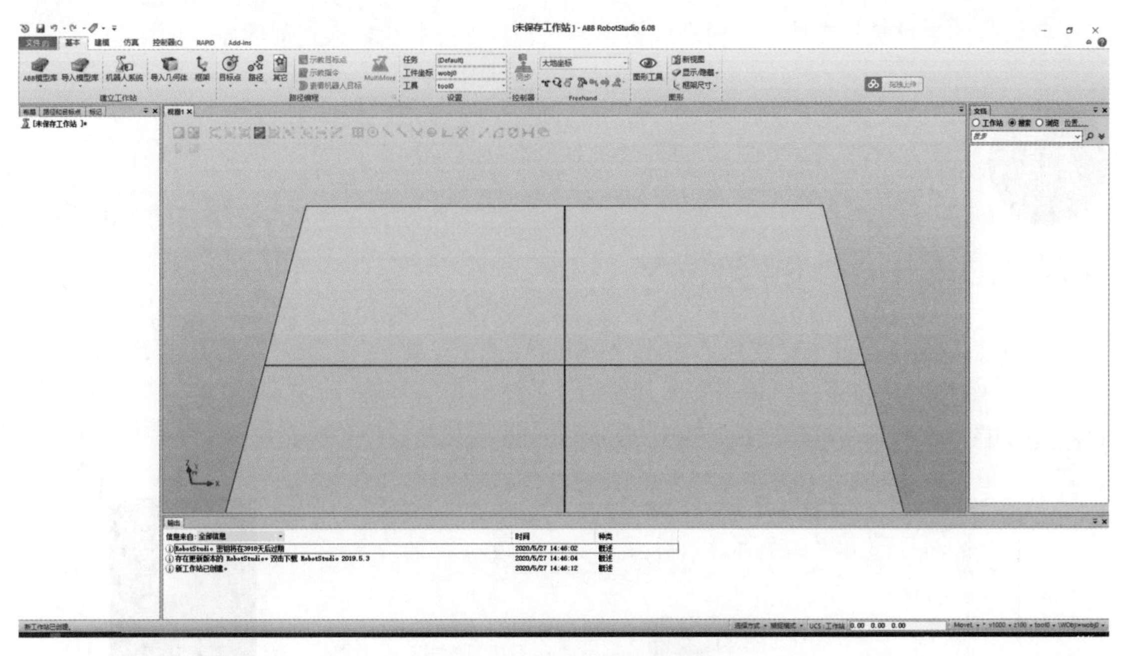

图 1-3　RobotStudio 软件界面

② AutoPath 功能。该功能通过使用待加工零件的 CAD 模型，只需数分钟便可自动生成跟踪加工曲线所需要的机器人位置 (路径)。

③ 程序编辑器。可生成机器人程序，使用户能够在 Windows 环境中离线开发或维护机器人程序，可显著缩短编程时间、改进程序结构。

④ 路径优化。如果程序包含接近奇异点的机器人动作，RobotStudio 软件可自动检测出来并发出警报，从而防止机器人在实际运行中发生这种动作。仿真监视器是一种用于机器人运动优化的可视工具，用红色线条表示可改进之处，以使机器人按照最有效方式运行。可以对 TCP 速度、加速度、奇异点或轴线等进行优化，缩短周期时间。

⑤ 可到达性分析。通过 Autoreach 可自动进行可到达性分析，使用十分方便，用户可通过该功能任意移动机器人或工件，直到所有位置均可到达，在数分钟之内便可完成工作单元平面布置验证和优化。

⑥ 虚拟示教台。它是实际示教台的图形显示，其核心技术是 VirtualRobot。从本质上讲，所有可以在实际示教台上进行的工作，都可以在虚拟示教台上完成。

⑦ 时间表。这是一种用于验证程序的结构与逻辑的理想工具。程序执行期间，可通过该工具直接观察工作单元的 I/O 状态。可将 I/O 连接到仿真事件，实现工位内机器人及所有设备的仿真。该功能是一种十分理想的调试工具。

⑧ 碰撞检测。碰撞检测功能可避免设备碰撞造成的严重损失。选定检测对象后，RobotStudio 可自动监测并显示程序执行时这些对象是否会发生碰撞。

⑨ VBA（Visual Bosic for Applications）功能。可采用 VBA 改进和扩充 RobotStudio 功能，根据用户具体需要开发功能强大的外接插件、宏，或定制用户界面。

⑩ 直接上传和下载。整个机器人程序无需任何转换便可直接下载到实际机器人系统，该功能得益于 ABB 独有的 VirtualRobot 技术。

该软件的缺点是只支持本公司品牌机器人，与其他品牌机器人之间的兼容性很差。

RobotStudio 的安装

① 下载 RobotStudio 安装包，右击“RobotStudio 安装包”，选择“解压文件”，如图 1-4 所示，修改解压目录，点击“立即解压”。

② 如图 1-5 所示，解压完成，得到 RobotStudio 安装包。

图 1-4　RobotStudio 安装包解压

图 1-5　RobotStudio 安装包

③ 如图 1-6 所示，进入 RobotStudio_2019.5.5\RobotStudio，双击 setup.exe。

RobotStudio_2019.5.5 › RobotStudio

名称	修改日期	类型	大小
ISSetupPrerequisites	2020/5/14 19:12	文件夹	
0x040a.ini	2014/10/1 16:41	配置设置	25 KB
0x040c.ini	2014/10/1 16:41	配置设置	26 KB
0x0405.ini	2014/10/1 16:40	配置设置	23 KB
0x0407.ini	2014/10/1 16:40	配置设置	26 KB
0x0409.ini	2014/10/1 16:41	配置设置	22 KB
0x0410.ini	2014/10/1 16:41	配置设置	25 KB
0x0411.ini	2014/10/1 16:41	配置设置	15 KB
0x0804.ini	2014/10/1 16:44	配置设置	11 KB
1029.mst	2020/5/14 17:40	MST 文件	108 KB
1031.mst	2020/5/14 17:40	MST 文件	120 KB
1033.mst	2020/5/14 17:40	MST 文件	28 KB
1034.mst	2020/5/14 17:40	MST 文件	116 KB
1036.mst	2020/5/14 17:40	MST 文件	116 KB
1040.mst	2020/5/14 17:40	MST 文件	116 KB
1041.mst	2020/5/14 17:40	MST 文件	112 KB
2052.mst	2020/5/14 17:40	MST 文件	88 KB
ABB RobotStudio 2019.5.5.msi	2020/5/14 17:39	Windows Install...	9,971 KB
Data1.cab	2020/5/14 17:40	好压 CAB 压缩文件	1,683,175...
setup.exe	2020/5/14 17:45	应用程序	1,675 KB
Setup.ini	2020/5/14 17:17	配置设置	7 KB

图 1-6　RobotStudio 安装程序

④ 如图 1-7 所示，选择安装语言，默认语言为中文（简体），点击“确定（O）”。

⑤ 等待，选择“下一步（N）”。如图 1-8 所示，选择“我接受该许可证协议中的条款（A）”，点击“下一步（N）”。

图 1-7　RobotStudio 安装语言

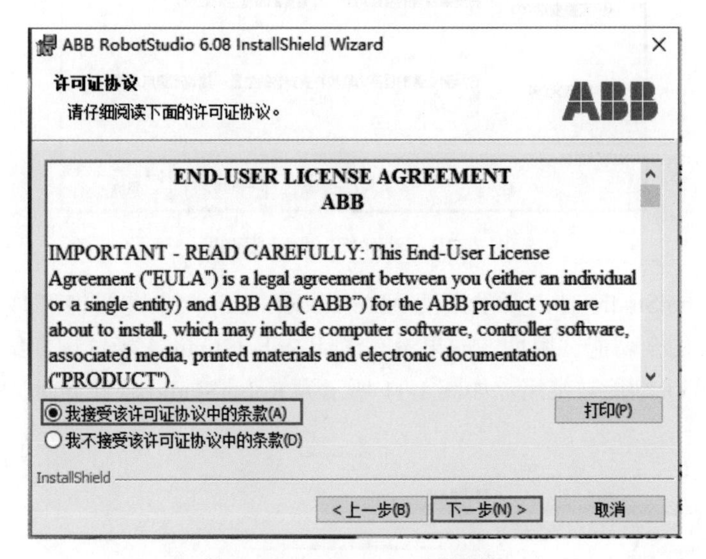

图 1-8　RobotStudio 安装条款

⑥ 如图 1-9 所示，选择安装位置，点击“下一步（N）”。

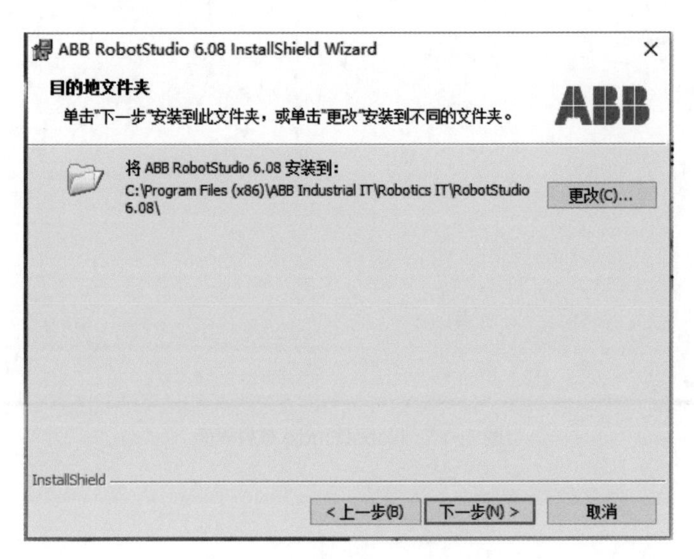

图 1-9　RobotStudio 安装位置

⑦ 如图 1-10 所示，接下来有三个安装类型选项，根据自己的配置和需求选择，并点击“下一步（N）”，点击“安装”，等待完成后，点击“完成”。

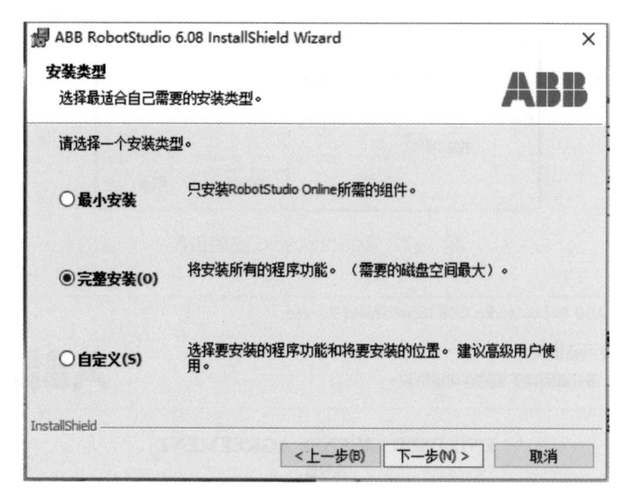

图 1-10　RobotStudio 安装类型

首次运行 RobotStudio 时，要求激活 ABB RobotStudio。未购买许可时，单击“取消”，用户仍享有 30 天的全功能试用期。如果没有激活 RobotStudio，当试用期结束后，软件只具有基本版功能，部分功能被禁用。如图 1-11 所示为 RobotStudio 软件界面。

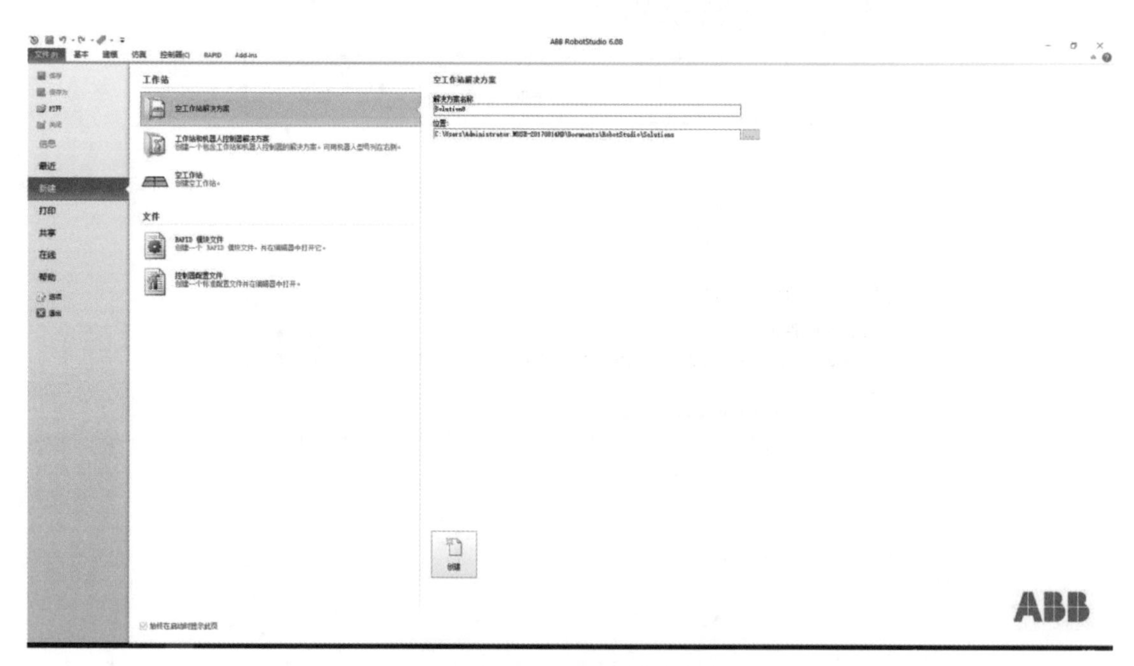

图 1-11　RobotStudio 软件界面

认识 RobotStudio 软件的界面

通过本任务的学习，认识 RobotStudio 软件界面，了解每个菜单中包含的具体内容。熟悉本软件中的组合键和常用的快捷键，掌握 RobotStudio 界面恢复默认的操作方法。

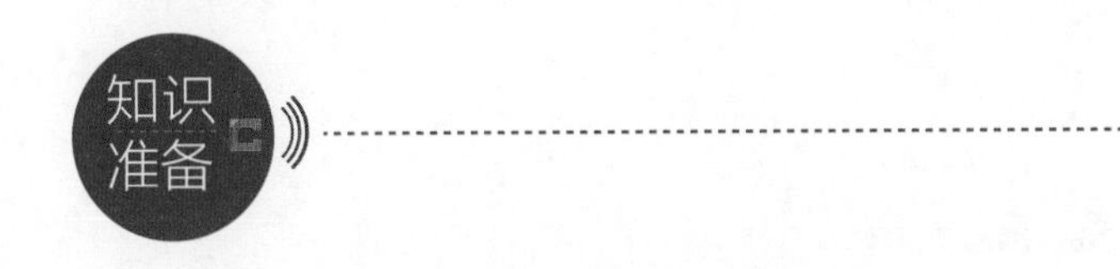

RobotStudio 软件菜单

（1）文件菜单

“文件（F）”菜单包含“打开”“新建”“打印”等常用选项。其中，“新建”选项下还包含“空工作站解决方案”“带工作站和虚拟控制器的解决方案”“空工作站”等选项，如图 1-12 所示。

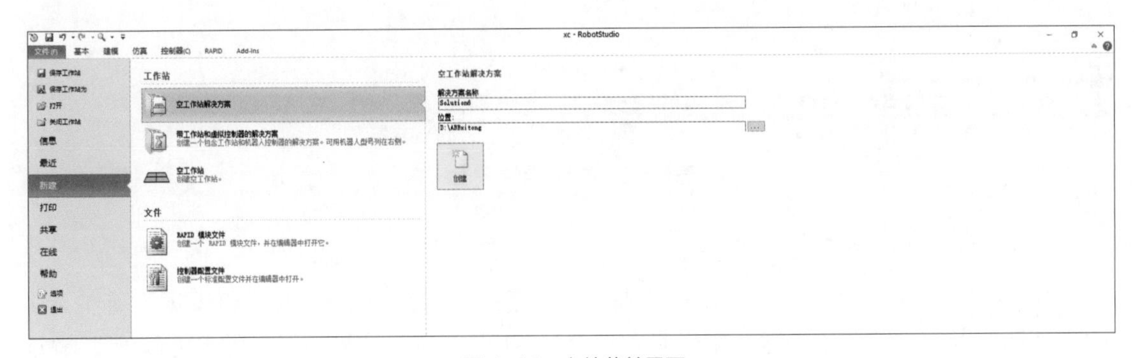

图 1-12　文件菜单界面

（2）基本菜单

“基本”菜单包含“建立工作站”“路径编程”“设置”“控制器”等控件，如图 1-13 所示。

图 1-13　基本菜单界面

（3）建模菜单

“建模”菜单包含“创建”“CAD 操作”“测量”“机械”等控件，如图 1- 14 所示。

图 1-14　建模菜单界面

（4）仿真菜单

“仿真”菜单包含“碰撞监控”“配置”“仿真控制”“监控”“信号分析器”“录制短片”等控件，如图 1-15 所示。

图 1-15　仿真菜单界面

（5）控制器菜单

“控制器（C）”菜单包含“进入”“控制器工具”“配置”“虚拟控制器”等控件。RobotStudio 软件具有让用户在 PC 上运行虚拟控制器的功能。这种离线控制器称为虚拟控制器（VC），可以仿真控制器大部分功能，还可以在线控制机器人控制器。RobotStudio 还允许使用真实的控制器（简称“真实控制器”）。“控制器（C）”选项卡上的功能可分为用于虚拟和真实控制器的功能，界面如图 1-16 所示。

图 1-16　控制器菜单界面

（6）RAPID 菜单

RAPID 菜单包含“进入”“编辑”“插入”“查找”“控制器”“测试和调试”等控件。RAPID 选项卡提供了用于创建、编辑和管理 RAPID 程序的工具和功能。用户可以管理真实控制器上的在线 RAPID 程序、虚拟控制器上的离线 RAPID 程序或不隶属于某个系统的单机程序，如图 1-17 所示。

（7）Add-Ins 菜单

Add-Ins 菜单包含“社区”“RobotWare”“齿轮箱热量预测”等控件，如图 1-18 所示。

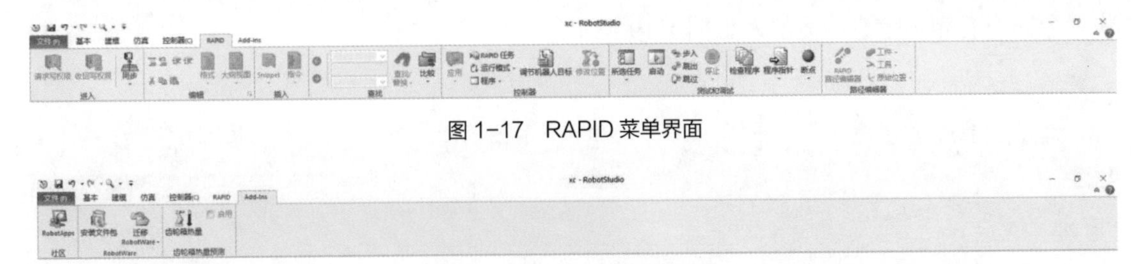

图 1-17　RAPID 菜单界面

图 1-18　Add-Ins 菜单界面

小提示

RobotStudio 软件中经常使用组合键、快捷键。工作站视图组合键如表 1-1 所示，RobotStudio 常用的快捷键如表 1-2 所示。

表 1-1　工作站视图组合键

用 途	组 合 键	描 述
旋转工作站	Ctrl+Shift+	按住 Ctrl+Shift 和鼠标左键的同时，拖动鼠标对工作站进行旋转，如果是三键鼠标，可使用中间键和右键代替键盘组合
平移工作站	Ctrl+	按住 Ctrl 键和鼠标左键的同时，拖动鼠标对工作站进行平移
缩放工作站	Ctrl+	按住 Ctrl 键和鼠标右键的同时，将鼠标拖至左侧可以缩小，将鼠标拖至右侧可以放大；如果是三键鼠标，可使用中间键替代键盘组合
窗口选择	Shift+	按住 Shift 和鼠标左键的同时，将鼠标拖过该区域，以便选择与当前选择层级匹配的所有项目
窗口缩放	Shift+	按住 Shift 键和鼠标右键的同时，将鼠标拖过放大的区域

表 1-2　RobotStudio 常用快捷键

快 捷 键	功 能	快 捷 键	功 能
F1	打开帮助文件	Ctrl+R	示教目标点
Ctrl+F5	打开示教器	F4	添加工作站系统
F10	激活菜单栏	Ctrl+S	保存工作站
Ctrl+O	打开工作站	Ctrl+N	新建工作站
Ctrl+B	屏幕截图	Ctrl+J	导入模型库
Ctrl+Shift+R	示教指令	Ctrl+G	导入几何体

任务实施

1. 恢复默认 RobotStudio 界面的操作

① 在刚开始操作 RobotStudio 时，经常会遇到操作窗口被意外关闭，无法找到对应的操

作对象和查看相关信息的情况，如图 1-19 所示。

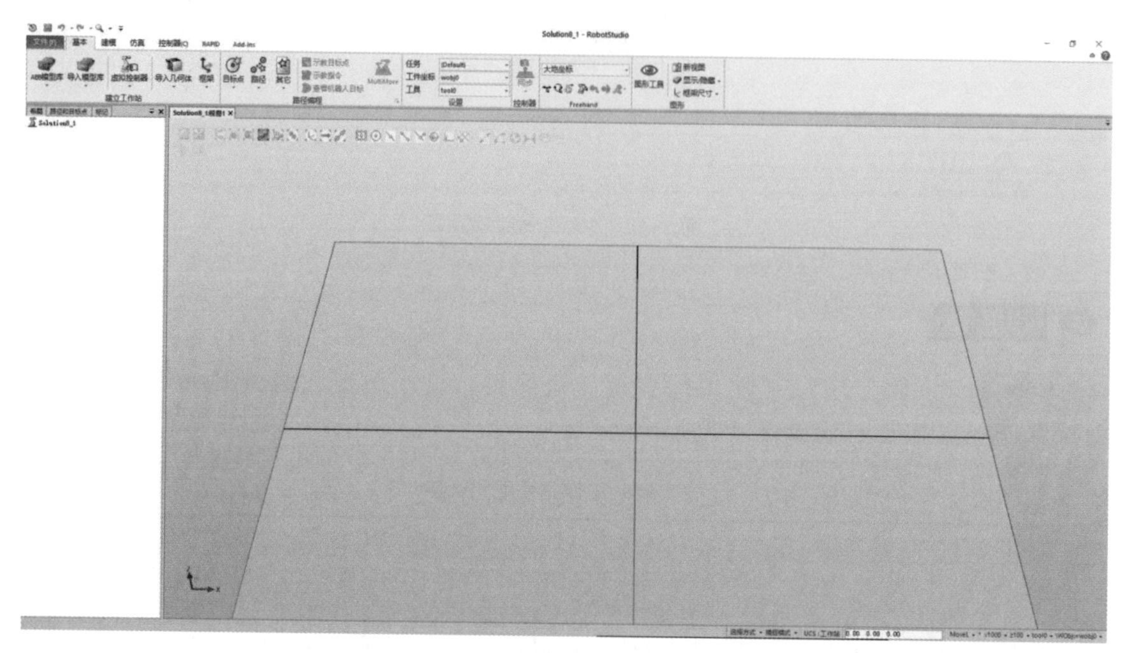

图 1-19　操作窗口关闭界面

② 执行“窗口布局”→“默认布局”选项，即可恢复默认的 RobotStudio 界面，如图 1-20 所示。

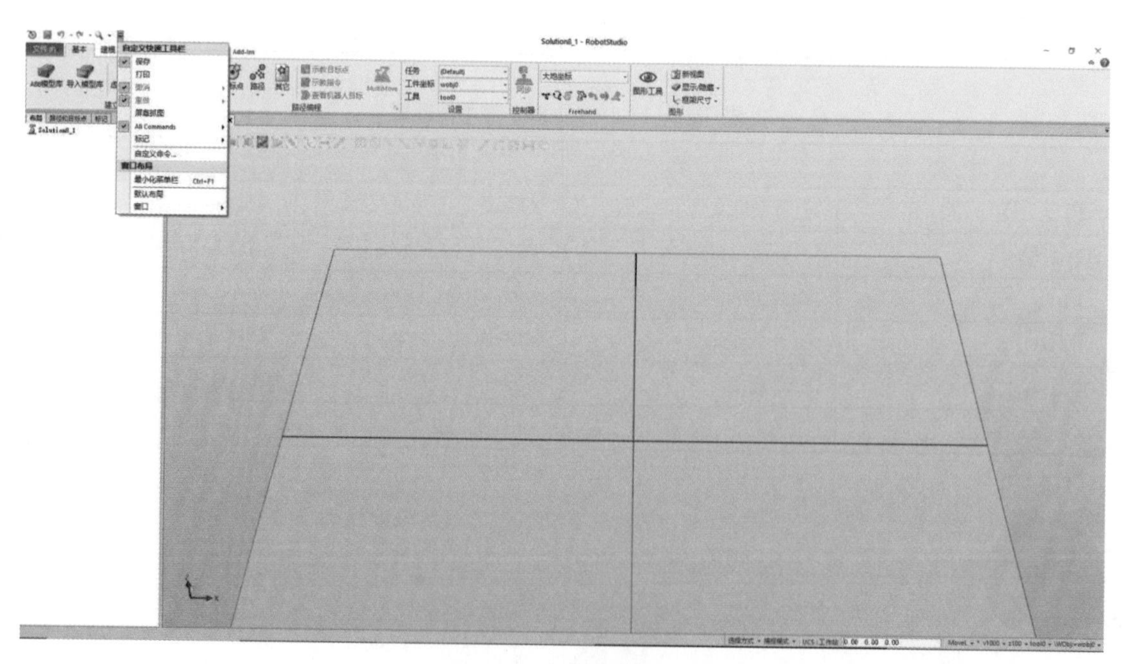

图 1-20　恢复默认界面

③ 执行“窗口布局”→“窗口”选项，并选中需要的窗口，如图 1-21 所示。

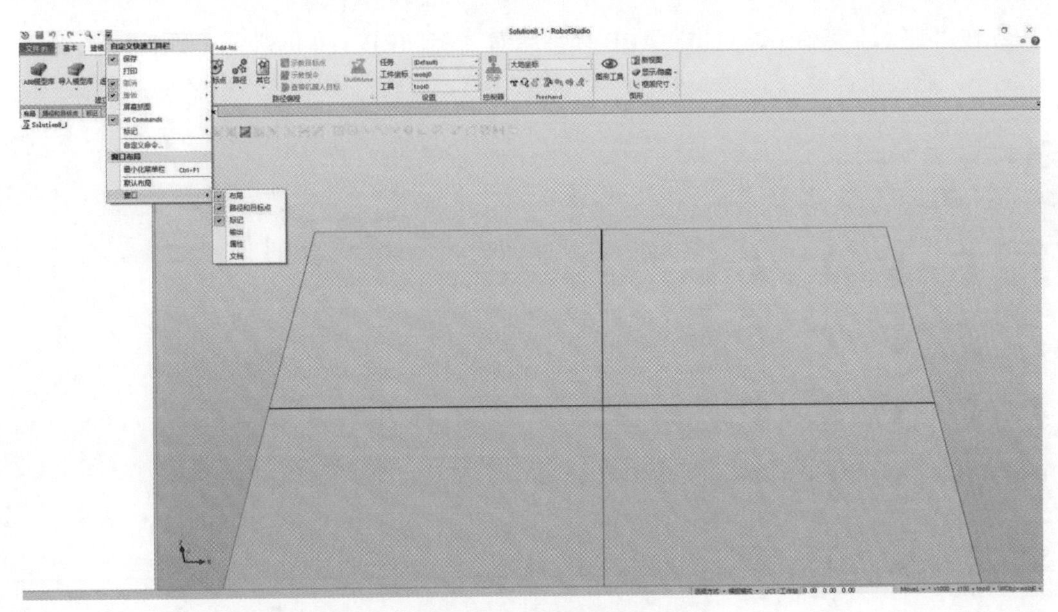

图 1-21　选择窗口界面

2. 熟悉 RobotStudio 的菜单操作

① 在“文件（F）”菜单下，新建“空工作站”，如图 1-22 所示。

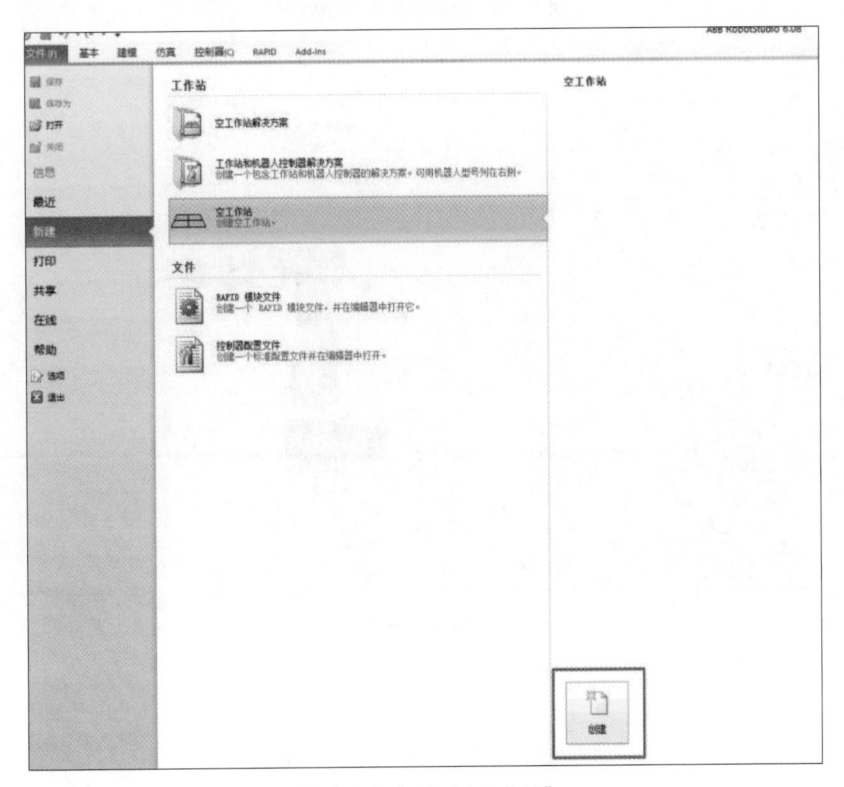

图 1-22　新建“空工作站”

② 在“基本”菜单中，点击“ABB 模型库”，找到 IRB 120 机器人（图 1-23），插入到工作站中。通过组合键对工作站进行平移（图 1-24）、旋转（图 1-25）和缩放等操作。

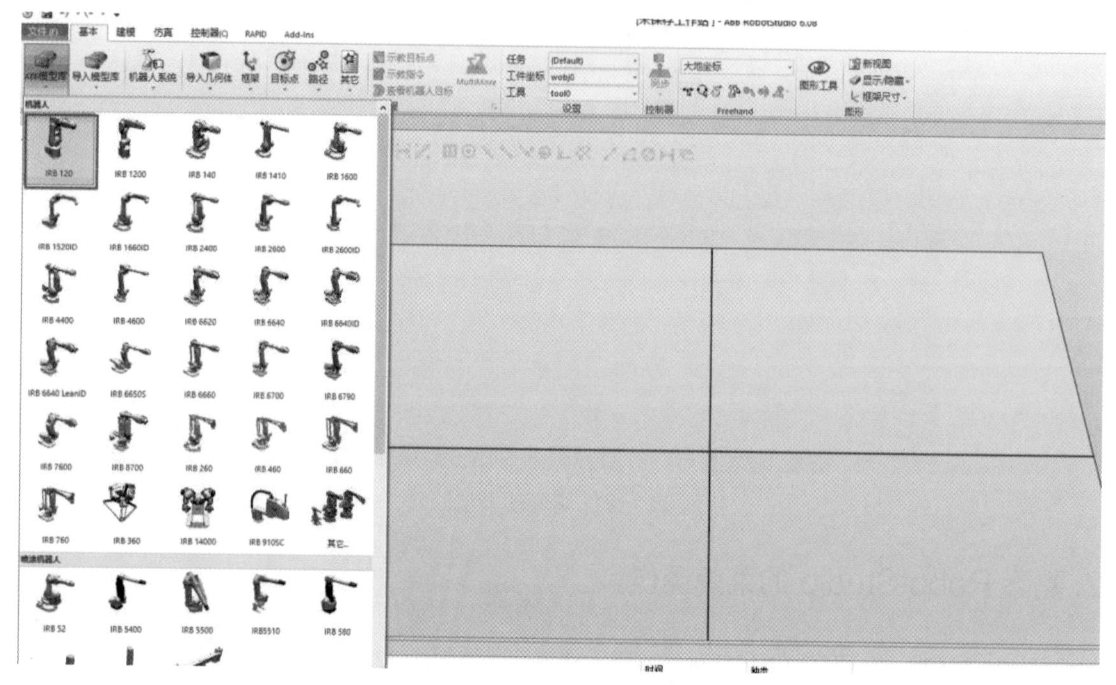

图 1-23　找到 IRB 120 机器人

图 1-24　平移机器人

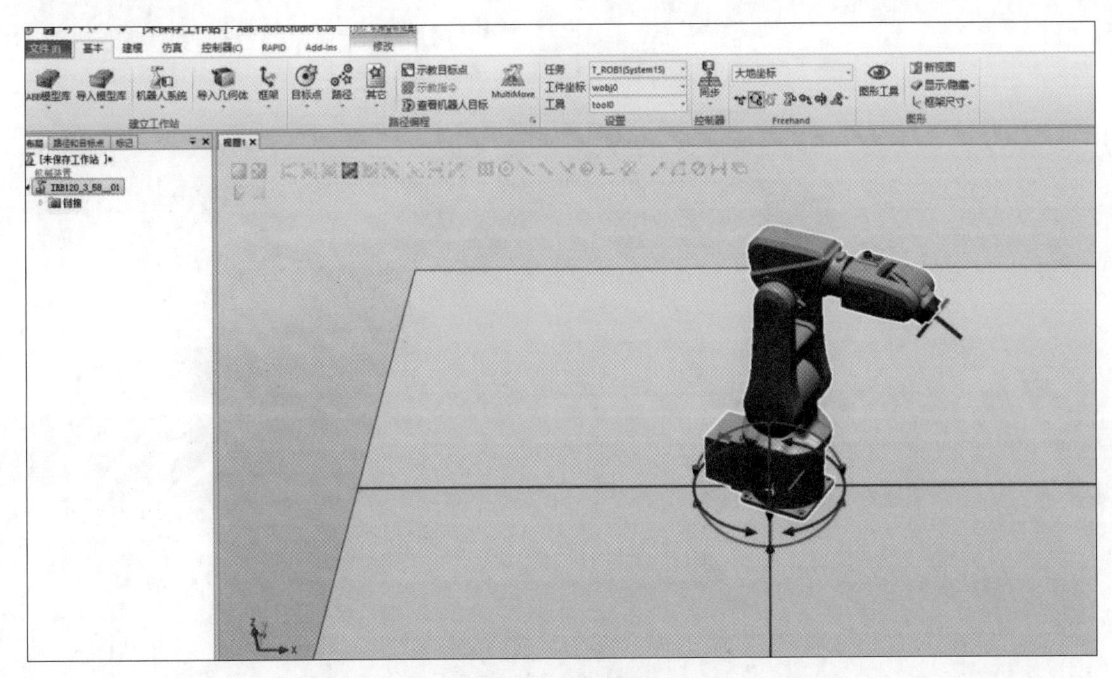

图 1-25　旋转机器人

③ 保存该工作站。

/Administration
/Human Resources
/Legal
/Accounting
/Finance
/Marketing
/Publicity
/Promotion
/Research
/Business
/Development
/Engineering
/Manufacturing
/Planning

项目2

建立工业机器人仿真工作站

初学工业机器人时，若直接操作机器人可能会带来一些不必要的麻烦，这时就可以借助工业机器人的“替身”——RobotStudio 虚拟仿真软件来模拟动作或编程。

本项目将介绍建立工业机器人工作站、创建工业机器人运动程序、运行与录制仿真视频、创建工业机器人复杂运动轨迹、配置机器人 I/O 信号、RobotStudio 软件在线操作的方法。

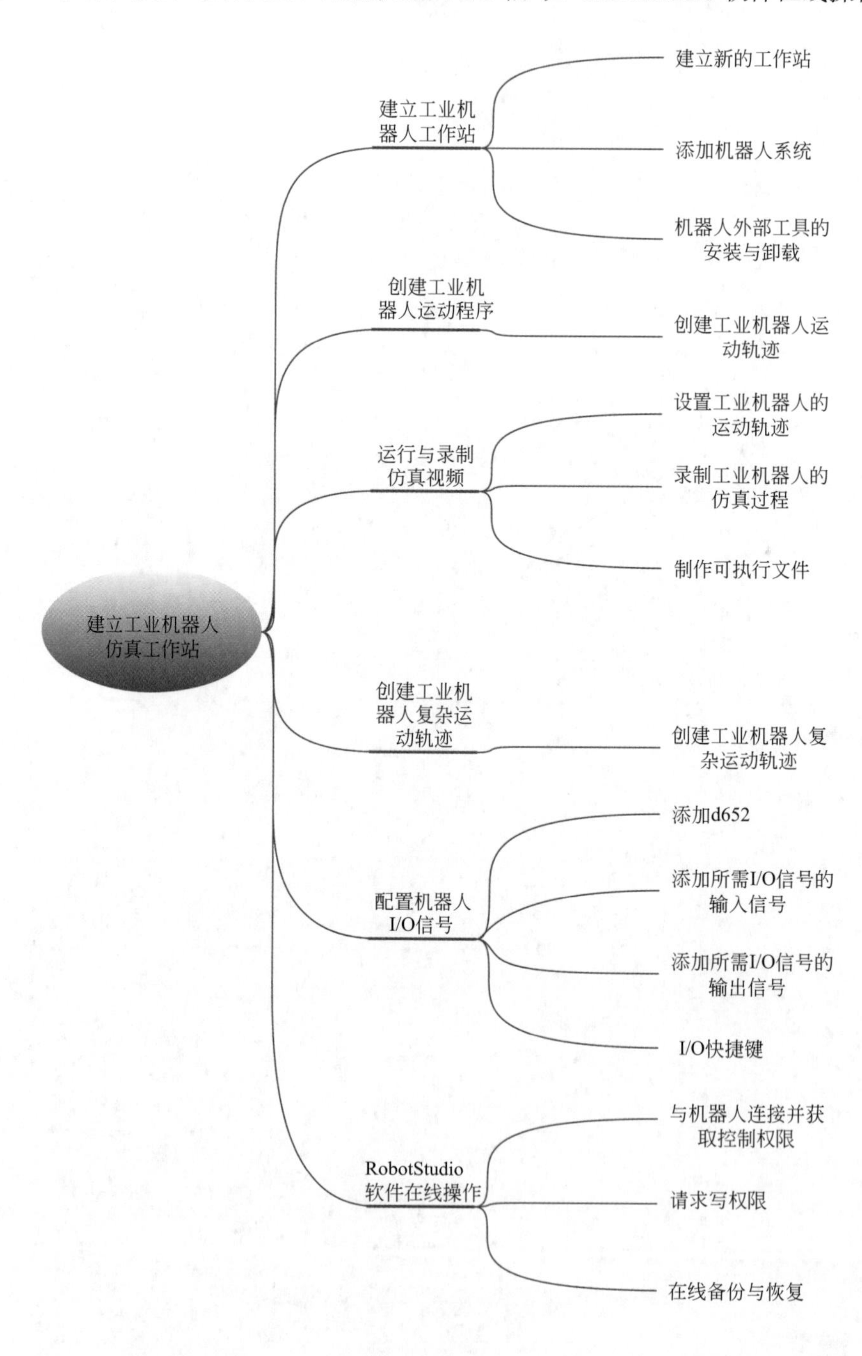

任务 1 / 建立工业机器人工作站

本任务将建立工业机器人的工作站，建立对应机器人的系统，学习使用虚拟示教器进行机器人的基本操作。

工业机器人工作站系统介绍

（1）RobotWare、RobotStudio 与 RAPID

RobotWare：机器人系统的软件。系统版本每隔一段时间会有小的升级。

RobotStudio：一个集成机器人在线编程和离线仿真功能的软件，同时兼具代码备份、参数配置还有系统制作功能，是一个比较强大的软件。

RAPID：ABB 机器人编程使用的官方语言。

不同的 RobotWare，RAPID 会有新的指令加入，RAPID 版本向下兼容，一般只会增加新的指令，而很少会减少指令。如果电脑安装了不同版本的 RobotWare，RobotStudio 一般能够在生成虚拟机器人系统的时候提示用户选择不同版本的 RobotWare。

（2）RobotWare 的下载

每一个工业机器人都需要一个 RobotWare 作为自己的操作系统，RobotWare 有很多的版本，可以通过软件下载。

要在 RobotStudio 中使用虚拟机器人控制器，需要下载并安装 RobotWare。它可以从 RobotStudio 的 Add-Ins 选项卡的 Robot Apps 页面下载。

（3）控制器

“控制器（C）”功能选项卡包含用于虚拟控制器的同步、配置和分配给它的任务措施，如图 2-1 所示，其功能可分为用于真实控制器的功能和用于虚拟控制器的功能两大类别。

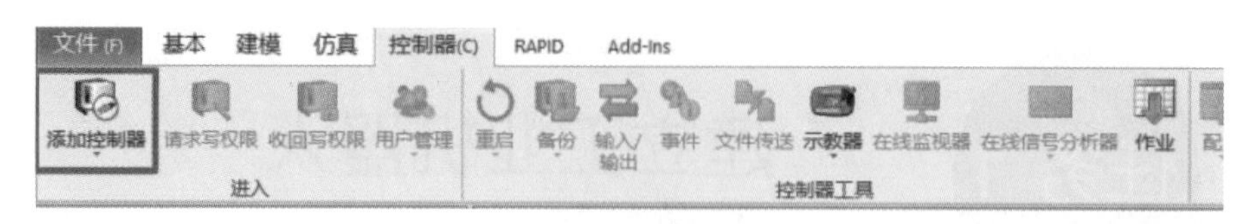

图 2-1　控制器选项卡

（4）示教器

示教器提供了直接操作机器人系统的界面，可运行程序、微动控制机器人、生成和编辑应用程序等，如图 2-2 所示。

使用示教器
操作机器人

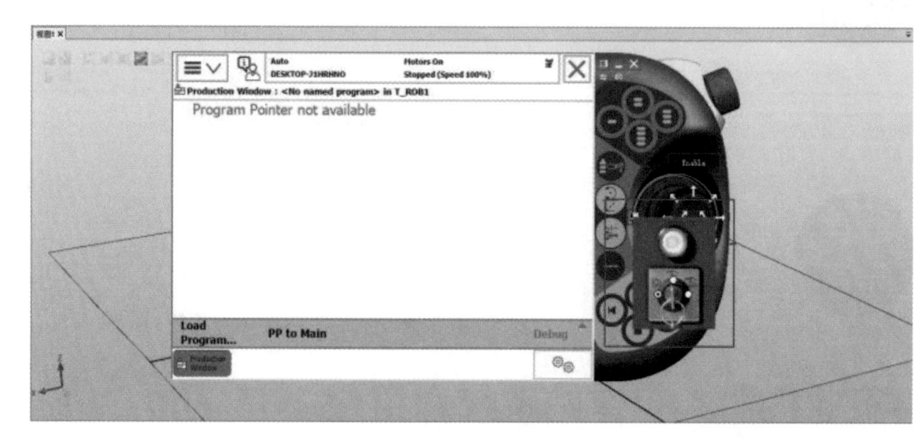

图 2-2　示教器

1. 建立新的工作站

打开 RobotStudio 软件，在“文件（F）”功能选项卡中选择“新建”，单击“空工作站”，单击“创建”，创建一个新的空工作站。在“基本”菜单中，打开“ABB 模型库”，选择“IRB120”，将机器人导入工作站中，如图 2-3 所示。

2. 添加机器人系统

① 点击“机器人系统”，如图 2-4 所示。

② 点击“从布局建立系统”，如图 2-5 所示。

③ 输入控制器名称，输入的名称随意，然后选择合适的 RobotWare 版本，单击“下一个”，如图 2-6 所示。

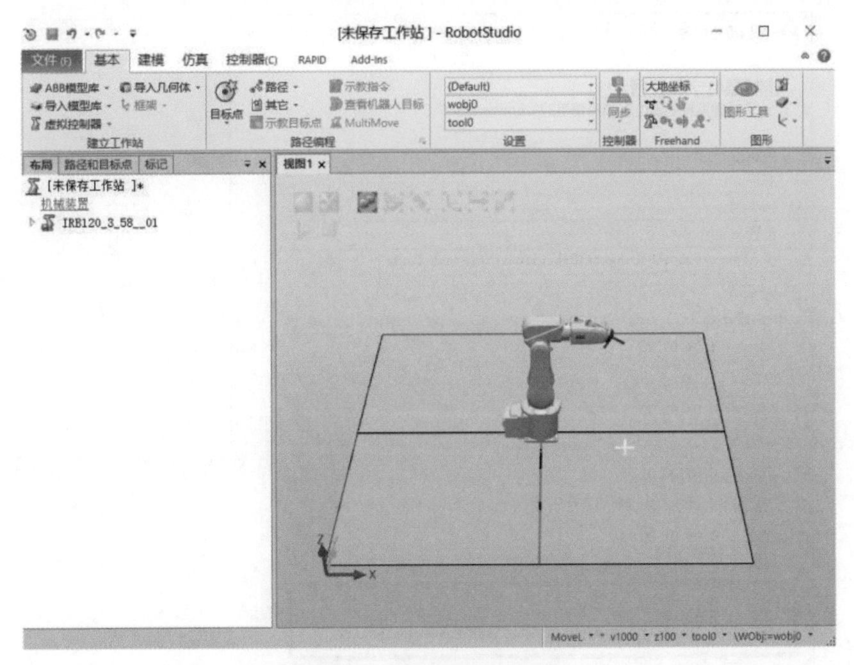

图 2-3　机器人导入工作站

建立新的
工作站

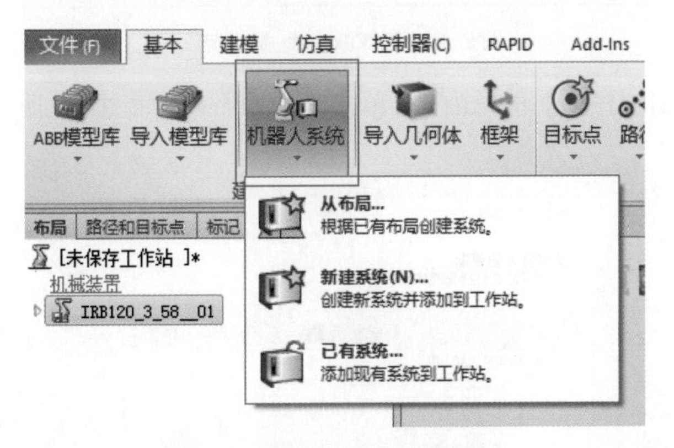

图 2-4　机器人系统三种建立方式

在工作站中
添加机器人

图 2-5　从布局建立机器人系统

添加机器人系统

图 2-6　RobotWare 版本选择

④ 勾选机器人“IRB120_3_58__01”，单击“下一个”，如图 2-7 所示。

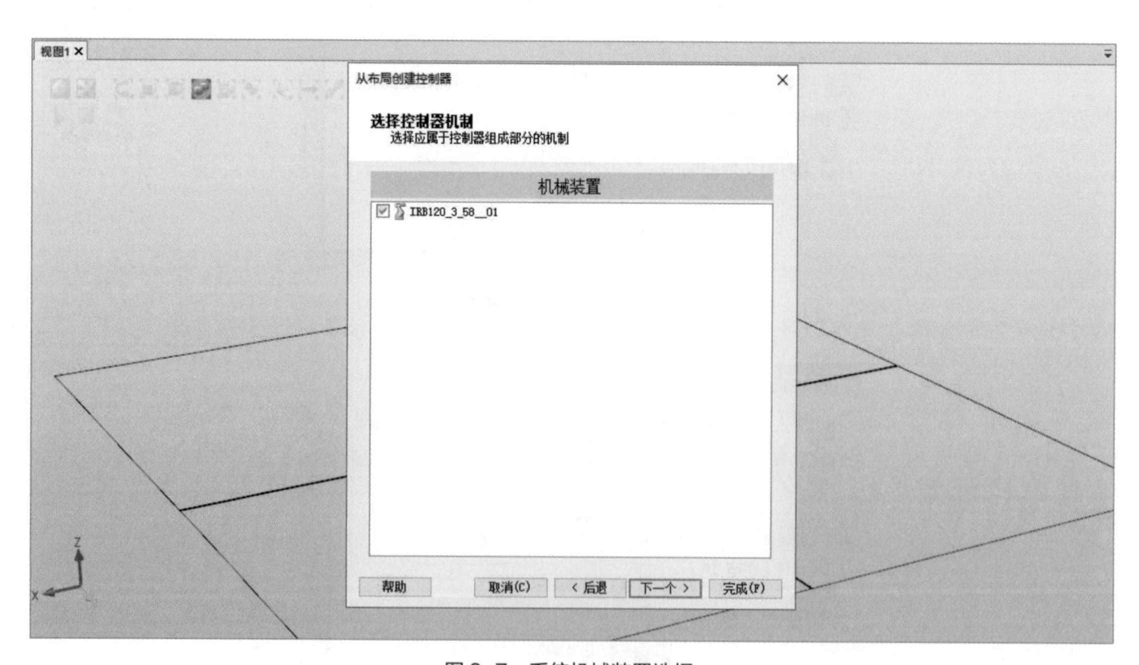

图 2-7　系统机械装置选择

⑤ 单击“完成（F）”，如图 2-8 所示。

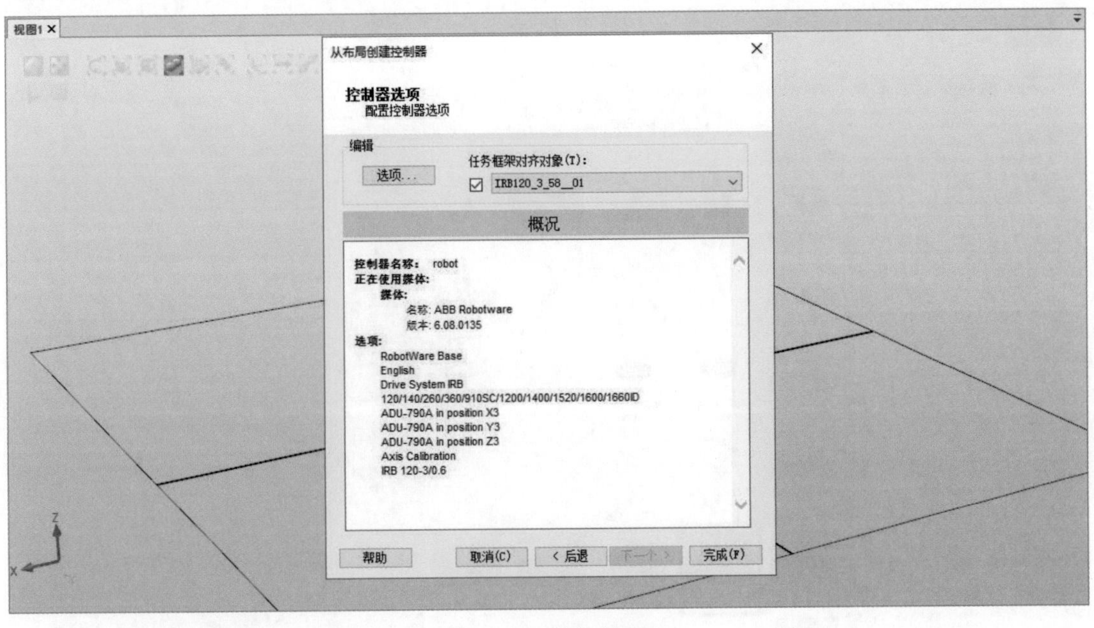

图 2-8 系统完成界面

3. 机器人外部工具的安装与卸载

① 点击“导入模型库”，如图 2-9 所示。

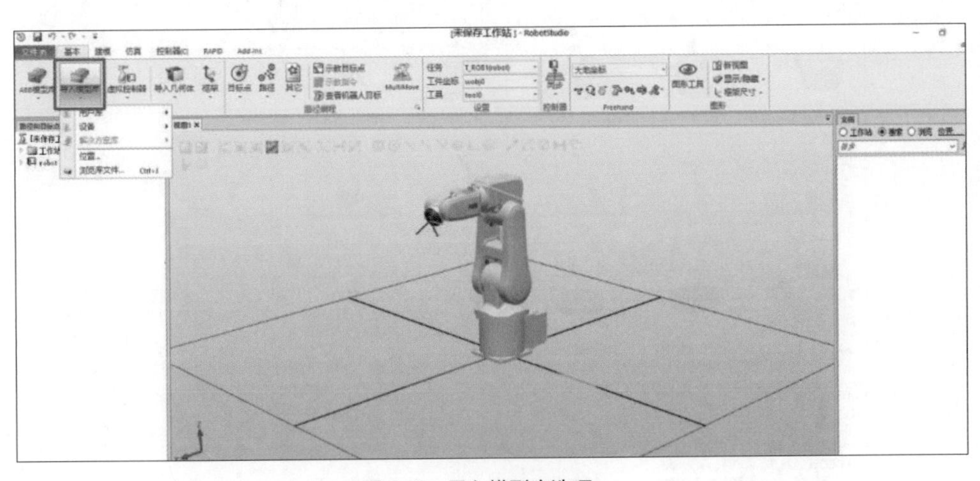

图 2-9 导入模型库选项

机器人外部工具的安装与卸载

② 单击“设备”，在下拉菜单中找到“MyTool”工具（模型也可以自定义），如图 2-10 所示。

③ 点击所需选择的工具，如图 2-11 所示。

④ 软件界面布局中会出现“MyTool”，如图 2-12 所示。

⑤ 鼠标右击“MyTool”，选择“安装到”，如图 2-13 所示。

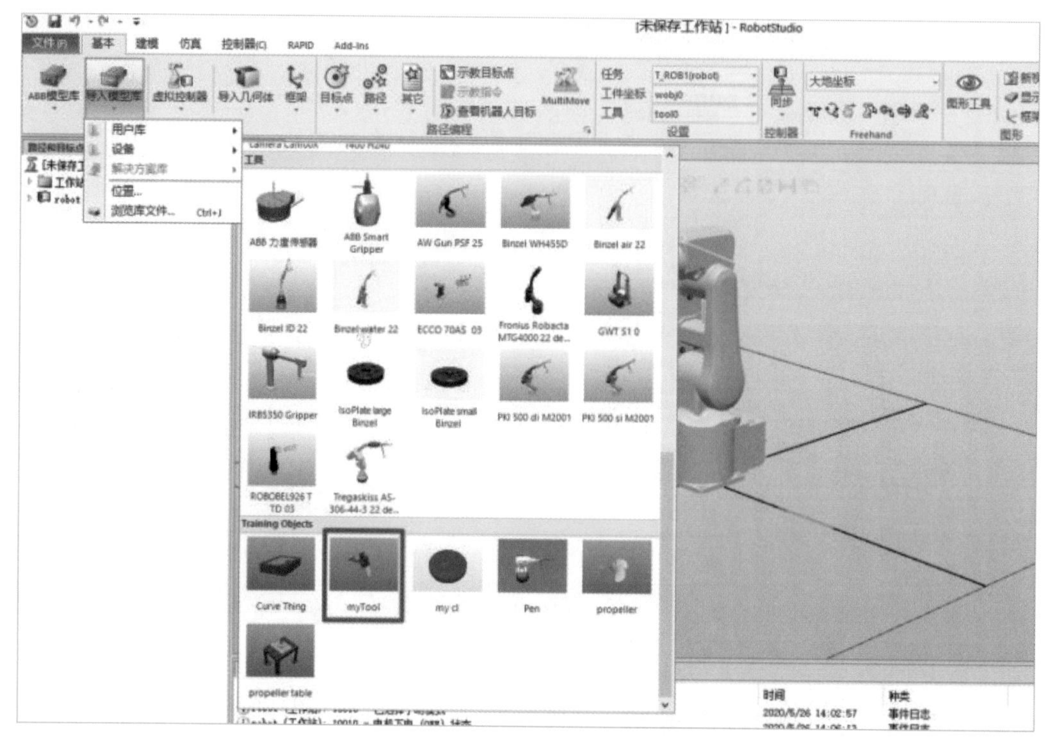

图 2-10　RobotStudio 软件自带模型库

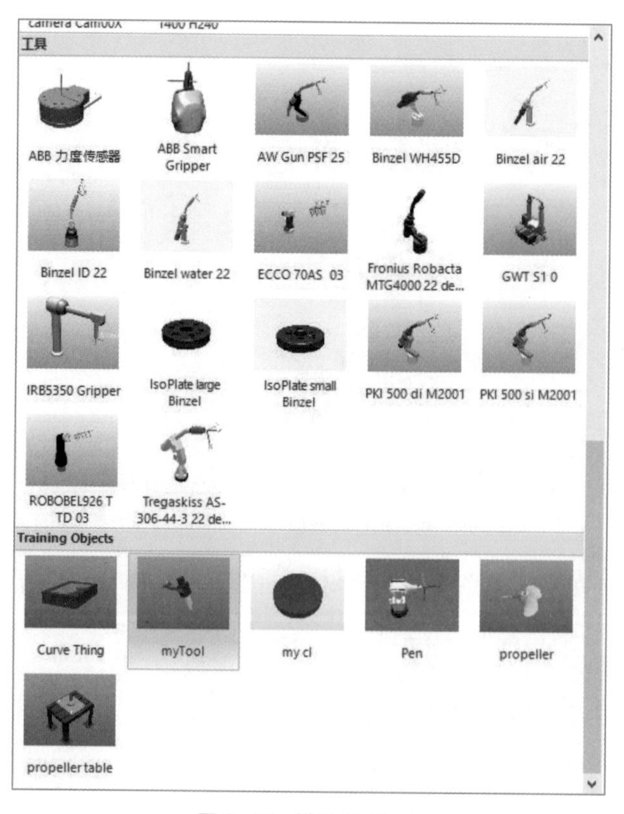

图 2-11　模型 MyTool

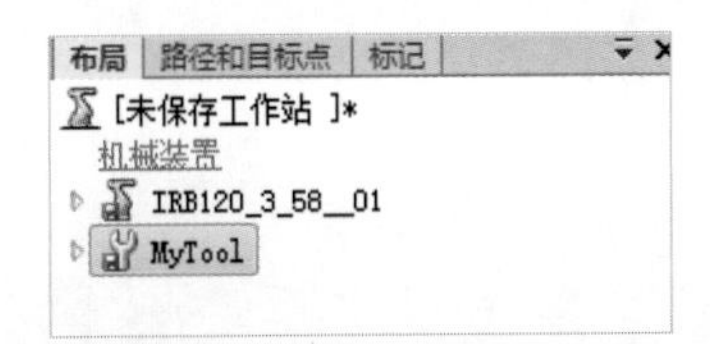

图 2-12　布局界面里的 MyTool

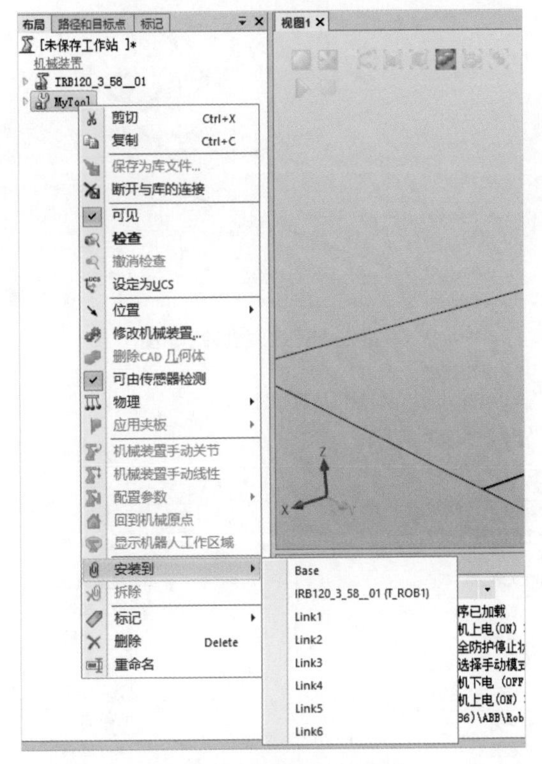

图 2-13　工具安装位置选择

⑥ 点击工作站中的机器人“IRB120_3_58_01 (T_ROB1)”，选择“是（Y）”，如图 2-14 所示。

图 2-14　更新工具位置

⑦ 工具已经安装到机器人，如图 2-15 所示。

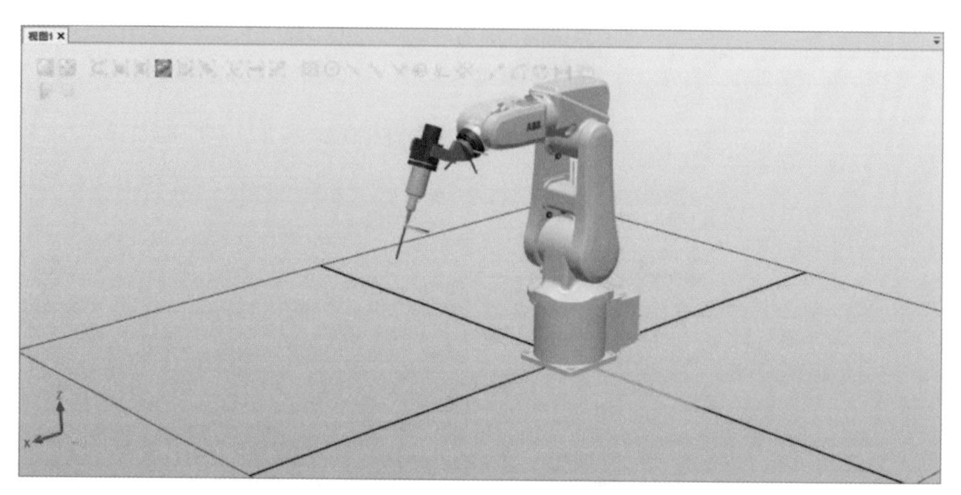

图 2-15　工具安装示意图

⑧ 鼠标再次右击“MyTool”，如图 2-16 所示。

⑨ 点击“拆除”，如图 2-17 所示。

图 2-16　MyTool 工具卡选项

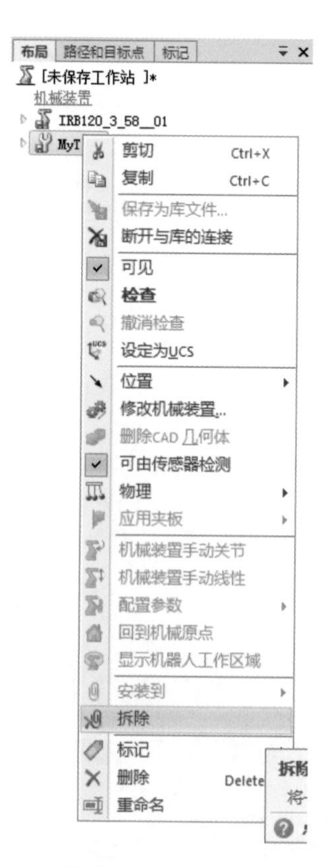

图 2-17　工具拆除

⑩ 点击“是（Y）”，如图 2-18 所示。

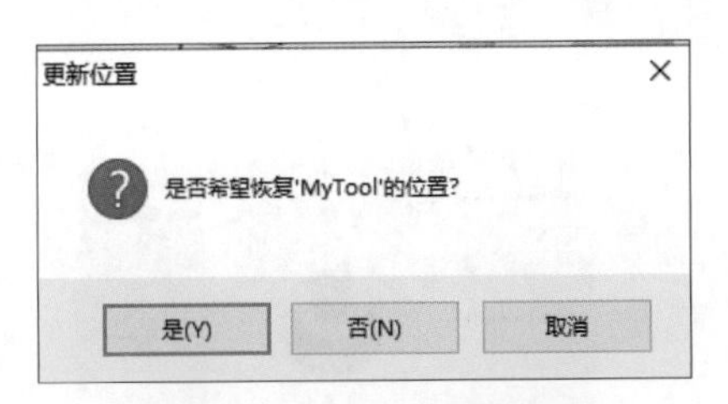

图 2-18　恢复工具初始位置

⑪ 工具已拆除完毕，工作站中机器人上无工具，如图 2- 19 所示。

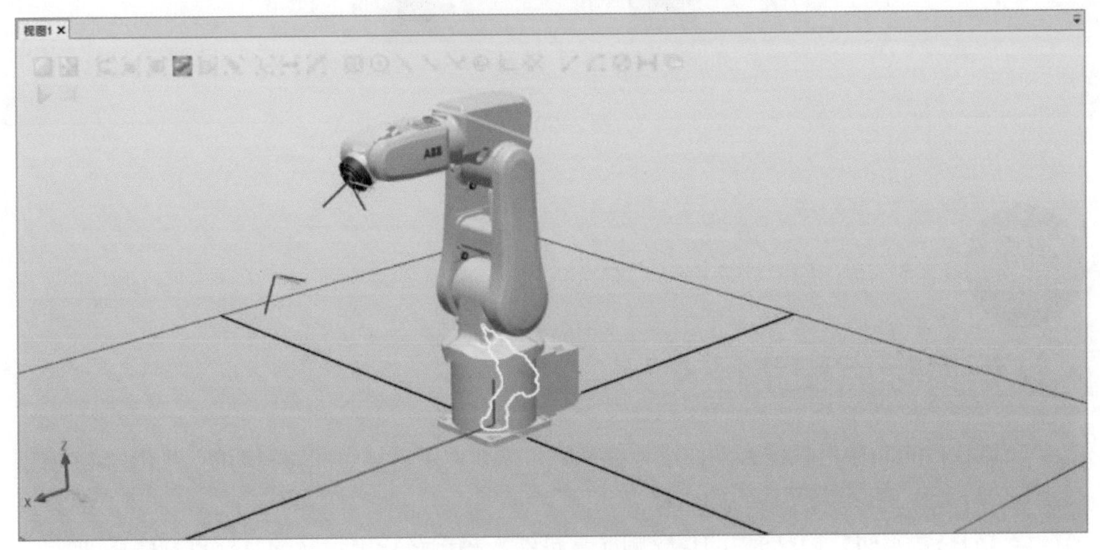

图 2-19　机器人卸载工具

任务 2 / 创建工业机器人运动轨迹

创建工业机器人运动轨迹

任务描述

在本任务中，可以学习如何在 RobotStudio 中创建空路径以及自动路径。在任务实施过程中，将使用虚拟示教器完成如图 2-20 所示的工件 4 个角点的路径编程。

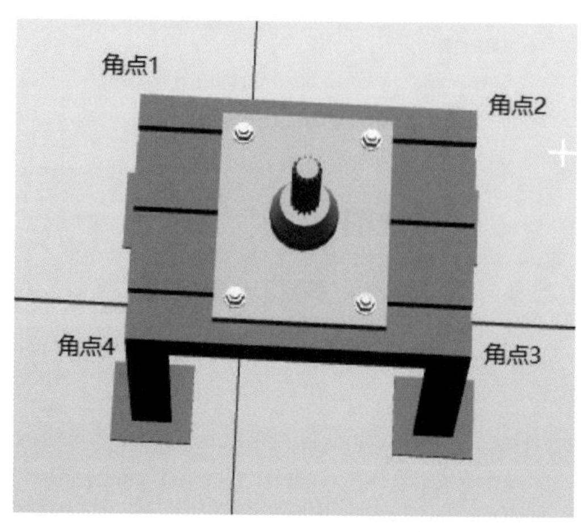

图 2-20　工件

认识目标点和路径

在 RobotStudio 中对机器人动作进行编程时，需要使用目标点和路径功能，如图 2-21 所示。

① 目标点：机器人要达到的坐标点。

② 路径：到达目标点的运动指令顺序。机器人将按路径中定义的目标点顺序移动。

目标点	描述
位置	目标点在工件坐标系中的相对位置
方向	目标点的方向以工件坐标的方向为参照。当机器人到达目标点时，它会将 TCP 的方向对准目标点的方向
轴配置	用于指定机器人要如何达到目标点的配置值

图 2-21　目标点包含的信息

如图 2-22 所示，点击“目标点”后，会出现以下三个选项。

① 创建目标点。键入或拾取目标点的位置和方向，不会添加和机器人的轴有关的配置。

② 创建 Jointtarget。可直接键入机器人各关节数值。

③ 从边缘创建目标点：通过在图形窗口中沿几何体表面选择点，可以创建目标点和运动指令。每个边缘点中都包含属性信息，可以定义机器人目标点相对于边缘的位置。

在图 2-23 中方框内选项所代表的含义如下：

① 示教目标点。目标点为当前 TCP 在工件坐标系的位置及机器人的配置。

② 示教指令。以当前的 TCP 在工件坐标系里的位置添加目标点和到目标点的指令路径。当指令为 MoveAbsJ 时添加关节坐标 Jointtarget。

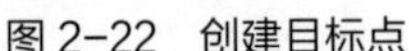
图 2-22　创建目标点

图 2-23　示教目标点与示教指令

选中目标点并单击鼠标右键，在出现的选项框内可对目标点进行复制、删除、重命名、添加新路径、更改坐标系、查看目标处工具和修改目标位置等操作，如图 2-24 所示。

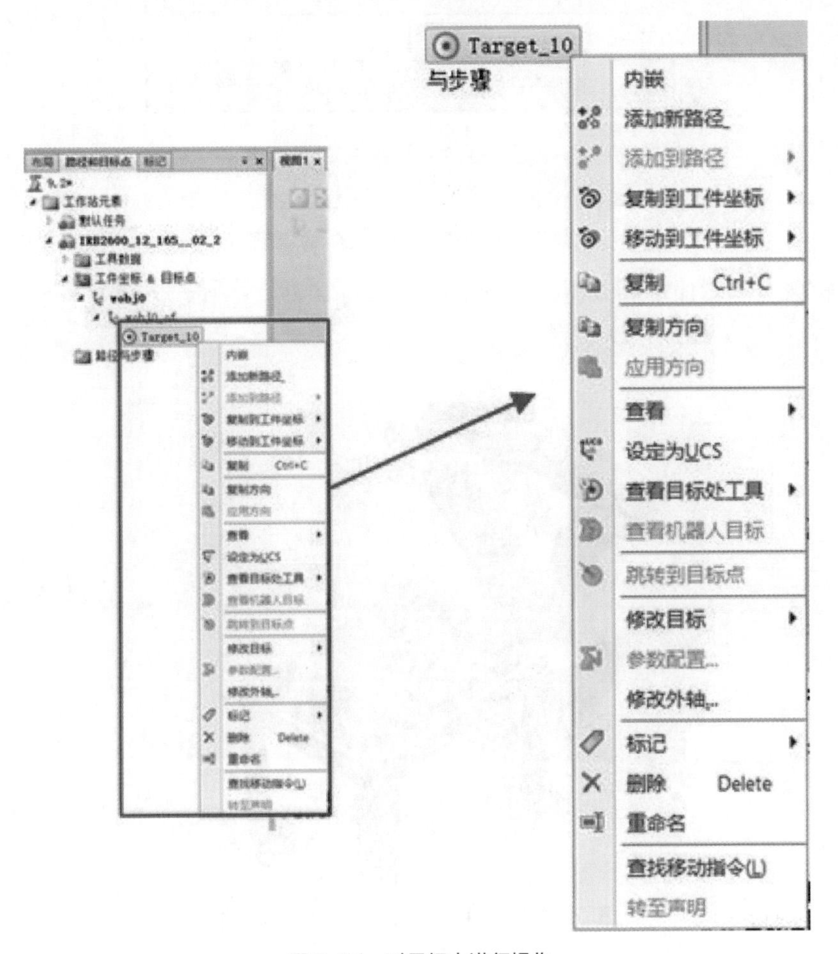

图 2-24　对目标点进行操作

创建工业机器人运动轨迹

在本任务中，按照图 2-25 所示流程创建工业机器人运动轨迹。具体操作步骤如下：

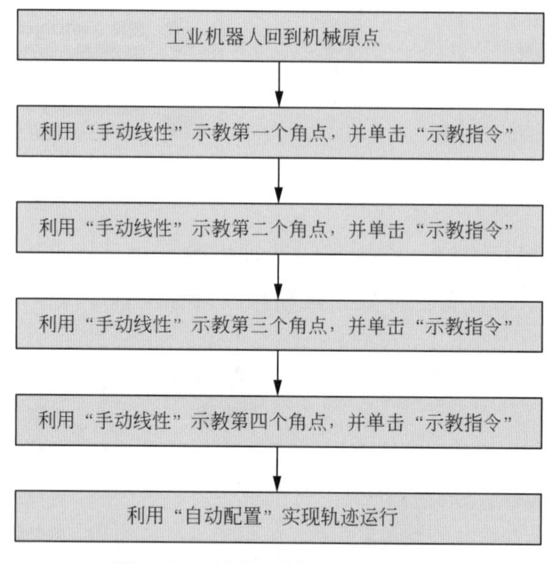

图 2-25　创建运动轨迹的具体流程

① 在机器人旁添加工件，如图 2-26 所示。移动工件，使其在机器人的工作区域内，如图 2- 27 所示。

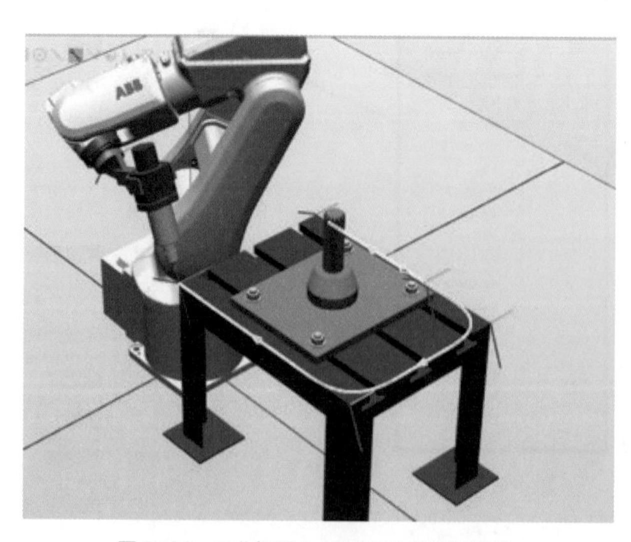

图 2-26　工业机器人 IRB 120 旁添加工件

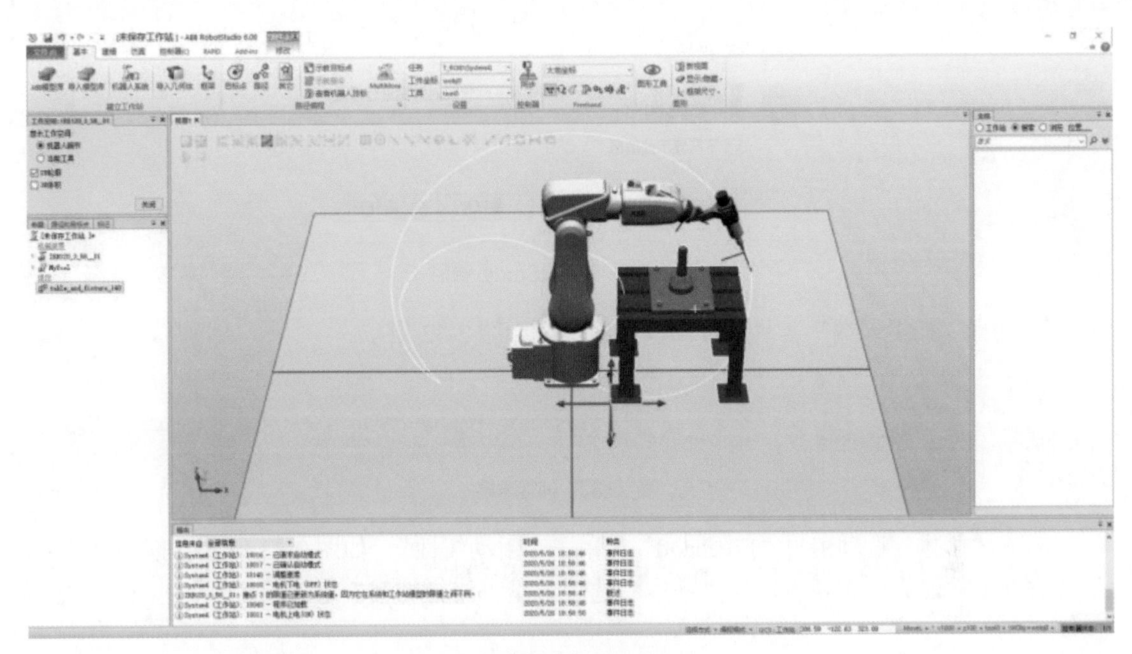

图 2-27　移动工件

② 创建一个空路径，如图 2-28 所示。

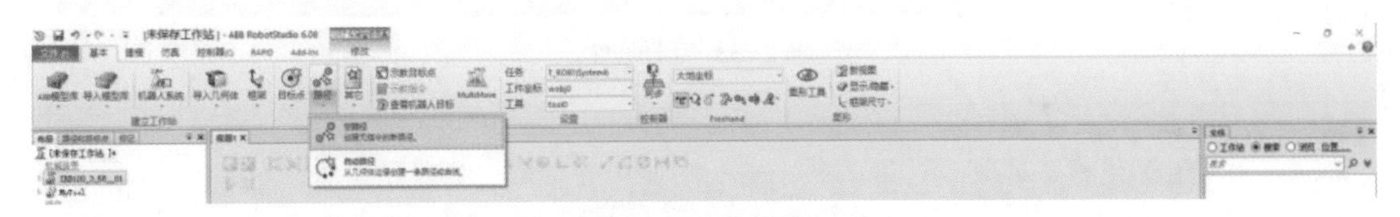

图 2-28　创建空路径

③ 将工具坐标系“tool0”改为“MyTool”。如图 2-29 所示。

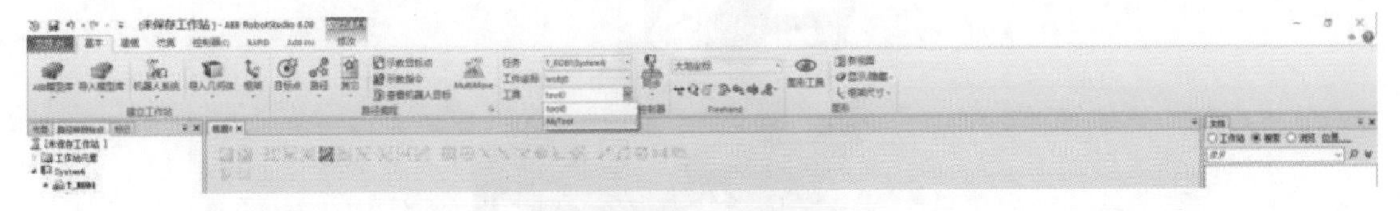

图 2-29　更改工具坐标系

④ 在“基本”选项卡里“路径编程”处单击“示教指令”，如图 2-30 所示。

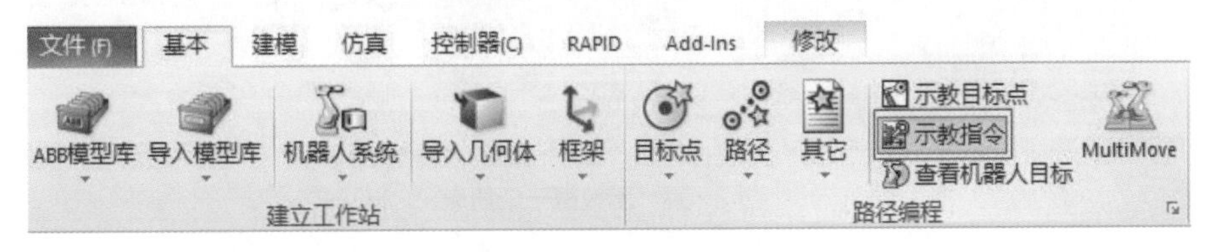

图 2-30　示教指令

⑤ 对话框中勾选“不再显示此信息”，单击“是（Y）”，如图 2- 31 所示。

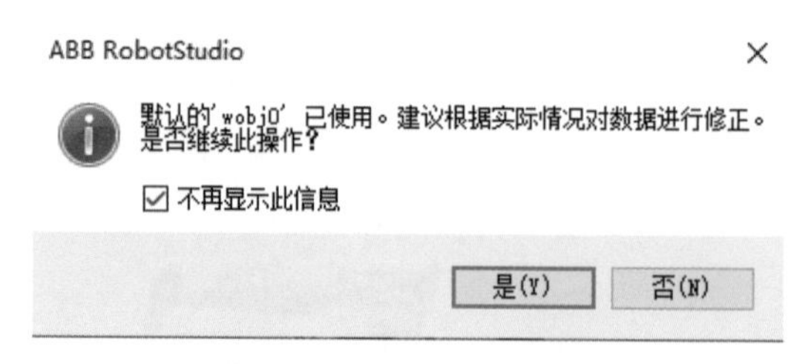

图 2-31　RobotStudio 弹窗

⑥ 选择“捕捉末端”工具，提高操作速度，如图 2-32 所示。

图 2-32　捕捉末端

⑦ 在“基本”选项卡里“Freehand”处单击“手动线性”，如图 2-33 所示。拖动机器人，使其对准工件的第一个角点，在“基本”选项卡里“路径编程”处单击“示教指令”，如图 2-34 所示。

图 2-33　手动线性

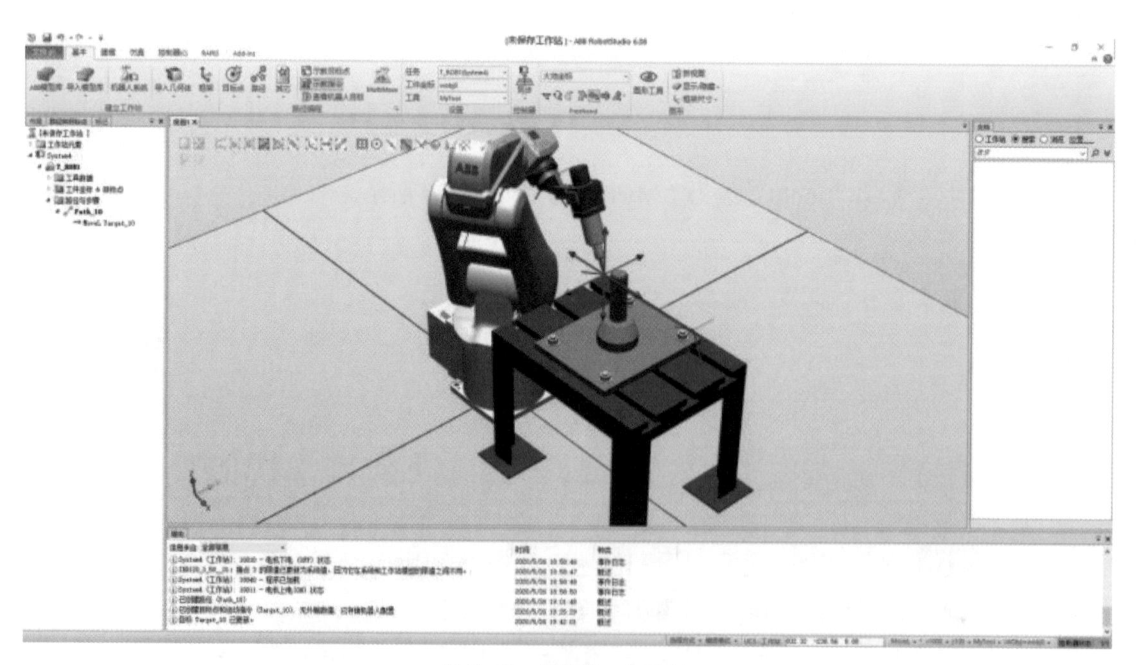

图 2-34　示教第一个角点

⑧ 在“基本”选项卡里“Freehand”处单击“手动线性”。拖动机器人，使其对准工件的第二个角点，在“基本”选项卡里“路径编程”处单击“示教指令”，如图 2-35 所示。

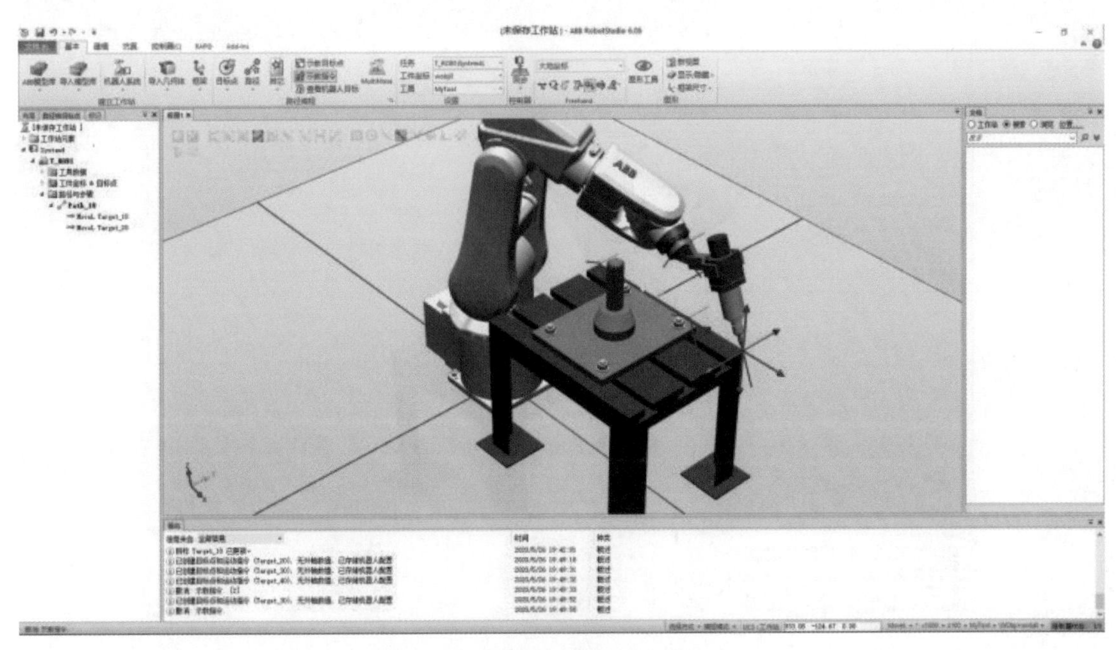

图 2-35　示教第二个角点

⑨ 在“基本”选项卡里“Freehand”处单击“手动线性”。拖动机器人，使其对准工件的第三个角点，在“基本”选项卡里“路径编程”处单击“示教指令”，如图 2- 36 所示。

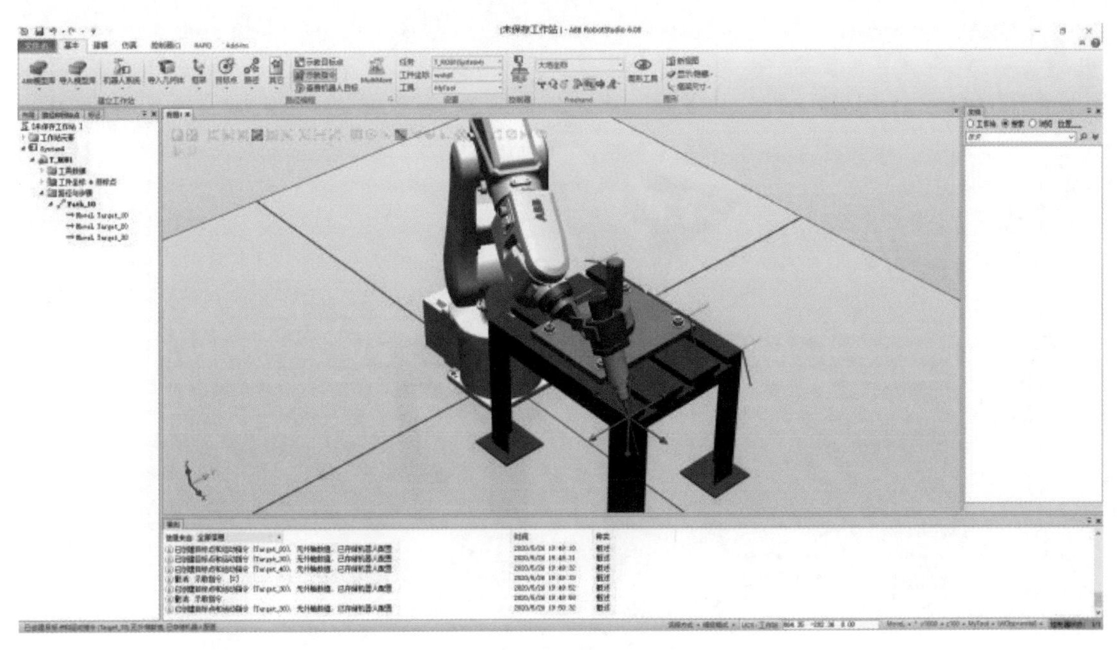

图 2-36　示教第三个角点

⑩ 在“基本”选项卡里“Freehand”处单击“手动线性”。拖动机器人，使其对准工件的第四个角点，在“基本”选项卡里“路径编程”处单击“示教指令”，如图 2-37 所示。

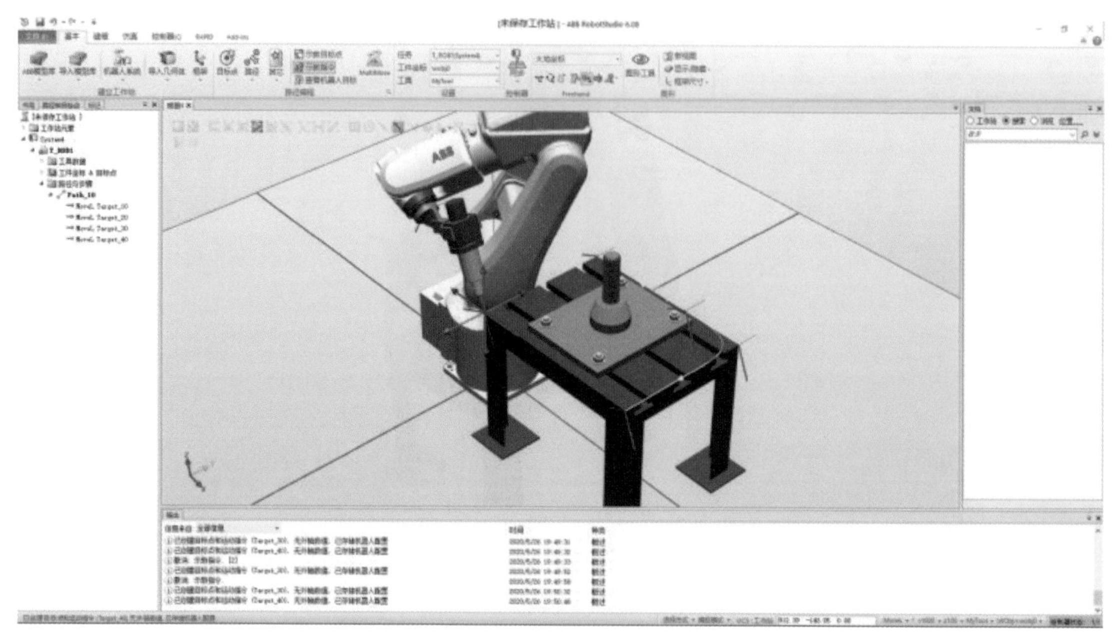

图 2-37　示教第四个角点

⑪ 在“路径和目标点”选项卡里右键单击“Path_10”，选择“自动配置”中的“所有移动指令”命令，机器人将会快速运行一遍创建的目标点，如图 2-38 所示。

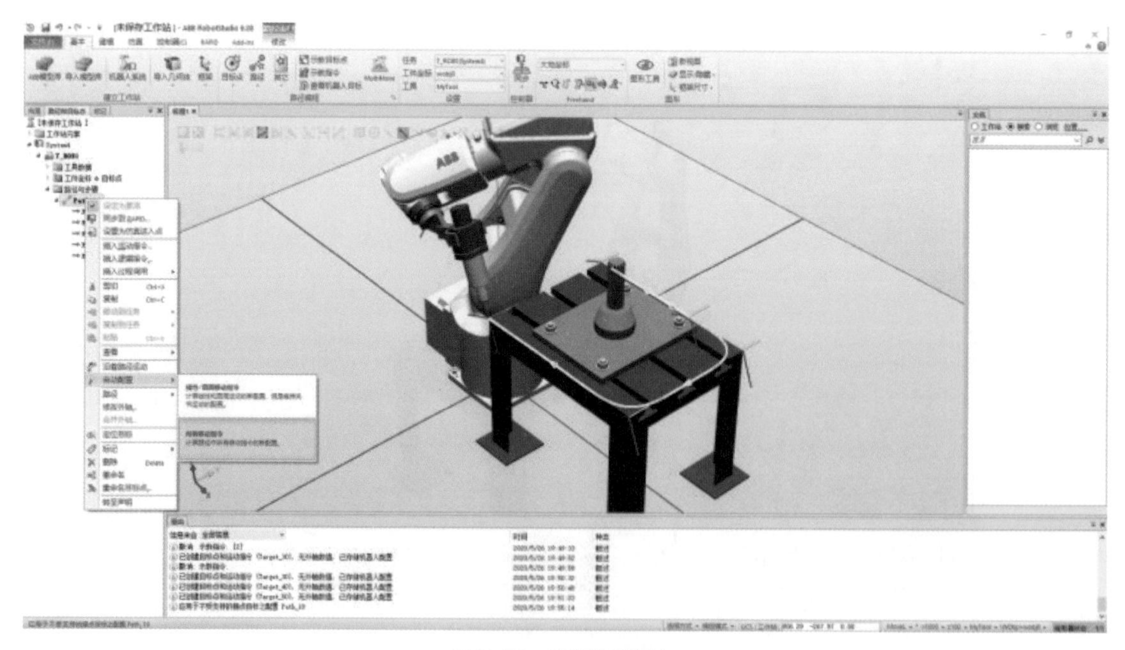

图 2-38　所有移动指令

运行与录制仿真视频

本任务介绍在工作站中录制工业机器人的运动轨迹方法，录制后的文件可以在没有 RobotStudio 软件的计算机中查看。同时，本任务也将对制作可执行文件的方法进行介绍。

运行与录制仿真视频所需的按钮

① 同步。将工作站的路径和目标同步到 RAPID，如图 2-39 所示。

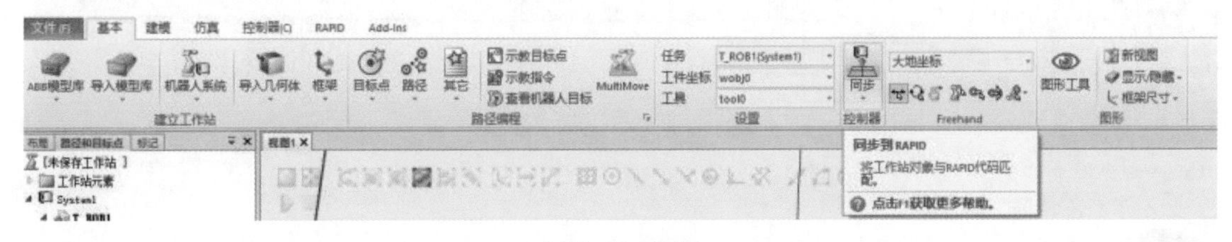

图 2-39　同步

② 仿真设定。设置仿真情景以及仿真对象的初始状态，也可设置机器人程序的入口点，如图 2-40 所示。

图 2-40　仿真设定

③ 仿真录像。录制下一个仿真视频，如图 2-41 所示。

④ 录制视图。在工作站视图开始仿真和录像，如图 2-42 所示。

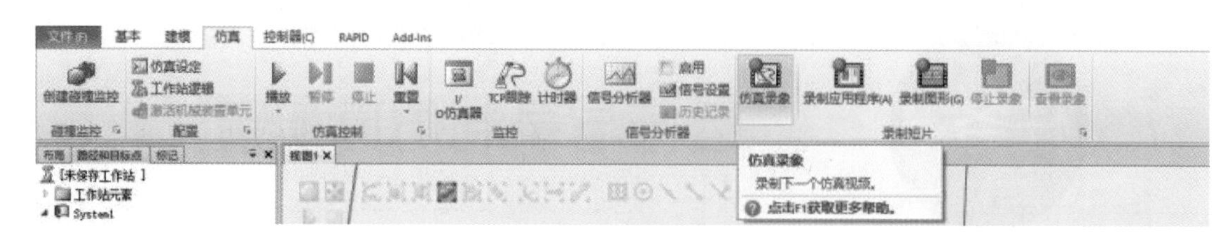

图 2-41　仿真录像

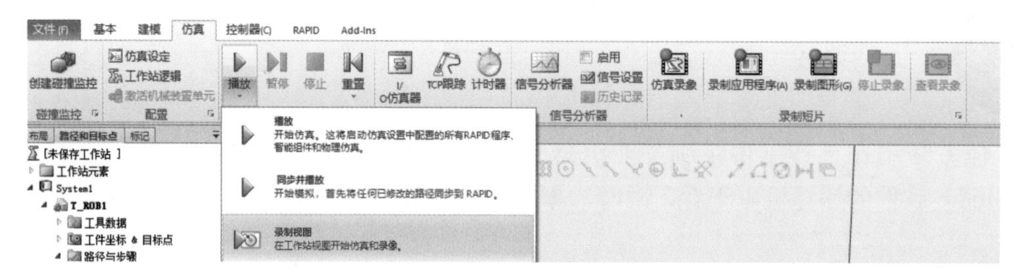

图 2-42　录制视图

⑤ 播放。开始仿真，这将启动仿真设置中配置的所有 RAPID 程序、智能组件和物理仿真，如图 2-43 所示。

图 2-43　播放

1. 设置工业机器人的运动轨迹

① 在“基本”菜单里找到“同步”，如图 2-44 所示。

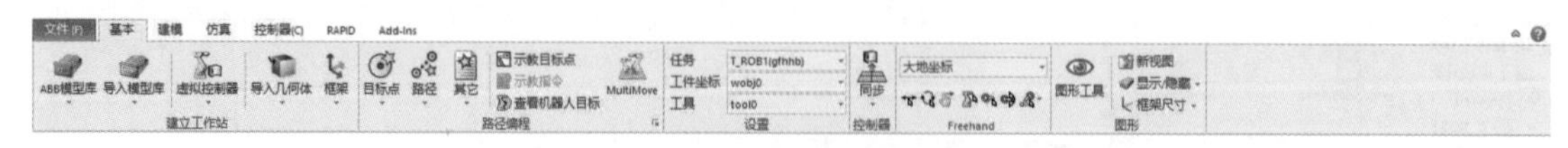

图 2-44　同步位置

② 在“同步”选项中选择“同步到 RAPID”，如图 2-45 所示。

③ 此时将弹出“同步到 RAPID”对话框，如图 2-46 所示。

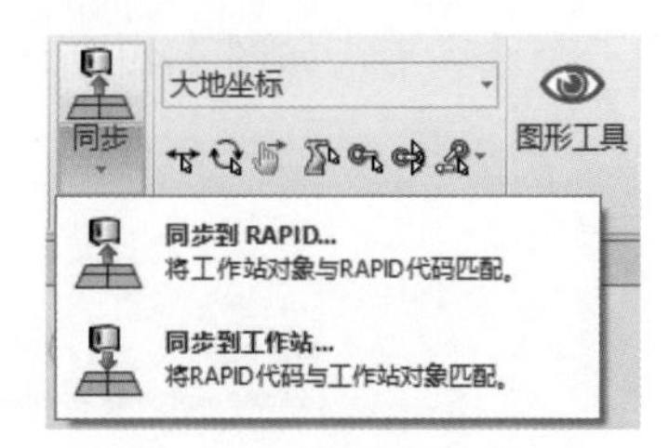

图 2-45　同步到 RAPID

图 2-46　同步到 RAPID 对话框

④ 勾选需要同步的项目，单击“确定”按钮，如图 2-47 所示。

图 2-47　勾选画面

⑤ 完成同步之后，需要进行仿真运行，在“仿真”中找到“仿真设定”，如图 2-48 所示。

图 2-48　仿真设定

⑥ 打开“仿真设定”会弹出一个选项卡，如图 2-49 所示。

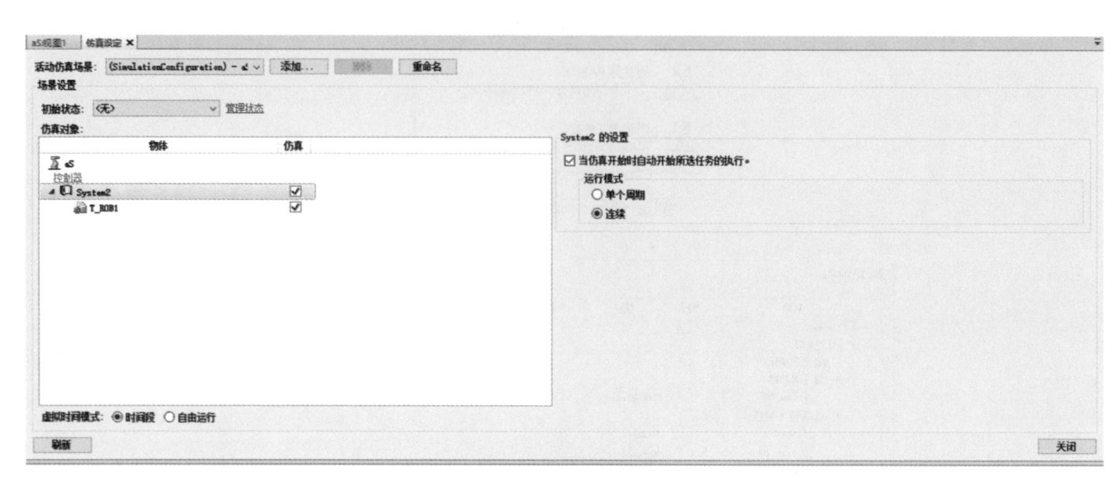

图 2-49　仿真设定选项卡

⑦ 先选中“T_ROB1”，然后在右侧的“T_ROB1 的设置”下的“进入点”中选择“Path_10”，单击“关闭”按钮，如图 2-50 所示。

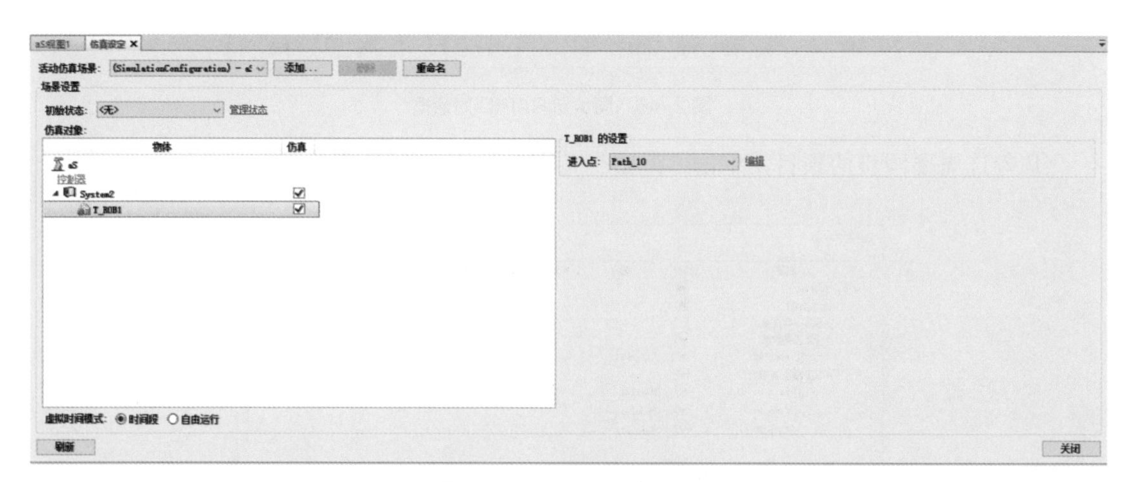

图 2-50　T_ROB1 的设置

⑧ 在“仿真”中选择“播放”，此时工业机器人将按照之前设置的轨迹运动，如图 2-51 所示。

图 2-51　选择“播放”

2. 录制工业机器人的仿真过程

① 在“文件（F）”中找到“信息”，单击弹出“选项”对话框，如图 2-52 所示。

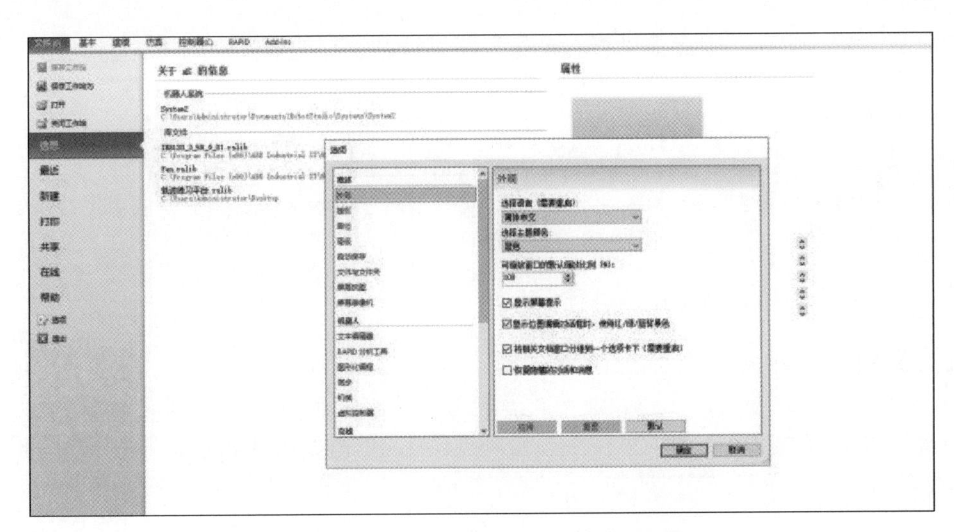

录制仿真过程

图 2-52 “选项”对话框

② 在“选项”对话框中选中“屏幕录像机”，并对屏幕录像机的参数进行设置，单击“确定”按钮，如图 2-53 所示。

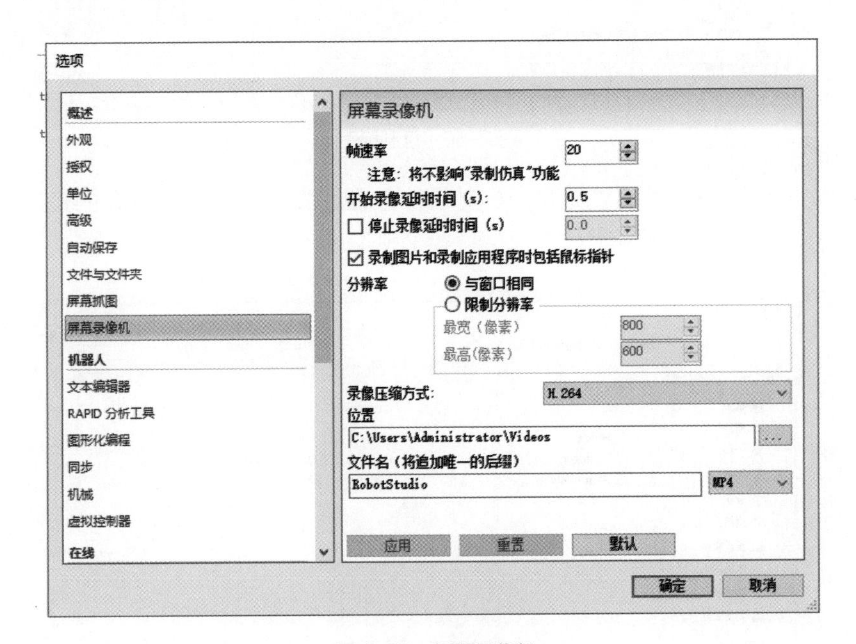

图 2-53 屏幕录像机

③ 在“仿真”菜单中点击“仿真录像”，如图 2-54 所示。

图 2-54 仿真录像

④ 点击“播放”即可开始录制工业机器人的运动轨迹。

⑤ 录制完成后，在“仿真”中点击“查看录像”即可查看录制的视频，如图 2-55 所示。

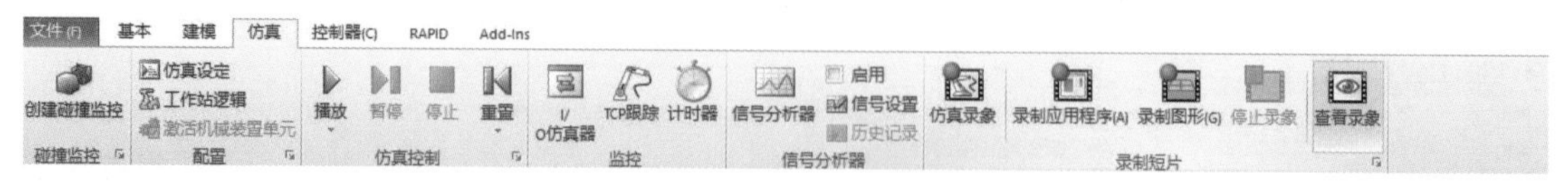

图 2-55　查看录像

⑥ 最后单击“保存”按钮，对工作站进行保存。

3. 制作可执行文件

制作可执行文件

① 在“仿真”菜单的“播放”选项里找到“录制视图”，单击便可开始录制视频，如图 2-56 所示。

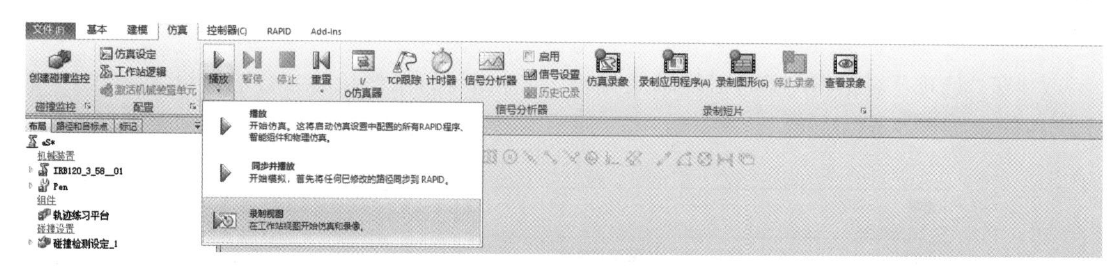

图 2-56　录制视图

② 录制完成后，在弹出的“另存为”对话框中设置文件名并选择保存的位置，单击“保存（S）”按钮，如图 2-57 所示。

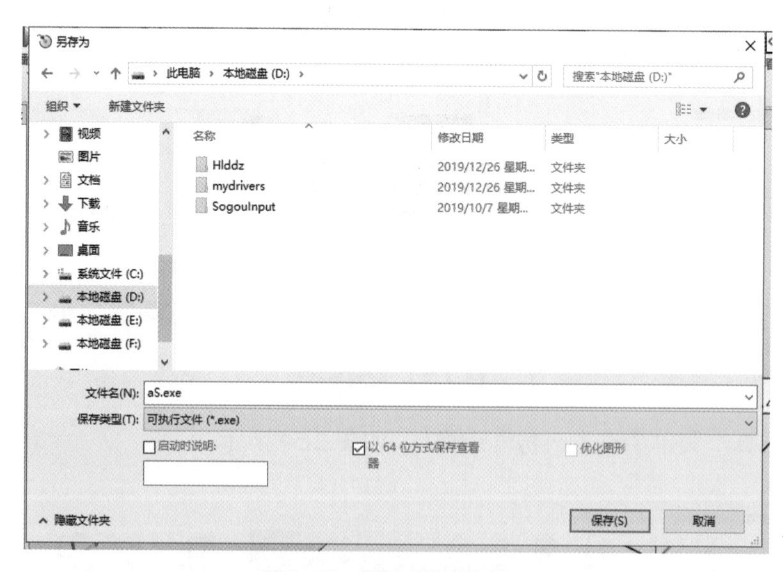

图 2-57　“另存为”对话框

③ 打开刚刚生成的 aS.exe 文件，可以和在 RobotStudio 软件中一样，对工业机器人进行缩放、平移、转换视角等操作，单击 Play 按钮，工业机器人即可按照设置的轨迹运行，如

图 2-58 所示。

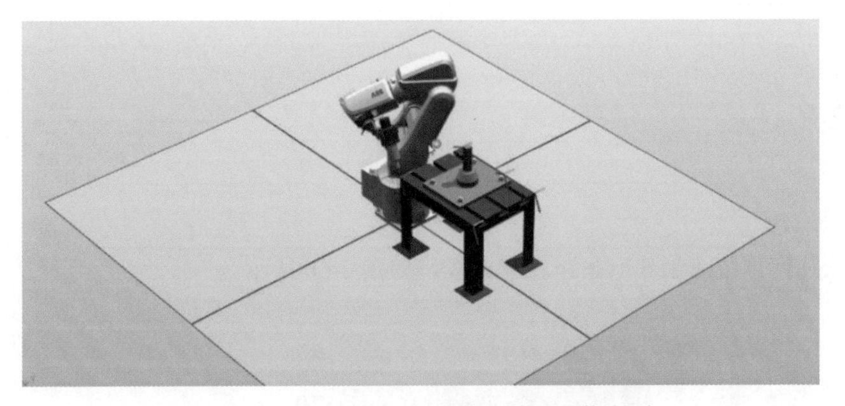

设置运动轨迹

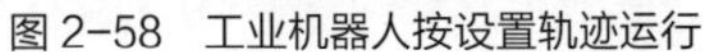

图 2-58　工业机器人按设置轨迹运行

任务 4　创建工业机器人复杂运动轨迹

任务描述

在本任务中，可以学习如何在 RoboStudio 中创建自动路径。在任务实施过程中，将使用虚拟示教器完成工件的路径编程，如图 2-59 所示。

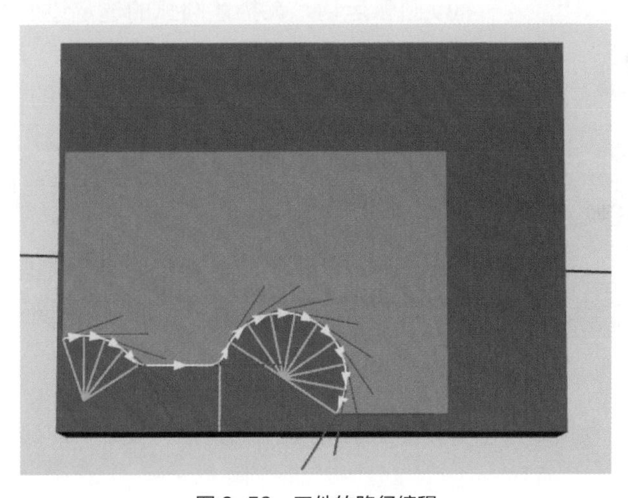

图 2-59　工件的路径编程

自动路径

（1）含义

自动路径指从几何体边缘创建一条路径或曲线，如图 2-60 所示。

图 2-60　自动路径

（2）具体参数含义

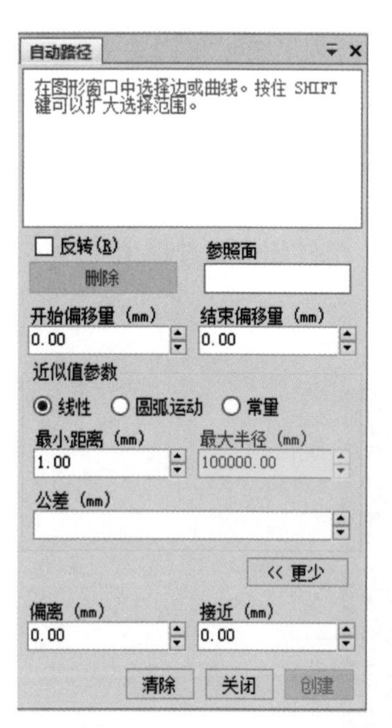

图 2-61　自动路径参数

如图 2-61 所示，为自动路径参数选项卡。

① 反转。更改选定边的次序。

② 参照面。方框中显示被选作法线来创建路径的对象的侧面。

③ 开始偏移量。设置距离第一个目标的指定偏移。

④ 结束偏移量。设置距离最后一个目标的指定偏移。

⑤ 线性。为每个目标生成线性移动指令。

⑥ 圆弧运动。在描述圆弧的选定边上生成环形移动指令。

⑦ 常量。使用常量距离生成点。

⑧ 最小距离。设置两生成点之间的最小距离，小于该最小距离的点将被过滤掉。

⑨ 最大半径。在将圆周视为直线前确定圆的半径大小，即可将直线视为半径无限大的圆。

⑩ 公差。设置生成点所允许的几何描述的最大偏差。

⑪ 偏离。在距离最后一个目标指定距离的位置，生成一个新目标。

⑫ 接近。在距离第一个目标指定距离的位置，生成一个新目标。

创建工业机器人复杂运动轨迹

① 搭建工作站，如图 2-62 ～图 2-65 所示。

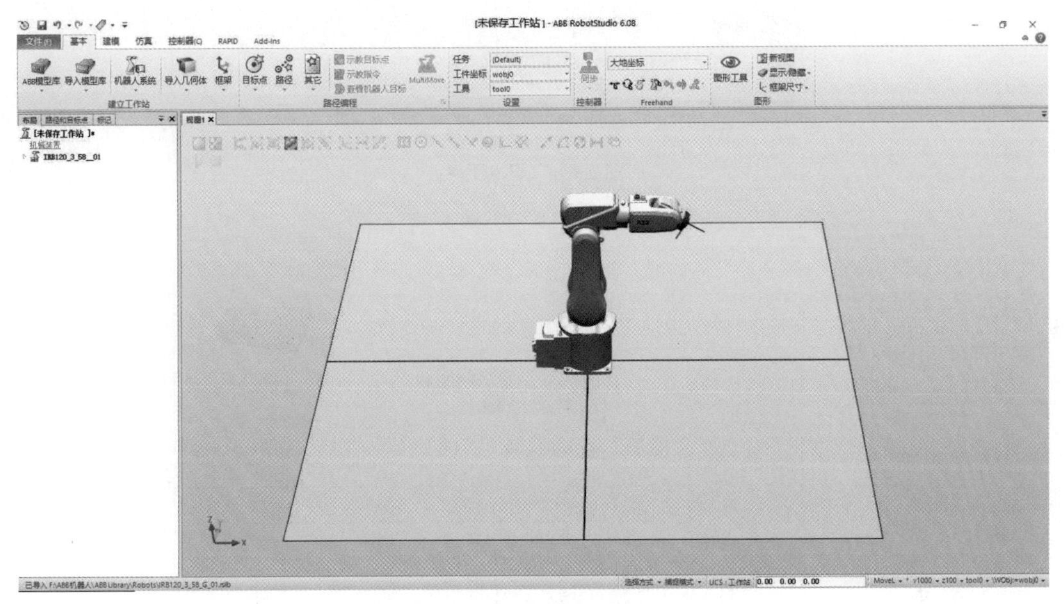

图 2-62　导入机器人

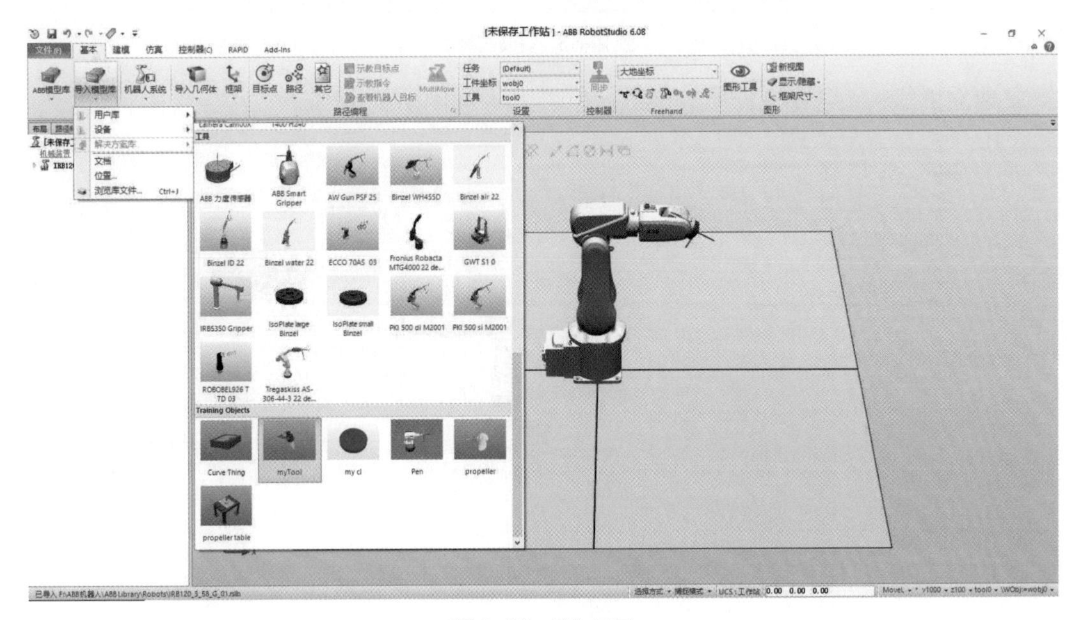

图 2-63　导入工具

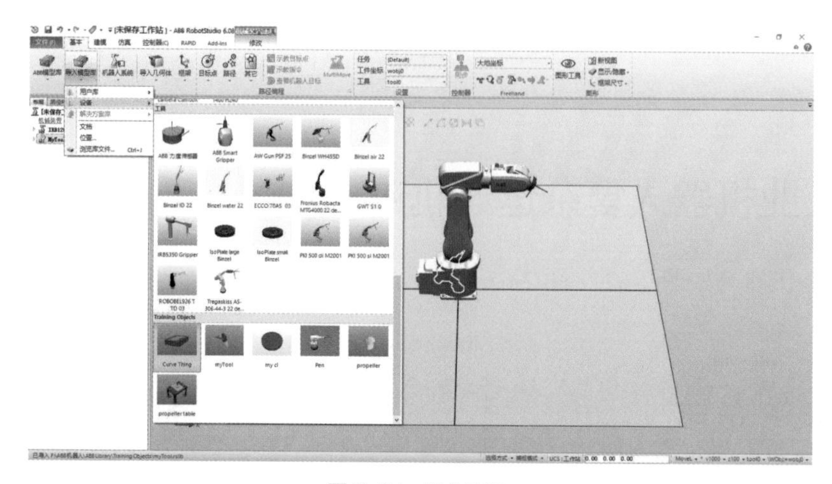

图 2-64　导入工件

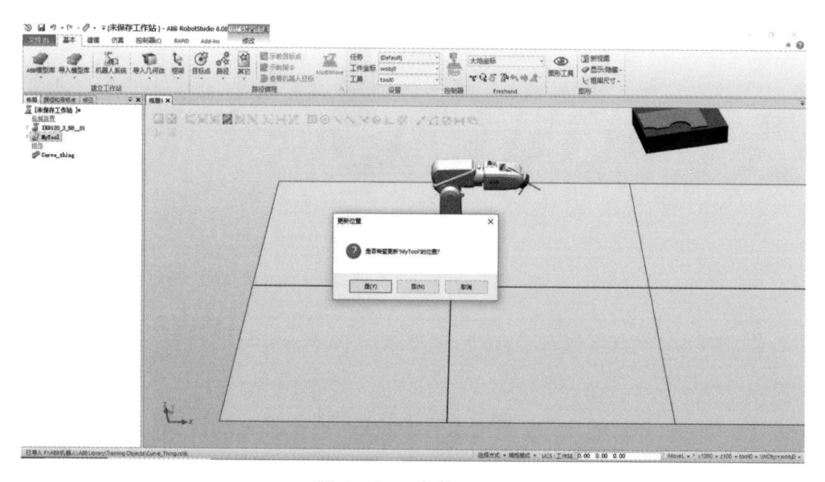

图 2-65　安装工具

② 建立机器人系统并进行参数设定，如图 2-66 和图 2-67 所示。

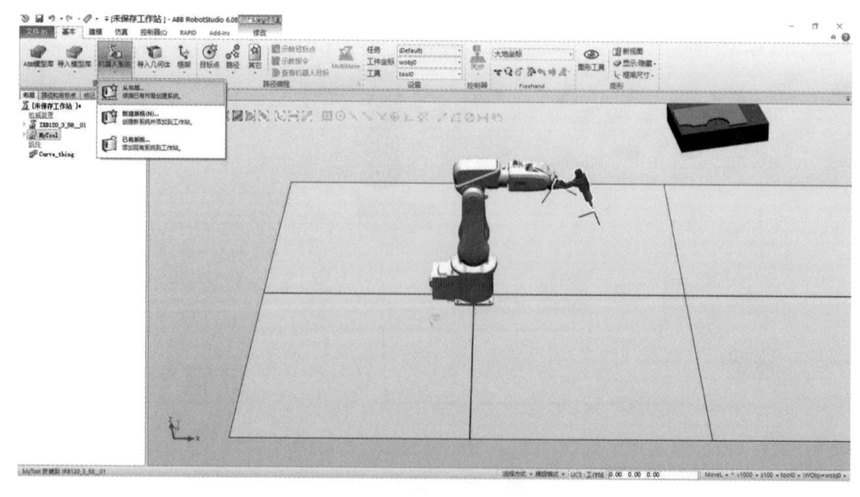

图 2-66　从布局创建机器人系统

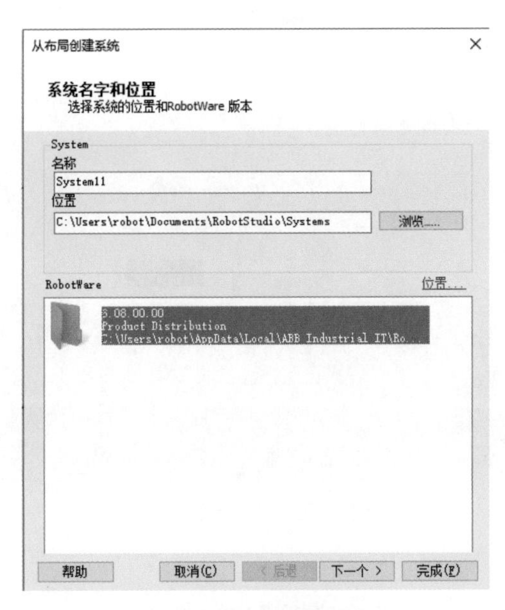

图 2-67　系统参数设定

③ 将工件移动到合适位置，如图 2-68 所示。

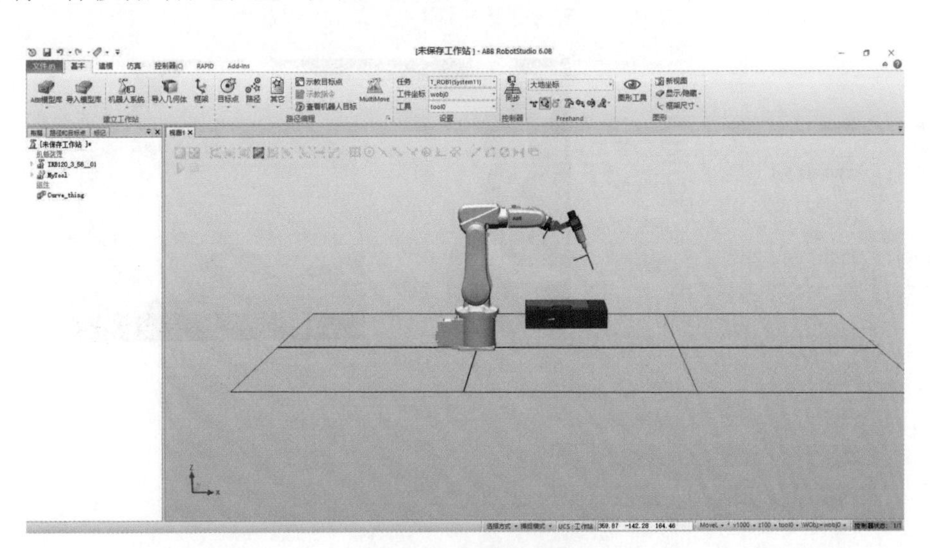

图 2-68　调整工件位置

④ 将工具坐标系“tool0”改为“MyTool”，如图 2-69 所示。

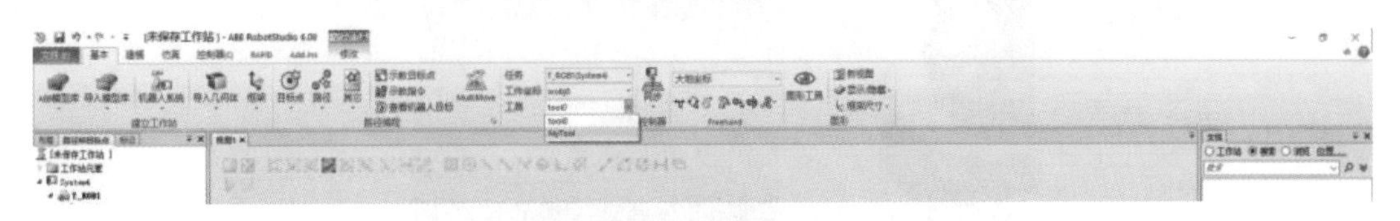

图 2-69　工具坐标系

⑤ 创建“自动路径”，如图 2-70 所示。

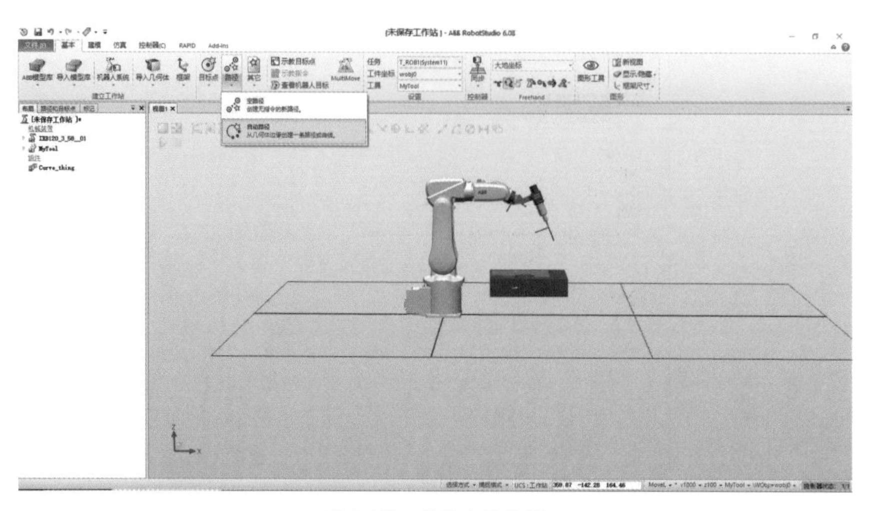

图 2-70　创建自动路径

⑥ 设置自动路径参数，如图 2-71 所示。

⑦ 依次选择三条轨迹，如图 2-72 ～图 2-74 所示。

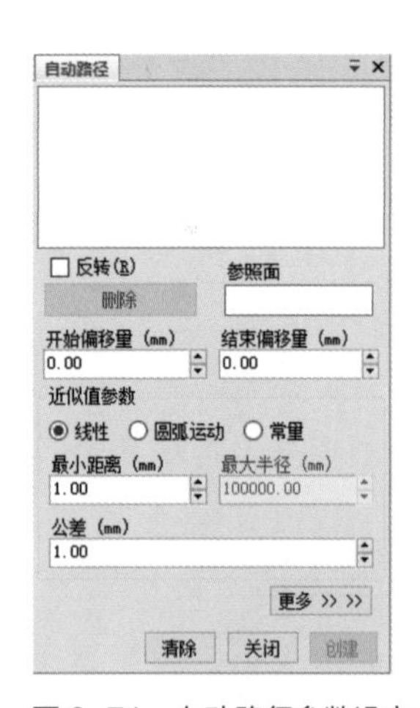

图 2-71　自动路径参数设定

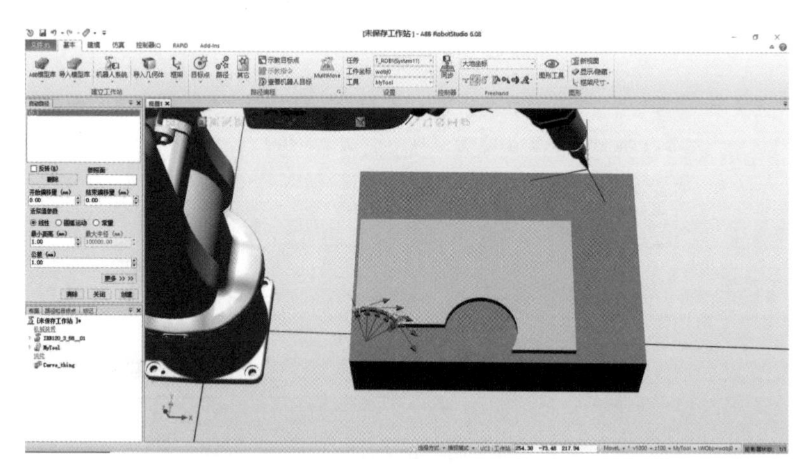

图 2-72　选择第一条轨迹

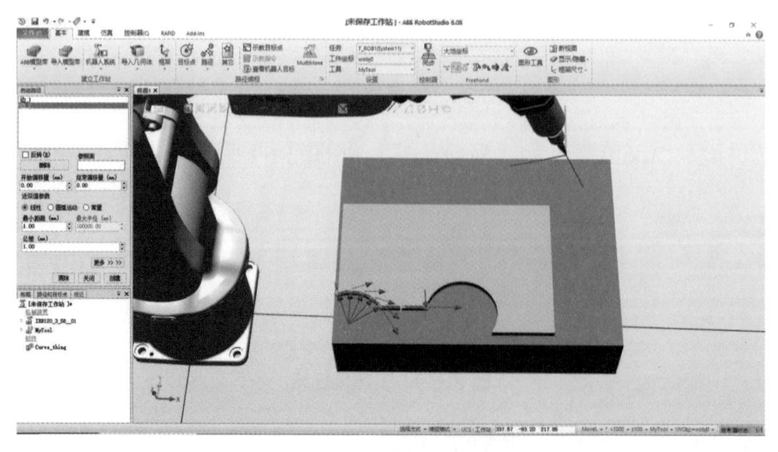

图 2-73　选择第二条轨迹

⑧ 创建自动路径，如图 2-75 所示。

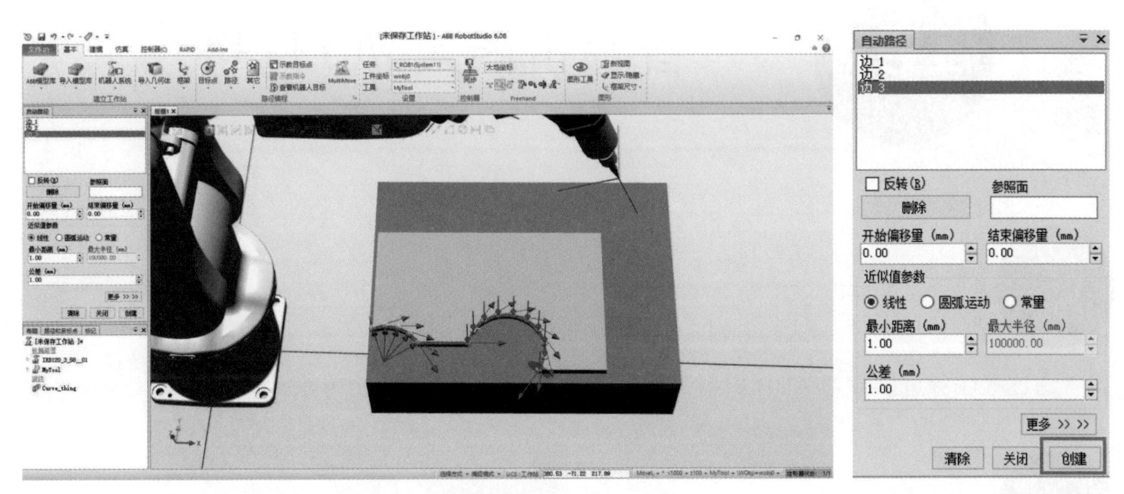

图 2-74　选择第三条轨迹　　　　图 2-75　单击“创建”

⑨ 在“路径和目标点”选项卡里右键单击“Path_10”，选择“自动配置”中的“所有移动指令”命令，机器人将会快速运行一遍创建的目标点，如图 2-76 所示。

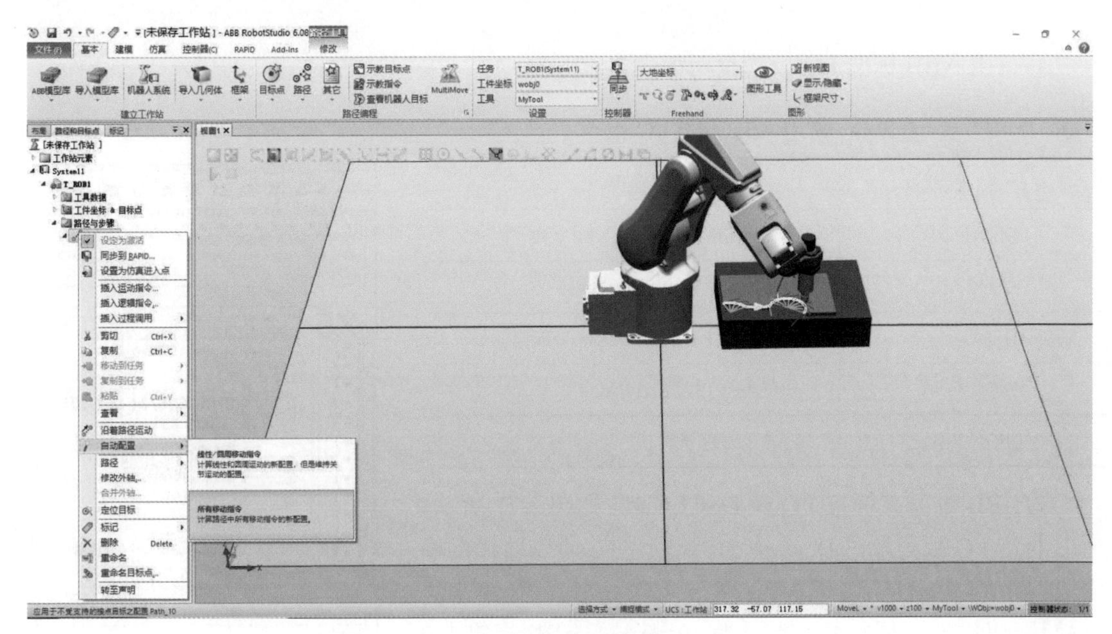

图 2-76　自动配置

配置机器人 I/O 信号

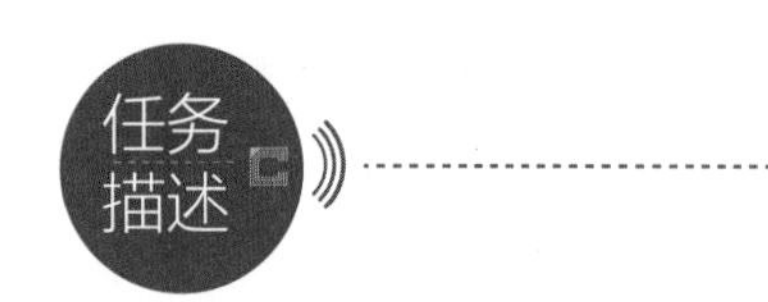

通过本任务可以学习 ABB 机器人的 I/O 设定和快捷键的设定方法。

1. 信号配置

① 常用 ABB 标准 I/O 板的说明如表 2-1 所示。

表 2-1　常用 ABB 标准 I/O 板

型号	说明
DSQC 651	分布式 I/O 模块 DI8/DO8/AO2
DSQC 652	分布式 I/O 模块 DI16/DO16
DSQC 653	分布式 I/O 模块 DI8/DO8 带继电器
DSQC 355A	分布式 I/O 模块 AI4/AO4
DSQC 377A	输送链跟踪单元

② ABB 机器人标准 I/O 板 DSQC651，如图 2-77 所示。ABB 标准 I/O 板是挂在 DeviceNet 网络上的，所以要设定模块在网络中的地址。端子 X5 的 6 ～ 12 的跳线就是用来决定模块地址的，地址可用范围为 10 ～ 63。ABB 标准 I/O 板参数及其说明如表 2-2 所示。

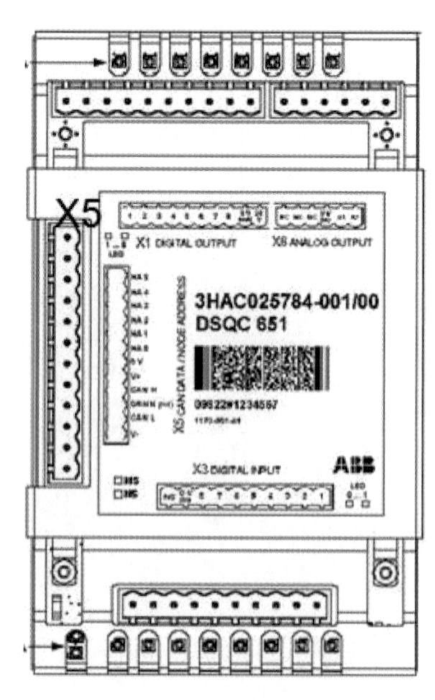

图 2-77　DSQC 651

③ 选择路径“ABB 菜单—控制面板—配置—Unit—添加”，其参数说明如表 2-3 所示。

④ 数字输入信号 di1。di1 接口如图 2-78 所示，di1 参数及其说明见表 2-4。

表 2-2　ABB 标准 I/O 板参数及其说明

参数名称	设定值	说明
Name	board10	设定 I/O 板在系统中的名字
Type of Unit	d561	设定 I/O 板的类型
Connected to Bus	DeviceNet1	设定 I/O 板连接的总线
DeviceNet Address	10	设定 I/O 板在总线中的地址

表 2-3　参数说明

参数名称	设定值	说明
Name	board10	名字
Type of Unit	d651	I/O 板的类型
Connected to Bus	DeviceNet1	I/O 板连接的总线
Unit Identification Label		
Unit Trustlevel		
Unit Startup State		
PROFIBUS Address	10	I/O 板在总线中的地址

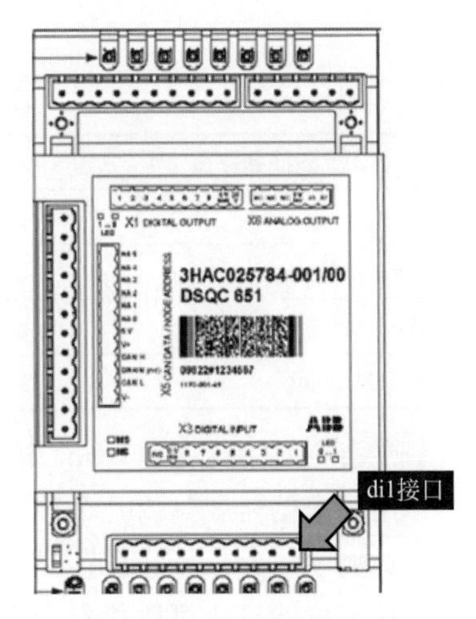

图 2-78　数字输入信号 di1

表 2-4　数字输入信号 di1 参数及其说明

参数名称	设定值	说明
Name	di1	设定数字输入信号的名字
Type of Signal	Digital Input	设定信号的类型
Assigned to Unit	board 10	设定信号所在的 I/O 模块
Unit Mapping	0	设定信号所占用的地址

⑤ 数字输出信号 do1。di1 接口如图 2-79 所示，参数及其说明见表 2-5。

表 2-5　数字输出信号 do1 参数及其说明

参数名称	设定值	说明
Name	do1	设定数字输出信号的名字
Type of Signal	Digital Output	设定信号的类型
Assigned to Unit	board 10	设定信号所在的 I/O 模块
Unit Mapping	32	设定信号所占用的地址

图 2-79　数字输出信号 do1

⑥ 组输入信号 gi1。gi1 接口如图 2-80 所示，参数及其说明见表 2-6。

组输入信号就是将几个数字输入信号组合起来使用，用于接受外围设备输入的 BCD 编码的十进制数。

此例中，gi1 占用地址 1 ～ 4 共 4 位，可以代表十进制数 0 ～ 15。以此类推，如果占用地址 5 位的话，可以代表十进制数 0 ～ 31。

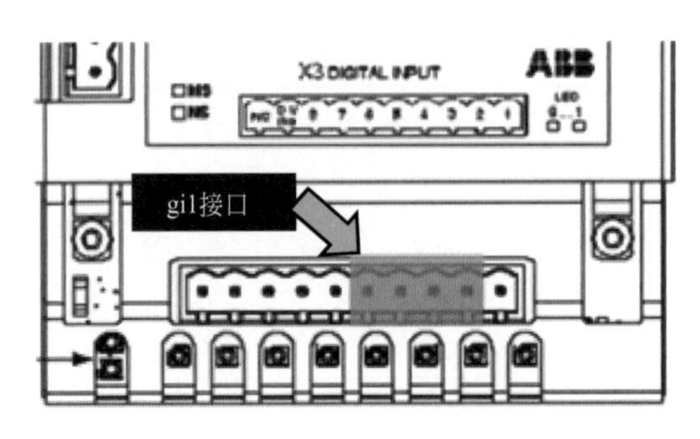

图 2-80 组输入信号 gi1

表 2-6 组输入信号 gi1 参数及其说明

参数名称	设定值	说明
Name	gi1	设定组输入信号的名字
Type of Signal	Digital Input	设定信号的类型
Assigned to Unit	board 10	设定信号所在的 I/O 模块
Unit Mapping	1 ～ 4	设定信号所占用的地址

⑦ 组输出信号 go1。go1 接口如图 2-81 所示，参数及其说明见表 2-7。

组输出信号就是将几个数字输出信号组合起来使用，用于输出 BCD 编码的十进制数。

此例中，go1 占用地址 33 ～ 36 共 4 位，可以代表十进制数 0 ～ 15。如此类推，如果占用地址 5 位的话，可以代表十进制数 0 ～ 31。

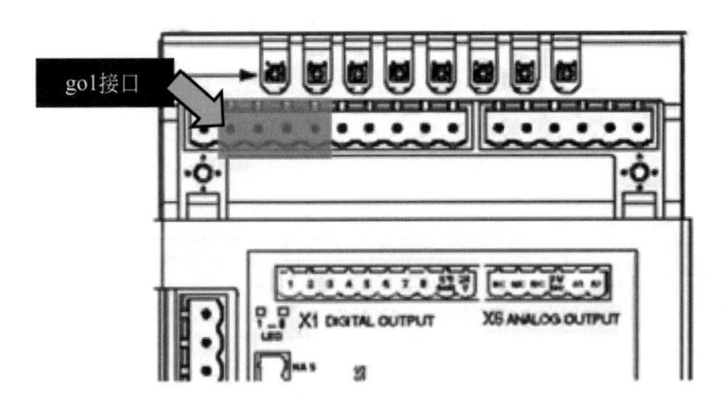

图 2-81 组输出信号 go1

表 2-7 组输出信号 go1 参数及其说明

参数名称	设定值	说明
Name	go1	设定组输出信号的名字
Type of Signal	Digital Output	设定信号的类型
Assigned to Unit	board 10	设定信号所在的 I/O 模块
Unit Mapping	33 ～ 36	设定信号所占用的地址

⑧ 模拟输出信号 ao1。ao1 接口如图 2-82 所示，参数及其说明见表 2-8。

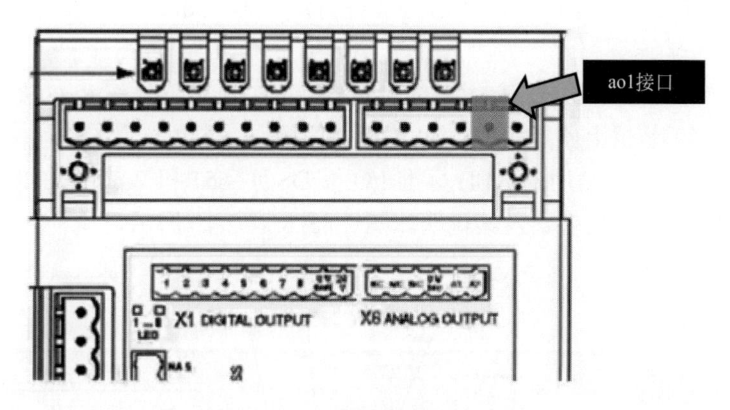

图 2-82 模拟输出信号 ao1

表 2-8 ao1 模拟输出信号参数及其说明

参数名称	设定值	说明
Name	ao1	设定模拟输出信号的名字
Type of Signal	Analog Output	设定信号的类型
Assigned to Unit	board 10	设定信号所在的 I/O 模块
Unit Mapping	0 ～ 15	设定信号所占用的地址
Analog Encoding Type	Unsigned	设定模拟信号属性
Maximum Logical Value	10	设定最大逻辑值
Maximum Physical Value	10	设定最大物理值（V）
Maximum Bit Value	65535	设定最大位值

2. ABB 机器人 I/O 通信种类

（1）ABB 机器人 I/O 通信接口

ABB 机器人提供了丰富的 I/O 通信接口，可以轻松地与周边设备进行通信。I/O 通信接口如表 2-9 所示。

表 2-9 ABB 机器人 I/O 通信接口

PC	现场总线	ABB 标准
RS-232 通信 OPC Serve Socket Message	Device Net Profibus Profibus-DP Profinet EtherNet IP	标准 I/O 板 PLC …

ABB 机器人的 I/O 通信接口的说明：

① ABB 的标准 I/O 板提供的常用信号处理有数字输入 di、数字输出 do、模拟输入 ai、模拟输出 ao，以及输送链跟踪。

② ABB 机器人可以选配 ABB 标准的 PLC，省去了原来与外部 PLC 进行通信设置的麻烦，并且在机器人示教器上就能实现与 PLC 相关的操作。

③ 在本任务中，以最常用的 ABB 标准 I/O 板 DSQC 651 和 Profibus-DP 为例详细讲解如何进行相关的参数设定。连接器及其说明如图 2-83 及表 2-10 所示。

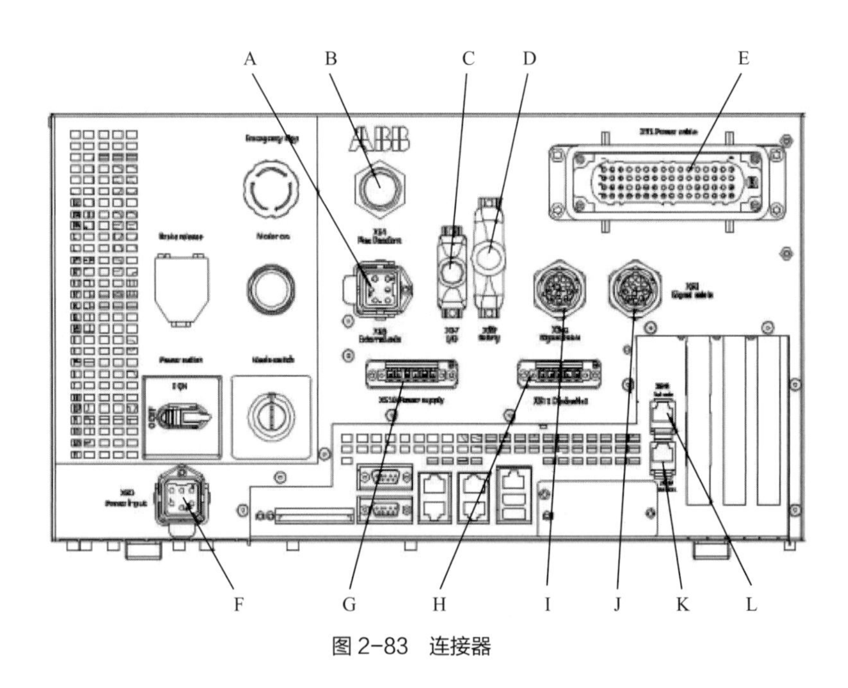

图 2-83　连接器

表 2-10　连接器说明

标号	说明	标号	说明
A	附加轴，电源电缆连接器（不能用于此版本）	G	电源连接器
B	Flex Pendant 连接器	H	DeviceNet 连接器
C	I/O 连接器	I	信号电缆连接器
D	安全连接器	J	信号电缆连接器
E	电源电缆连接器	K	轴选择器连接器
F	电源输入连接器	L	附加轴，信号电缆连接器（不能用于此版本）

（2）ABB 标准 I/O 板 DSQC 651

DSQC 651 板主要提供 8 个数字输入信号、8 个数字输出信号和 2 个模拟输出信号的处理。

① 模块接口说明，如图 2-84 和表 2-11 所示。

② 模块接口连接说明如表 2-12 ～表 2-15 所示。

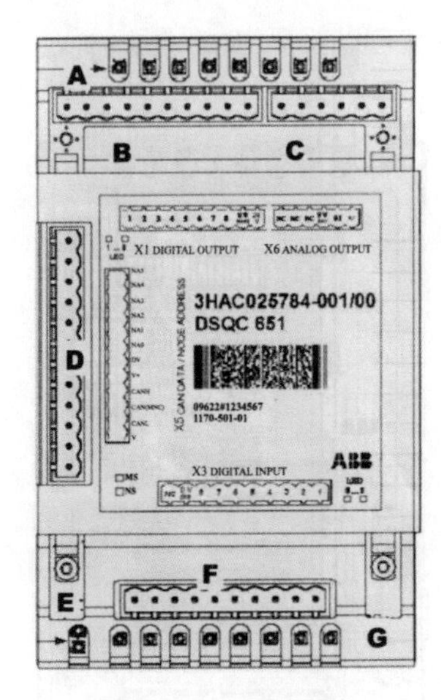

图2-84　DSQC 651

表2-11　DSQC 651模块接口说明

标号	说明
A	数字输出信号指示灯
B	X1 数字输出接口
C	X6 模拟输出接口
D	X5 DeviceNet 接口
E	模块状态指示灯
F	X3 数字输入接口
G	数字输入信号指示灯

表2-12　DSQC 651 X1端子说明

X1 端子编号	使用定义	地址分配	X1 端子编号	使用定义	地址分配
1	OUTPUT CH1	32	6	OUTPUT CH6	37
2	OUTPUT CH2	33	7	OUTPUT CH7	38
3	OUTPUT CH3	34	8	OUTPUT CH8	39
4	OUTPUT CH4	35	9	0V	
5	OUTPUT CH5	36	10	24V	

表2-13　DSQC 651 X3端子说明

X3 端子编号	使用定义	地址分配	X3 端子编号	使用定义	地址分配
1	INPUT CH1	0	6	INPUT CH6	5
2	INPUT CH2	1	7	INPUT CH7	6
3	INPUT CH3	2	8	INPUT CH8	7
4	INPUT CH4	3	9	0V	
5	INPUT CH5	4	10	未使用	

表2-14　DSQC 651 X5端子说明

X5 端子编号	使用定义	X5 端子编号	使用定义
1	0V BLACK	7	模块 ID bit 0 (LSB)
2	CAN 信号线 low BlUE	8	模块 ID bit 1 (LSB)
3	屏蔽线	9	模块 ID bit 2 (LSB)
4	CAN 信号线 high WHILE	10	模块 ID bit 3 (LSB)
5	24V RED	11	模块 ID bit 4 (LSB)
6	GND 地址选择公共端	12	模块 ID bit 5 (LSB)

注：ABB标准I/O板是挂在DeviceNet网络上的，所以要设定模块在网络中的地址。端子X5的6～12的跳线用来决定模块的地址，地址可用范围为10～63。

如图 2-85 所示，将第 8 脚和第 10 脚的跳线剪去，2+8=10 就可以获得 10 的地址。

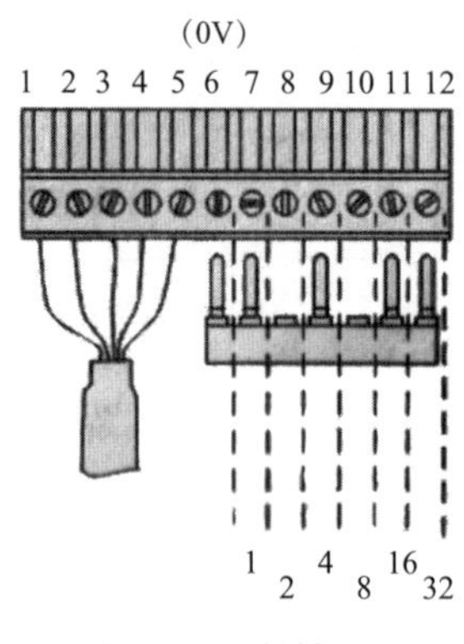

图 2-85　地址 10

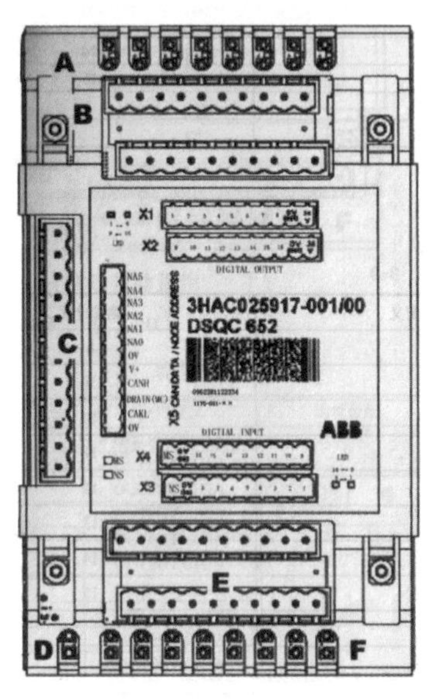

图 2-86　DSQC 652

（3）ABB 标准 I/O 板 DSQC 652

DSQC 652 板主要提供 16 个数字输入信号和 16 个数字输出信号的处理。

① 模块接口说明，如图 2-86 和表 2-16 所示。

表 2-15　DSQC 651 X6 端子说明

X6 端子编号	使用定义	地址分配
1	未使用	
2	未使用	
3	未使用	
4	0V	
5	模拟输出 A01	0 ～ 15
6	模拟输出 A01	16 ～ 31

表 2-16　DSQC 652 模块接口说明

标号	说明	标号	说明
A	数字输出信号指示灯	D	模块状态指示灯
B	X1、X2 数字输出接口	E	X3、X4 数字输入接口
C	X5 DeviceNet 接口	F	数字输入信号指示灯

② 模块接口连接说明如表 2-17 ～表 2-21 所示。

表 2-17　DSQC 652 X1 端子说明

X1 端子编号	使用定义	地址分配	X1 端子编号	使用定义	地址分配
1	OUTPUT CH1	0	6	OUTPUT CH6	5
2	OUTPUT CH2	1	7	OUTPUT CH7	6
3	OUTPUT CH3	2	8	OUTPUT CH8	7
4	OUTPUT CH4	3	9	0V	
5	OUTPUT CH5	4	10	24V	

表 2-18　DSQC 652 X2 端子说明

X2 端子编号	使用定义	地址分配	X2 端子编号	使用定义	地址分配
1	OUTPUT CH9	8	6	OUTPUT CH14	13
2	OUTPUT CH10	9	7	OUTPUT CH15	14
3	OUTPUT CH11	10	8	OUTPUT CH16	15
4	OUTPUT CH12	11	9	0V	
5	OUTPUT CH13	12	10	24V	

表 2-19　DSQC 652 X3 端子说明

X3 端子编号	使用定义	地址分配	X3 端子编号	使用定义	地址分配
1	INPUT CH1	0	6	INPUT CH6	5
2	INPUT CH2	1	7	INPUT CH7	6
3	INPUT CH3	2	8	INPUT CH8	7
4	INPUT CH4	3	9	0V	
5	INPUT CH5	4	10	未使用	

表 2-20　DSQC 652 X4 端子说明

X4 端子编号	使用定义	地址分配	X4 端子编号	使用定义	地址分配
1	INPUT CH9	8	6	INPUT CH14	13
2	INPUT CH10	9	7	INPUT CH15	14
3	INPUT CH11	10	8	INPUT CH16	15
4	INPUT CH12	11	9	0V	
5	INPUT CH13	12	10	24V	

表 2-21　DSQC 652 X5 端子说明

X5 端子编号	使用定义	X5 端子编号	使用定义
1	0V BLACK	4	CAN 信号线 high WHILE
2	CAN 信号线 low BlUE	5	24V RED
3	屏蔽线	6	GND 地址选择公共端

续表

X5 端子编号	使用定义	X5 端子编号	使用定义
7	模块 ID bit 0 (LSB)	10	模块 ID bit 3 (LSB)
8	模块 ID bit 1 (LSB)	11	模块 ID bit 4 (LSB)
9	模块 ID bit 2 (LSB)	12	模块 ID bit 5 (LSB)

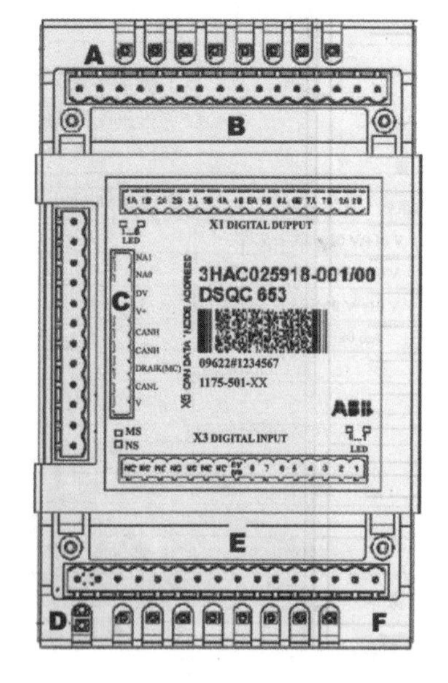

图 2-87　DSQC 653

（4）ABB 标准 I/O 板 DSQC 653

DSQC 653 板主要提供 8 个数字输入信号和 8 个数字继电器输出信号的处理。

① 模块接口说明，如图 2-87 和表 2-22 所示。

表 2-22　DSQC 653 模块接口说明

标号	说　明
A	数字继电器输出信号指示灯
B	X1 数字继电器输出信号接口
C	X5 DeviceNet 接口
D	模块状态指示灯
E	X3 数字输入信号接口
F	数字输入信号指示灯

② 模块接口连接说明，如表 2-23 和表 2-24 所示。X5 端子说明与 DSQC 651 相同。

表 2-23　DSQC 653 X1 端子说明

X1 端子编号	使用定义	地址分配	X1 端子编号	使用定义	地址分配
1	OUTPUT CH1A	0	9	OUTPUT CH5A	4
2	OUTPUT CH1B		10	OUTPUT CH5B	
3	OUTPUT CH2A	1	11	OUTPUT CH6A	5
4	OUTPUT CH2B		12	OUTPUT CH6B	
5	OUTPUT CH3A	2	13	OUTPUT CH7A	6
6	OUTPUT CH3B		14	OUTPUT CH7B	
7	OUTPUT CH4A	3	15	OUTPUT CH8A	7
8	OUTPUT CH4B		16	OUTPUT CH8B	

（5）ABB 标准 I/O 板 DSQC 355A

DSQC 355A 板主要提供 4 个模拟输入信号和 4 个模拟输出信号的处理。

① 模块接口说明，如图 2-88 和表 2-25 所示。

表 2-24　DSQC 653 X3 端子说明

X3 端子编号	使用定义	地址分配	X3 端子编号	使用定义	地址分配
1	INPUT CH1	0	6	INPUT CH6	5
2	INPUT CH2	1	7	INPUT CH7	6
3	INPUT CH3	2	8	INPUT CH8	7
4	INPUT CH4	3	9	0V	
5	INPUT CH5	4	10 ～ 16	未使用	

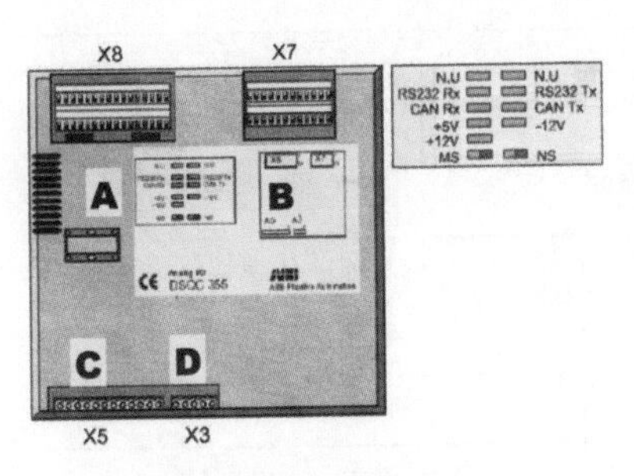

图 2-88　DSQC 355A

表 2-25　DSQC 355A 模块接口说明

标号	说明
A	X8 模拟输入端口
B	X7 模拟输出端口
C	X5 DeviceNet 接口
D	X3 是供电电源

② 模块接口连接说明，如表 2-26 ～表 2-29 所示。

表 2-26　DSQC 355A X3 端子说明

X3 端子编号	使用定义	X3 端子编号	使用定义
1	0V	4	未使用
2	未使用	5	+24V
3	接地		

表 2-27　DSQC 355A X5 端子说明

X5 端子编号	使用定义	X5 端子编号	使用定义
1	0V BLACK	7	模块 ID bit 0 (LSB)
2	CAN 信号线 low BlUE	8	模块 ID bit 1 (LSB)
3	屏蔽线	9	模块 ID bit 2 (LSB)
4	CAN 信号线 high WHILE	10	模块 ID bit 3 (LSB)
5	24V RED	11	模块 ID bit 4 (LSB)
6	GND 地址选择公共端	12	模块 ID bit 5 (LSB)

表 2-28　DSQC 355A X7 端子说明

X7 端子编号	使用定义	地址分配
1	ANALOG OUTPUT CH 1，-10V/+10V	0 ～ 15
2	ANALOG OUTPUT CH 2，-10V/+10V	16 ～ 31
3	ANALOG OUTPUT CH 3，-10V/+10V	32 ～ 47

续表

X7 端子编号	使用定义	地址分配
4	ANALOG OUTPUT CH 4，4 ~ 20mA	48 ~ 63
5 ~ 18	未使用	
19	ANALOG OUTPUT CH 1，0V	
20	ANALOG OUTPUT CH 2，0V	
21	ANALOG OUTPUT CH 3，0V	
22	ANALOG OUTPUT CH 4，0V	
23、24	未使用	

表 2-29　DSQC 355A X8 端子说明

X8 端子编号	使用定义	地址分配
1	ANALOG INPUT CH 1，-10V/+10V	0 ~ 15
2	ANALOG INPUT CH 2，-10V/+10V	16 ~ 31
3	ANALOG INPUT CH 3，-10V/+10V	32 ~ 47
4	ANALOG INPUT CH 4，4 ~ 20mA	48 ~ 63
5 ~ 16	未使用	
17 ~ 24	+24V	
25	ANALOG INPUT CH 1，0V	
26	ANALOG INPUT CH 2，0V	
27	ANALOG INPUT CH 3，0V	
28	ANALOG INPUT CH 4，0V	
29 ~ 32	0V	

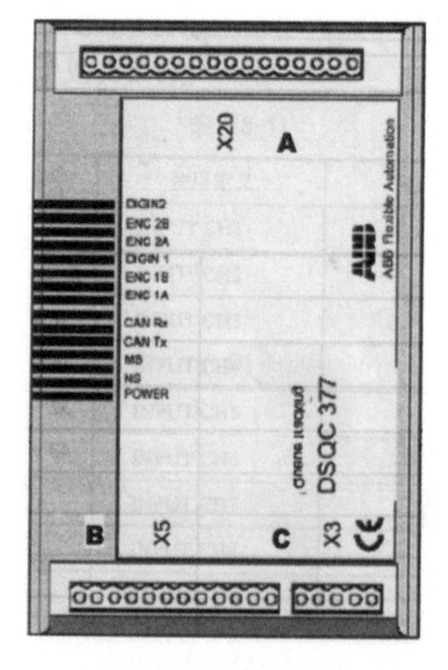

图 2-89　DSQC 377A

（6）ABB 标准 I/O 板 DSQC 377A

DSQC 377A 板主要提供机器人输送链跟踪功能所需的编码器与同步开关信号的处理。

① 模块接口说明，如图 2-89 和表 2-30 所示。

表 2-30　DSQC 377A 模块接口说明

标号	说明
A	X20 编码器与同步开关的端子
B	X5 DeviceNet 接口
C	X3 供电电源

② 模块接口连接说明，如表 2-31 ~表 2-33 所示。

表2-31 DSQC 377A X3端子说明

X3端子编号	使用定义	X3端子编号	使用定义
1	0V	4	未使用
2	未使用	5	+24V
3	接地		

表2-32 DSQC 377A X5端子说明

X5端子编号	使用定义	X5端子编号	使用定义
1	0V BLACK	7	模块ID bit 0 (LSB)
2	CAN信号线 low BlUE	8	模块ID bit 1 (LSB)
3	屏蔽线	9	模块ID bit 2 (LSB)
4	CAN信号线 high WHILE	10	模块ID bit 3 (LSB)
5	24V RED	11	模块ID bit 4 (LSB)
6	GND地址选择公共端	12	模块ID bit 5 (LSB)

表2-33 DSQC 377A X20端子说明

X20端子编号	使用定义	X20端子编号	使用定义
1	24V	6	编码器1，B相
2	0V	7	INPUT CH 1，24V
3	编码器1，24V	8	INPUT CH 1，0V
4	编码器1，0V	9	INPUT CH 1，信号
5	编码器1，A相	10～16	未使用

1. 添加d652

① 点击“控制面板”，如图2-90所示。

② 点击“配置”，如图2-91所示。

③ 点击“DeviceNet Device”，如图2-92所示。

④ 点击“添加”，如图2-93所示。

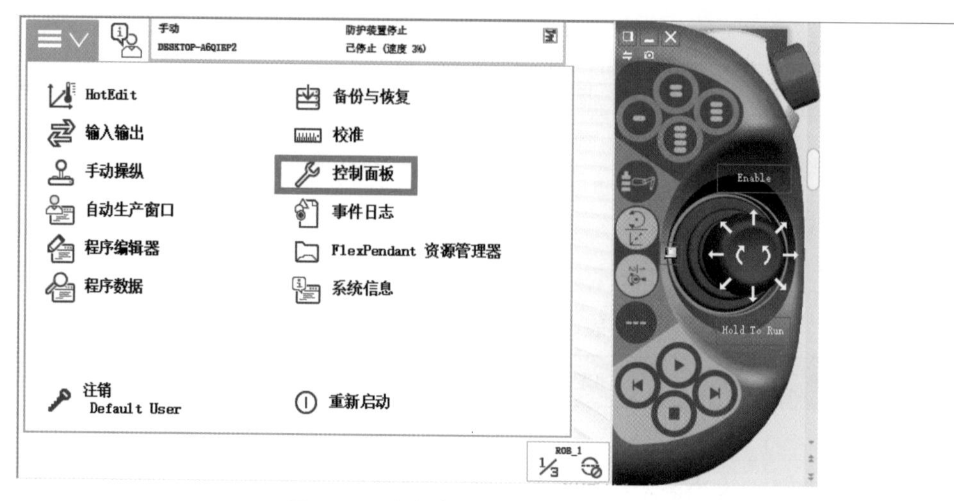

图 2-90　点击“控制面板”

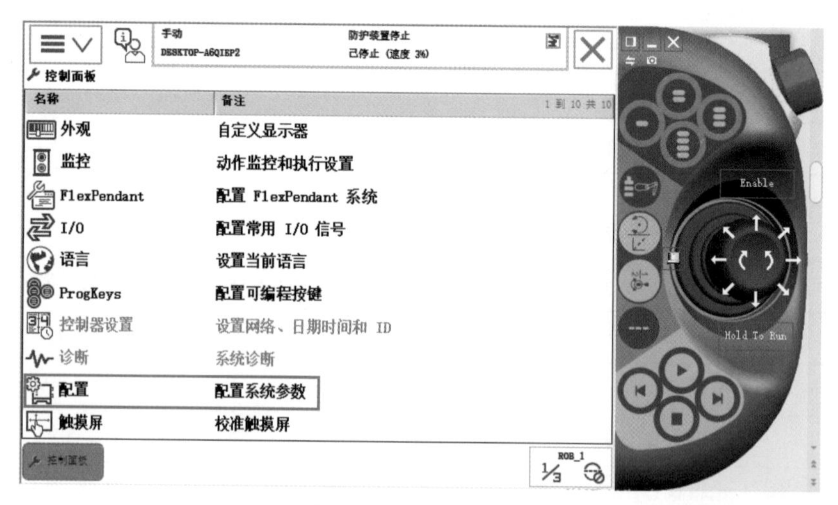

图 2-91　配置系统参数

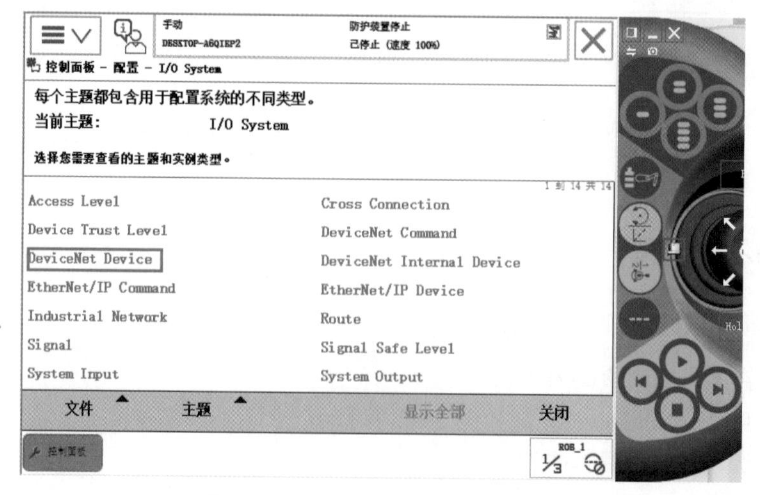

图 2-92　点击“DeviceNet Device”

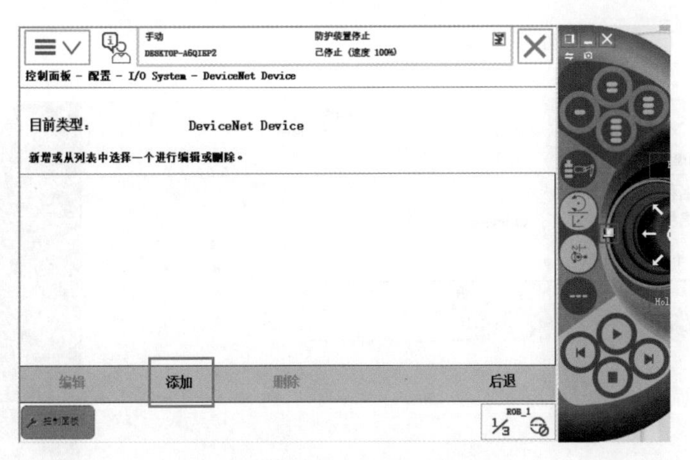

图 2-93　添加 DeviceNet Device

⑤ 在默认里选择倒数第三个，如图 2-94 所示。

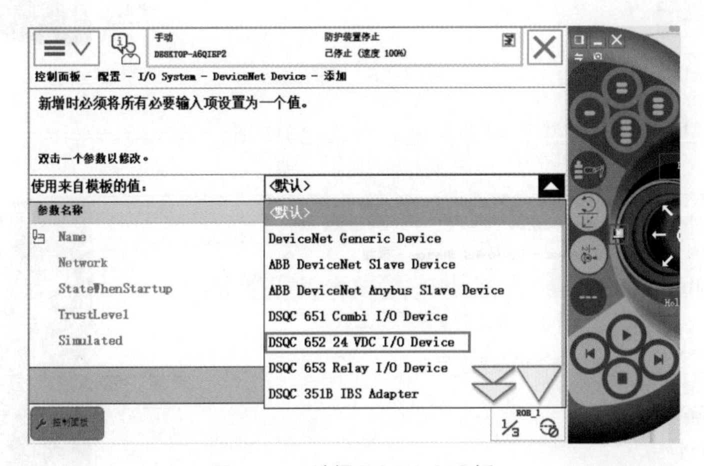

图 2-94　选择 DSQC 652 板

⑥ 找到“Address”，如图 2-95 所示。

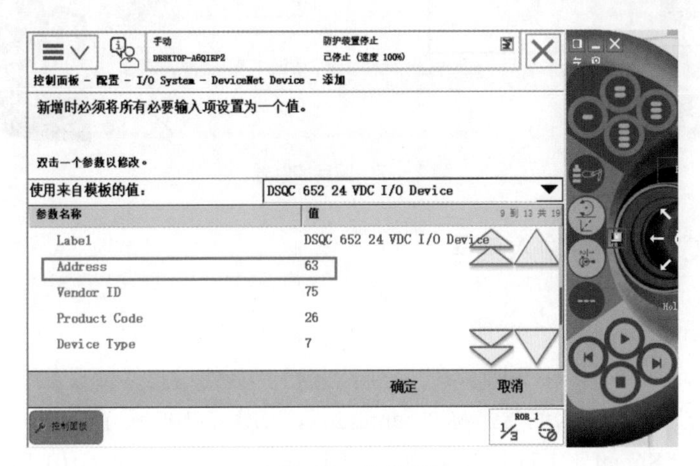

图 2-95　找到地址

⑦ 将地址 63 改为 10，如图 2-96 所示。

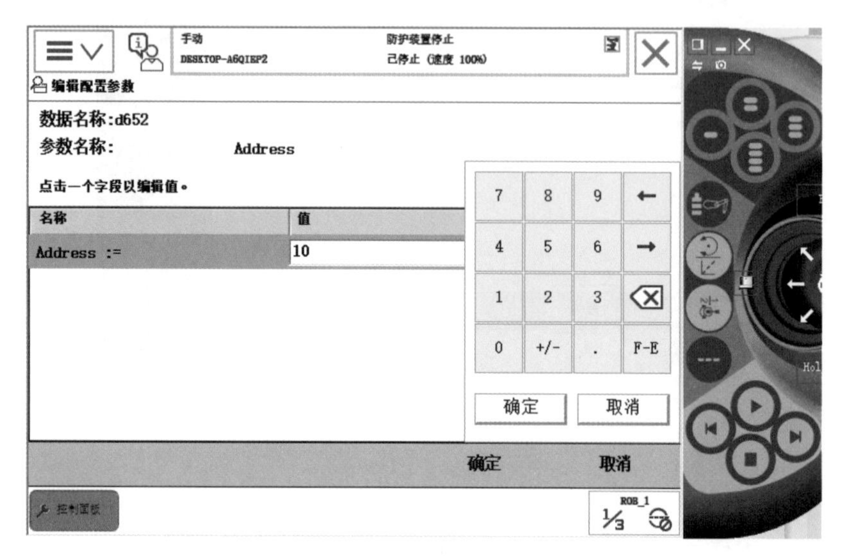

图 2-96　修改地址

⑧ 配置完点击“确定”并重启控制器，如图 2-97 所示。

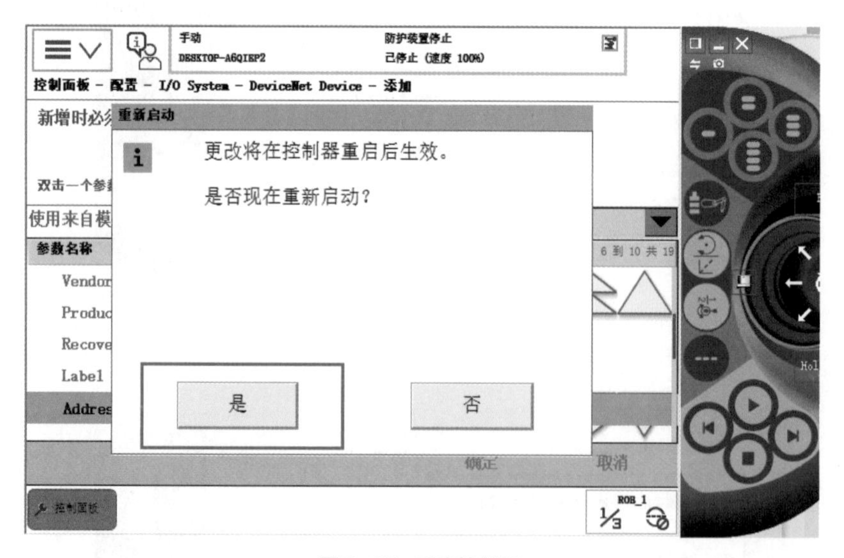

图 2-97　重启控制器

2. 添加所需 I/O 信号的输入信号

① 点击“Signal”，如图 2-98 所示。
② 点击“添加”，如图 2-99 所示。
③ 在“Name”写上输入信号名称“continue”，如图 2-100 所示。
④ 在“Type of Signal”中选择数字输入“Digital Input”，如图 2-101 所示。
⑤ 在“Assigned to Device”中选择“d652”，如图 2-102 所示。

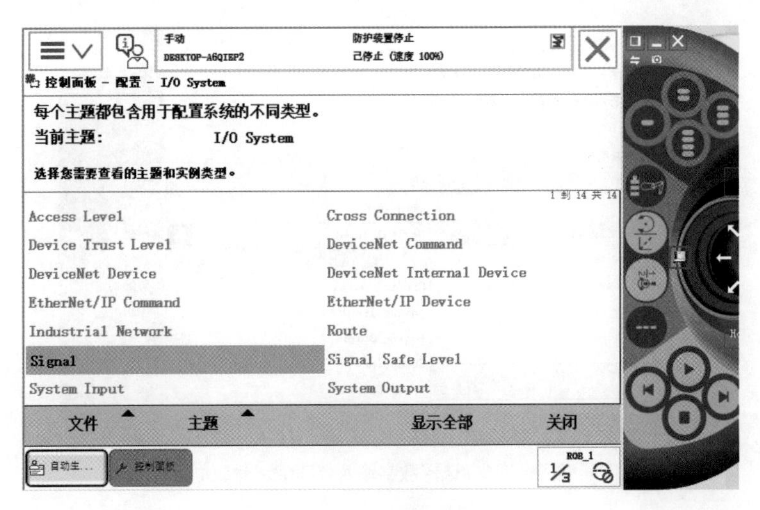

图 2-98　选择信号

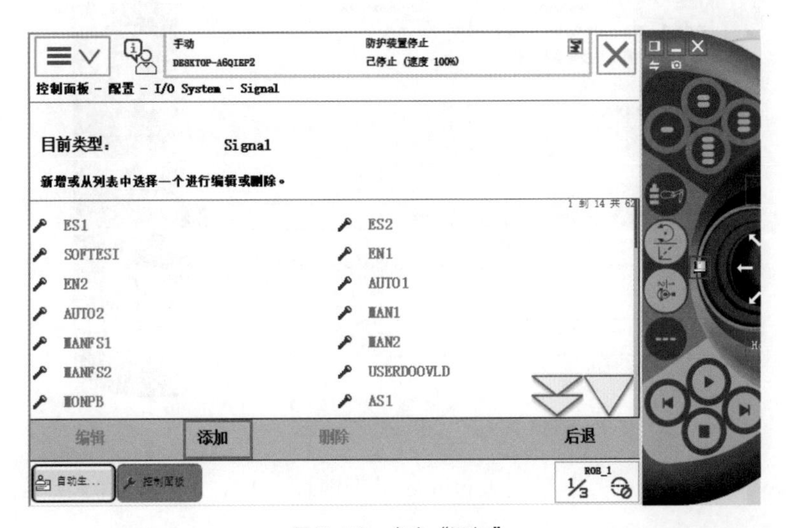

图 2-99　点击“添加”

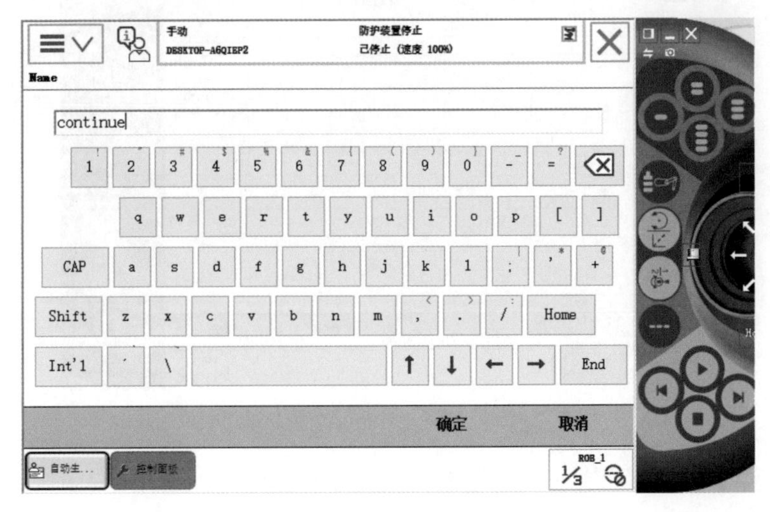

图 2-100　命名为“continue”

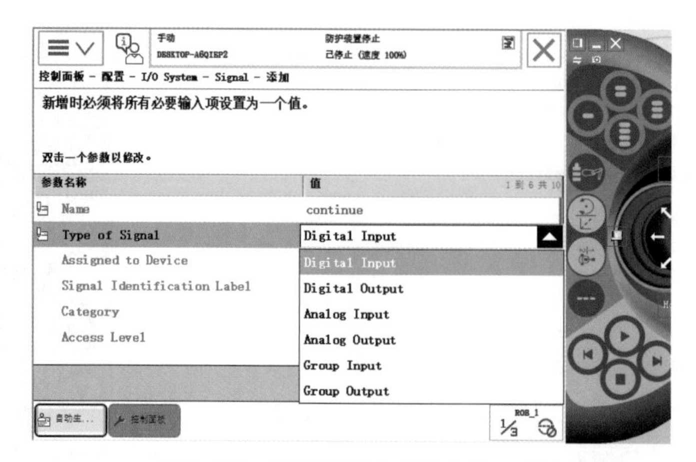

图 2-101　选择数字输入“Digital Input”

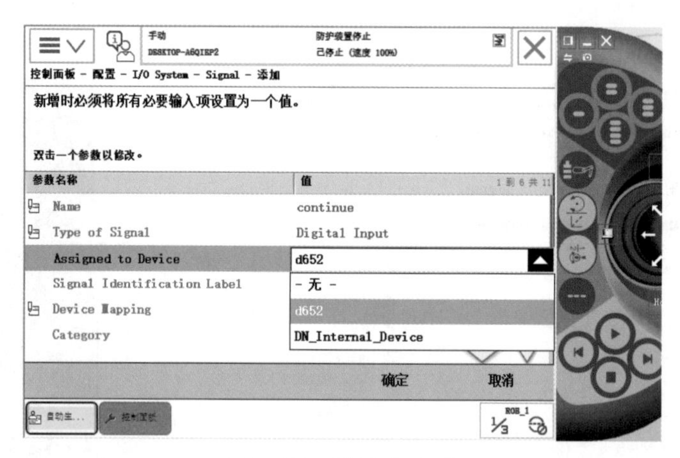

图 2-102　选择“d652”

⑥ 在“Device Mapping”中写入 continue 对应地址“4”，如图 2-103 所示。

图 2-103　写入 continue 对应地址“4”

⑦ 配置完点击“确定”并重启控制器，如图 2-104 所示。

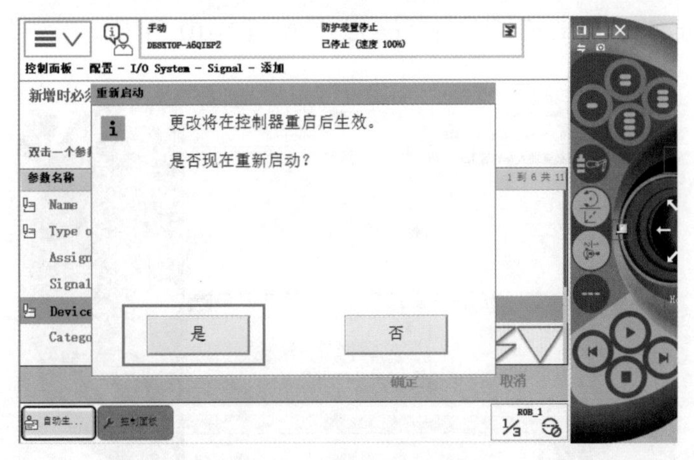

图 2-104 确定并重启控制器

3. 添加所需 I/O 信号的输出信号

① 在“Name”写上输出信号名称“grip”，如图 2-105 所示。

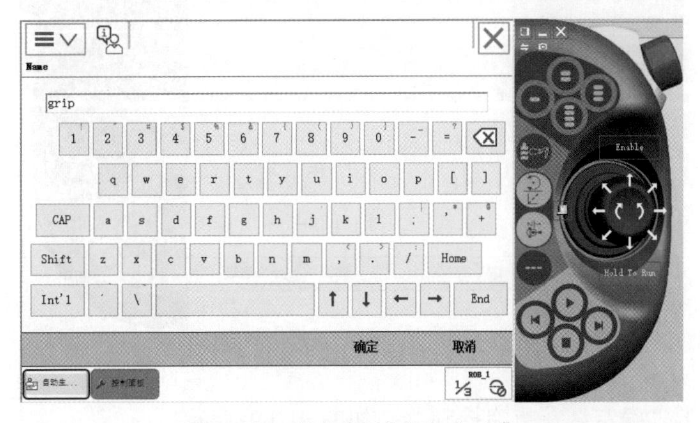

图 2-105 输出信号命名为“grip”

② 在“Type of Signal”中选择为数字输出“Digital Output”，如图 2-106 所示。

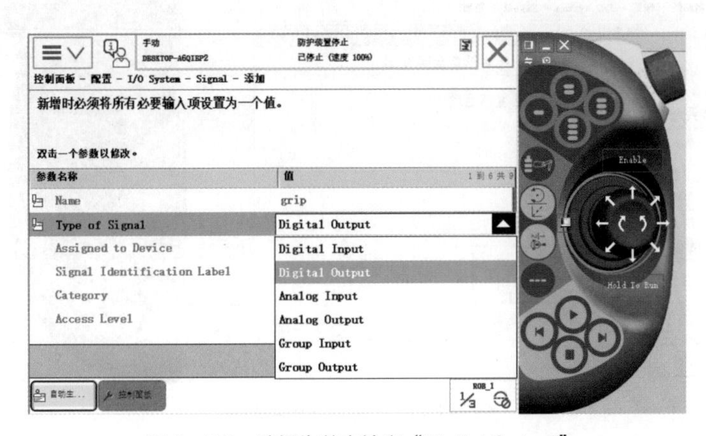

图 2-106 选择为数字输出“Digital Output”

③ 在“Assigned to Device”中选择“d652”，如图 2-107 所示。

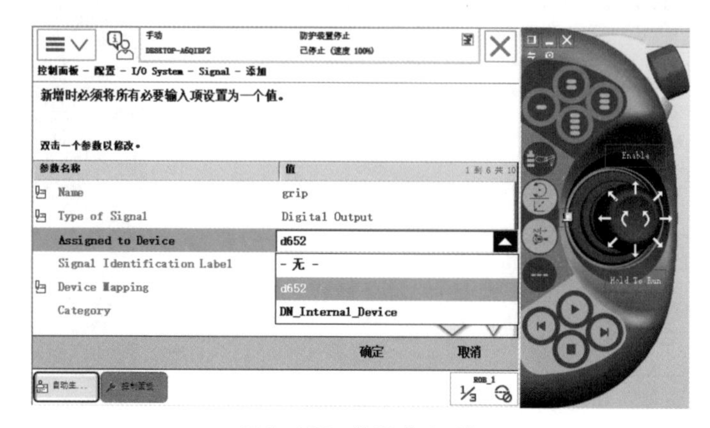

图 2-107　选择“d652”

④ 在“Device Mapping”中写入 grip 对应地址“4”，如图 2-108 所示。

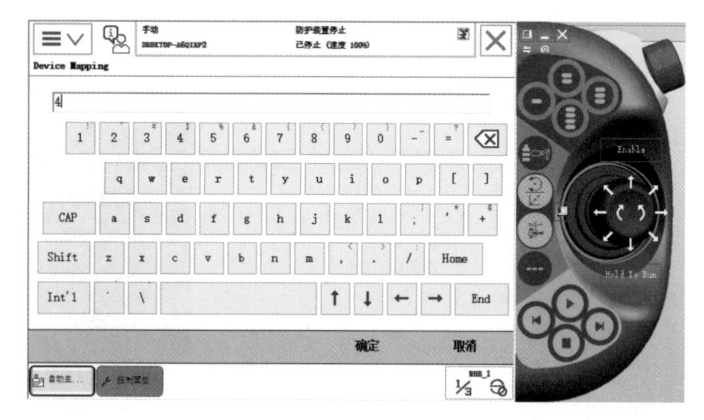

图 2-108　写入 grip 对应地址“4”

⑤ 配置完点击“确定”并重启控制器，如图 2-109 所示。

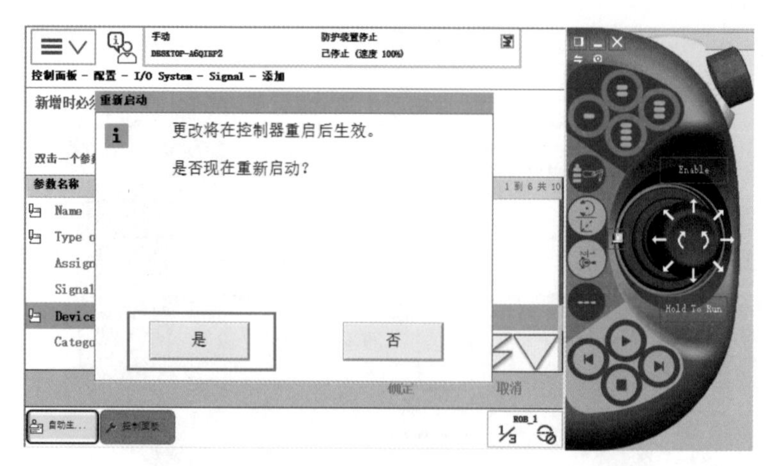

图 2-109　完成并重启控制器

4. I/O 快捷键

① 根据自己的需要定义按键，如图 2-110 所示。

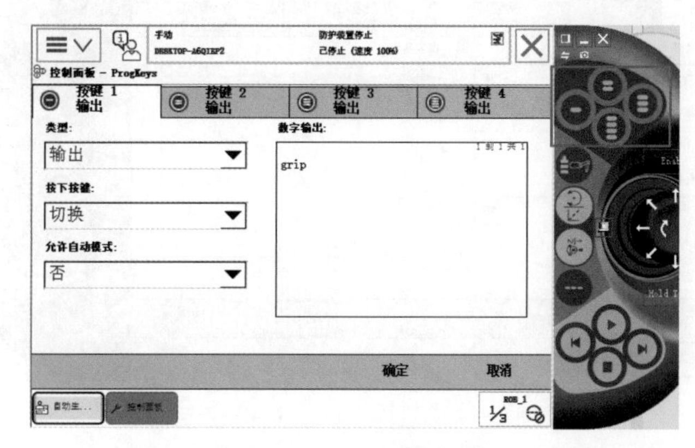

图 2-110　定义可编程按键

② 在控制面板中点击“配置可编程按键”，如图 2-111 所示。

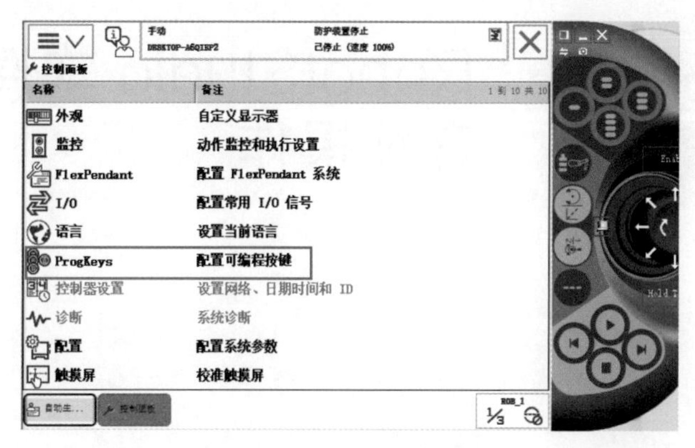

图 2-111　配置可编程按键

③ 在“按键 1 输出”中找到刚刚建的“grip”输出信号，如图 2-112 所示。

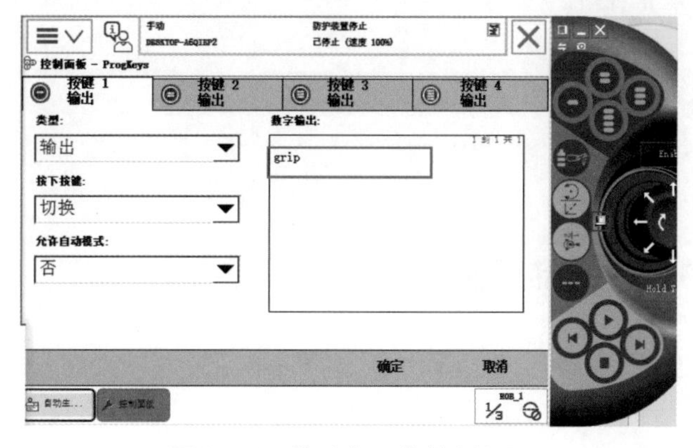

图 2-112　找到“grip”输出信号

④ 选择“grip”并点击“确定”即可使用按键 1 来控制 grip 信号，如图 2-113 所示。

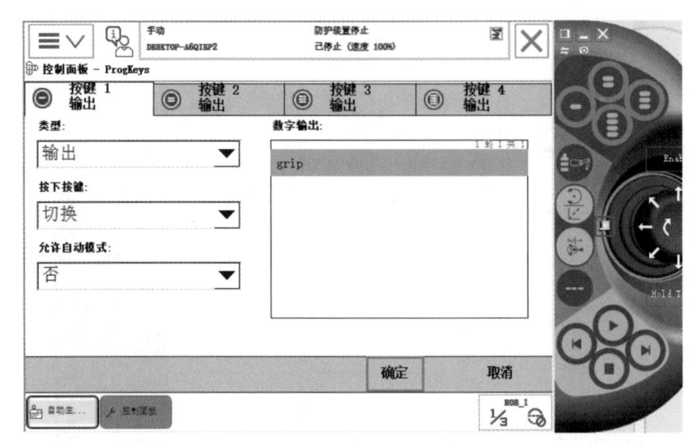

图 2-113　选择“grip”并单击确定

RobotStudio 软件的在线操作

使用网线将机器人与电脑连接，配置好网络后，通过 RobotStudio 软件可以在线实现机器人系统的备份和恢复、RAPID 程序的在线编辑等功能。本任务除需要 RobotStudio 软件外，还需要使用 ABB 机器人真机。

1. 与机器人连接并获取控制权限

① 在与机器人连接前，需要先进行 PC 上的网络设置（以太网传输控制协议 TCP/IPv4 设置为自动获取 IP，启用 DHCP），如图 2-114 所示。配置好网络设置后，用网线将 PC 正确连接到机器人的服务端口。

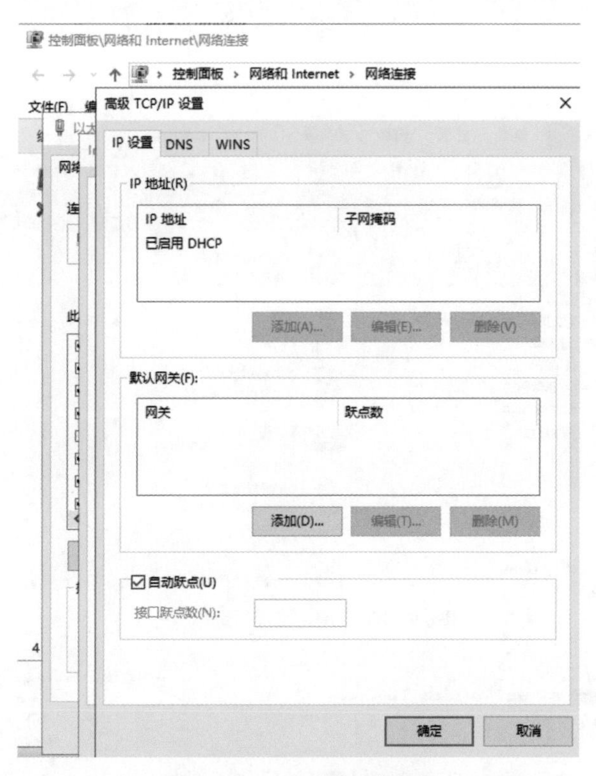

图 2-114 PC 上的网络设置

② 在 RobotStudio 上点击“一键连接”选项即可获取控制权限，如图 2-115 所示。

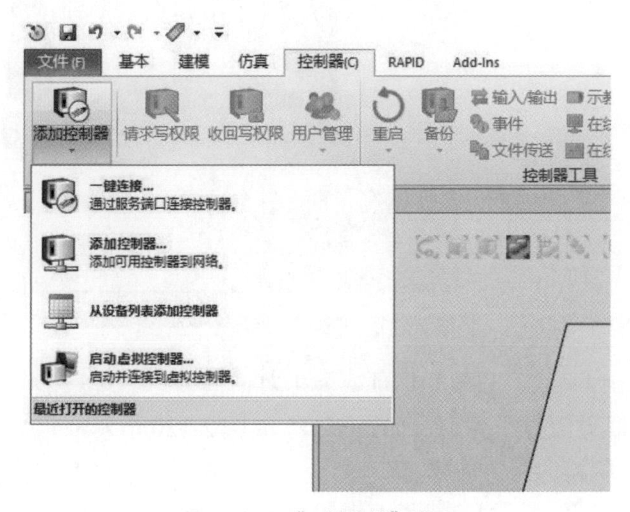

图 2-115 “一键连接”选项

2. 请求写权限

① 当需要在用户管理中对机器人进行编辑用户账户或者从备份中恢复系统时，因为没有写入用户权限，所以无法对“编辑用户账户”和“从备份中恢复”选项进行选择，如图

2-116、图 2-117 所示。

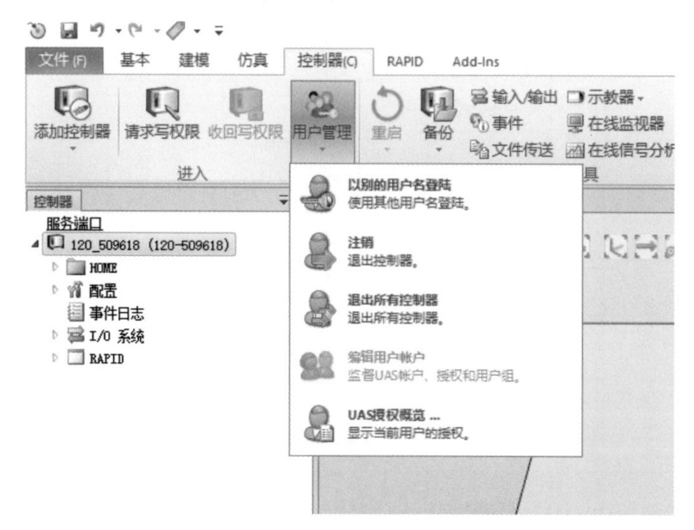

图 2-116 “用户管理”选项（一）

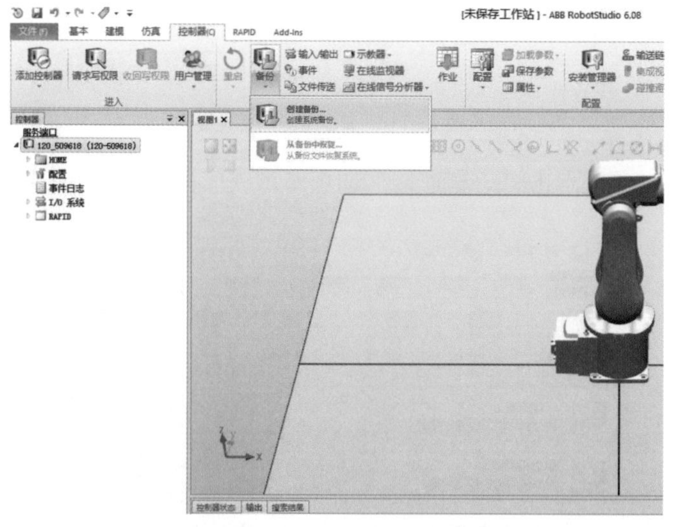

图 2-117 “备份”选项（一）

② 此时需要点击“请求写权限”选项，弹出对话框如图 2-118 所示。

③ 同时，示教器界面显示弹窗，如图 2-119 或图 2-120 所示，点击“同意”或“撤回”即可拥有或取回对控制器的写访问权。

④ 当获得写入权限后，即可进行“编辑用户账户”和“恢复备份”等操作，如图 2-121、图 2-122 所示。

3. 在线备份与恢复

如果需要创建系统备份，可在“控制器”选项中点击“备份”或在“备份”下拉选项中选择“创建备份”选项。如果需要恢复备份文件系统，可在“备份”选项的下拉菜单中选择

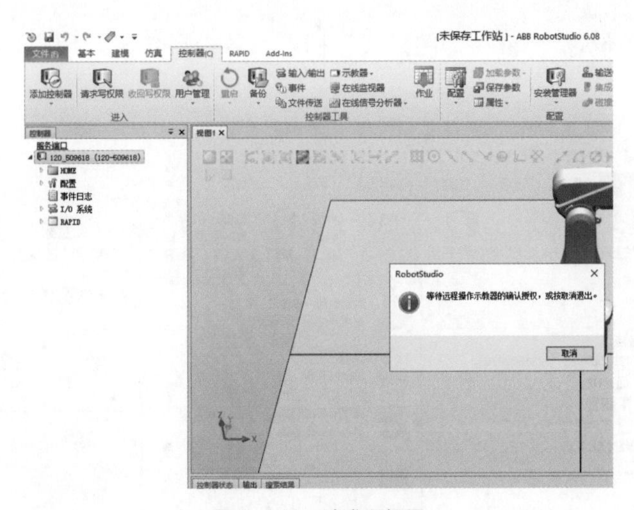

图2-118 请求写权限

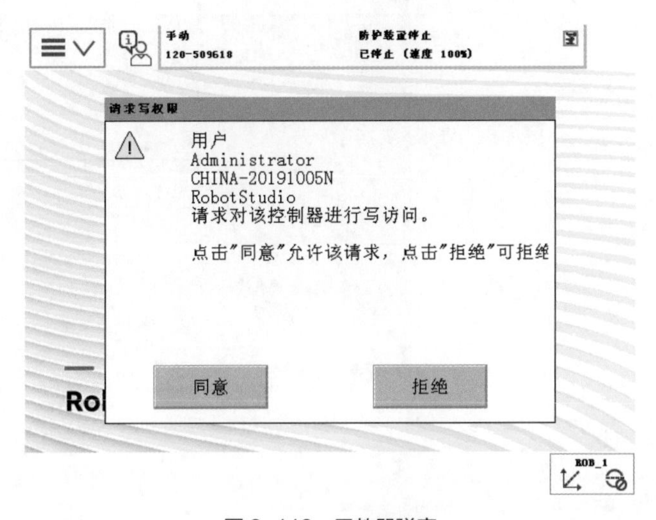

图2-119 示教器弹窗

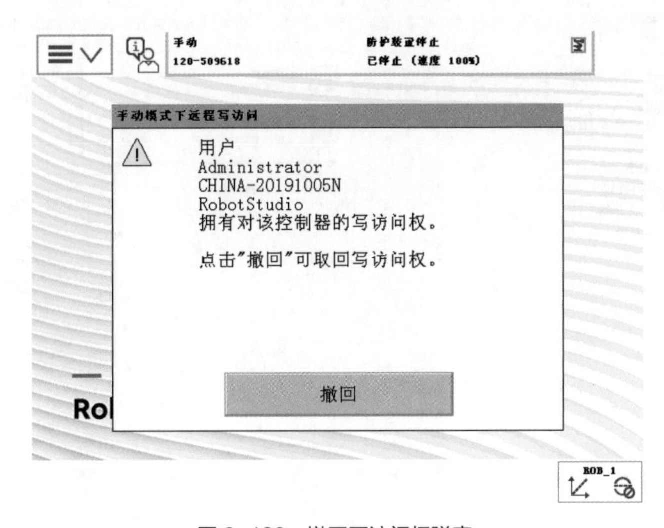

图2-120 撤回写访问权弹窗

“从备份中恢复”。备份以“.tar”文件格式存档。在备份系统时，用户可恢复系统当前状态所需的所有数据：

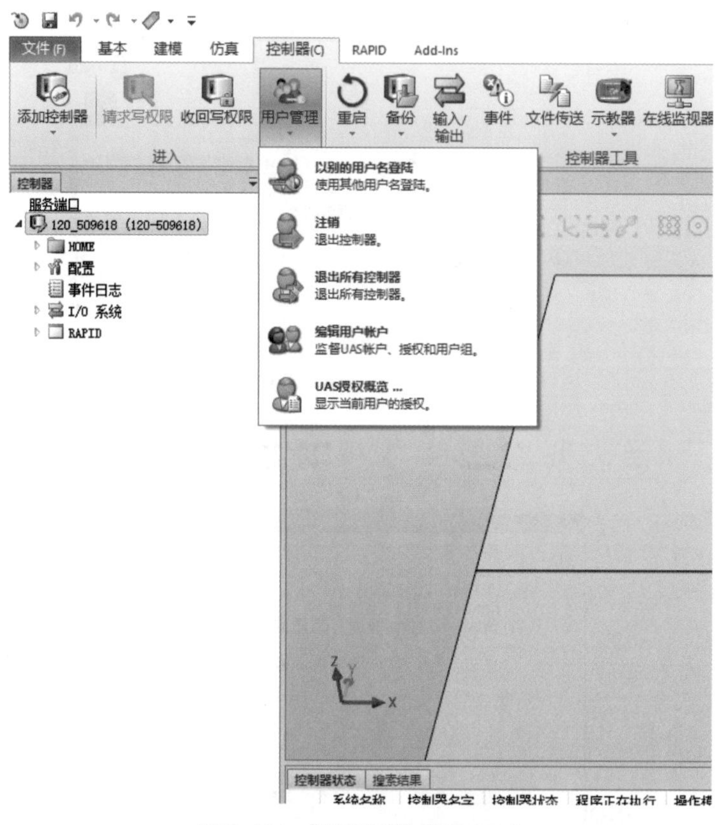

图 2-121 “用户管理”选项（二）

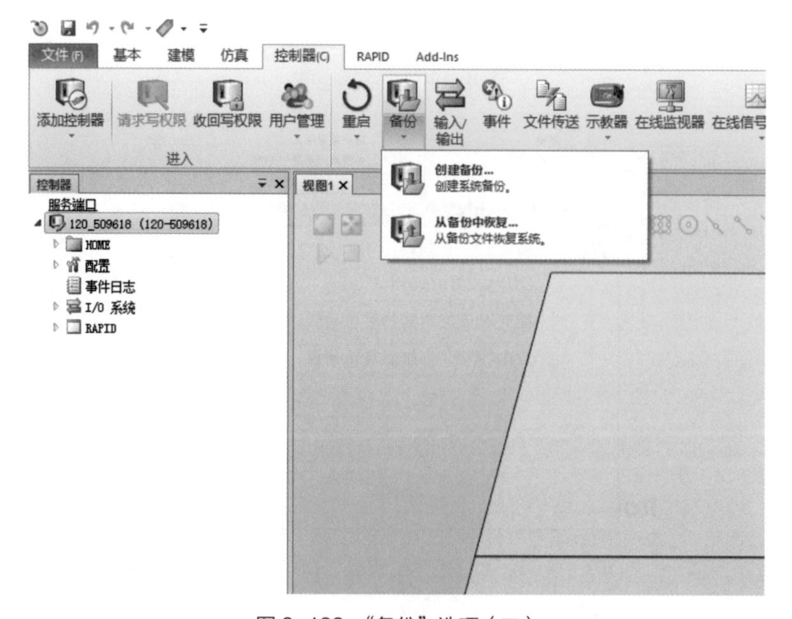

图 2-122 “备份”选项（二）

① 在系统中安装的软件和选项信息。
② 系统主目录和其中的所有内容。
③ 所有机器人系统及模块。
④ 系统中所有配置和校准数据。

/Administration
Resources
/Legal
/Accounting
/Finance
/Marketing
/Publicity
/Promotion
/Research
/Business
/Development
/Engineering
/Manufacturing
/Planning

项目3

工作站建模

任务1　测量模型数值

任务2　创建基本模型

任务3　安装外部工业机器人的工具模型

通过上一个项目的学习，读者已经对 RobotStudio 虚拟仿真软件的操作有了初步了解。本项目将学习测量模型数值、创建基本模型、安装外部工业机器人的工具模型的方法。

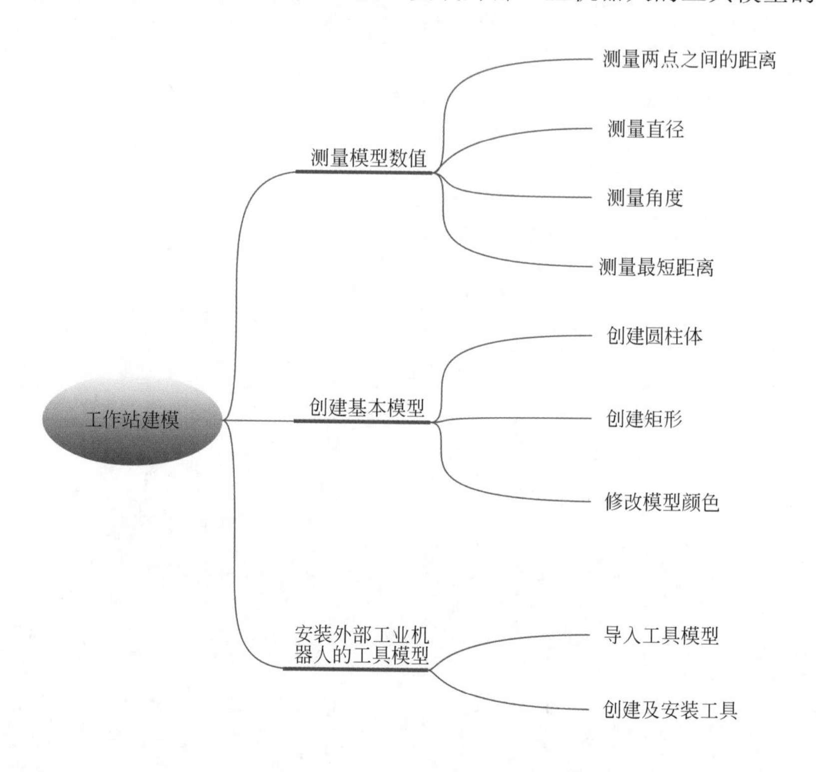

测量模型数值

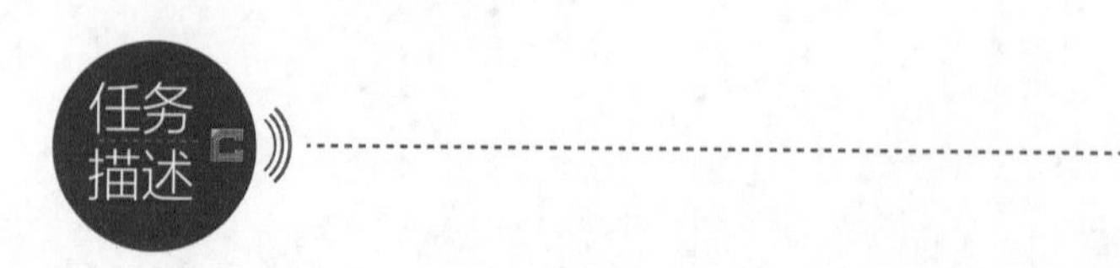

在机器人进行涂胶、焊接等工作时，要确定目标模型的具体数值。下面将学习如何利用 RobotStudio 软件来测量模型的长度、角度、直径以及最短距离，如图 3-1 所示。

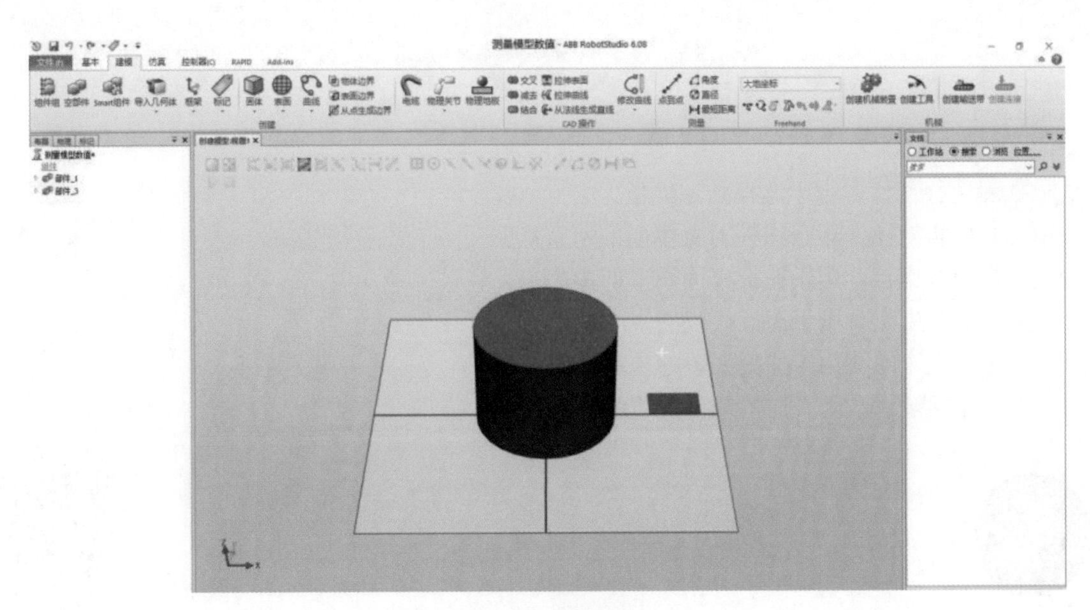

图 3-1　测量模型

任务所需工具

在测量模型时，工具是必不可少的，下面介绍此次任务需要用到的两类工具。

(1) 测量工具

可以在“建模”菜单下使用“测量”工具，如图 3-2 所示。

图 3-2　“建模”菜单下的“测量”工具

① 点到点。用于两点之间距离的测量。

② 角度。用于测量被测点与两边所成的角度。

③ 直径。用于测量圆的直径。

④ 最短距离。用于测量两点间的最短距离。

(2) 捕捉工具

测量时需要利用点的抓取来进行测量，这时，就用到了“捕捉”工具栏，如图 3-3 所示。

图 3-3 “捕捉”工具栏

① 选择部件。用于选择指定模型。
② 捕捉对象。用于捕捉对象模型的所有点。
③ 捕捉中点。用于捕捉平面图形的中心点。
④ 捕捉中点。用于捕捉线段的中心点。
⑤ 捕捉末端。用于捕捉线段的末端或脚位置。
⑥ 捕捉边缘。用于捕捉线段的边缘点。

测量两点之间的距离

1. 测量两点之间的距离

① 选取“选择部件”工具，如图 3-4 所示。单击“布局”选项卡中的“部件 _1”，如图 3-5 所示。

图 3-4 选取“选择部件”工具

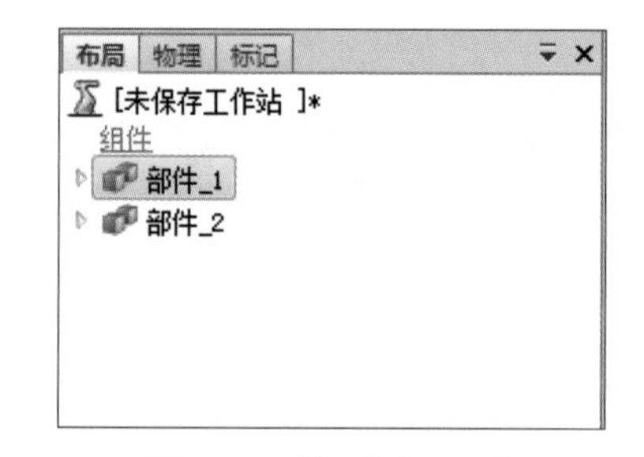

图 3-5 选择“部件 _1”

② 选中“捕捉末端”工具，如图 3-6 所示。在“建模”选项卡里“测量”区单击“点到点”，如图 3-7 所示。

图 3-6 选中“捕捉末端”工具

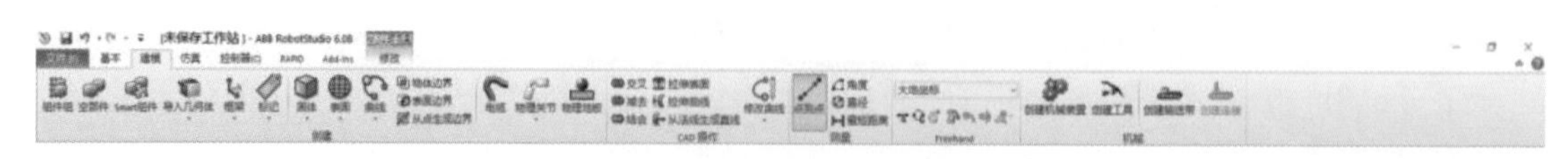

图 3-7 单击“点到点”测量工具

③ 选取目标模型上的两个点即可测出两点间的距离，如图 3-8 所示。

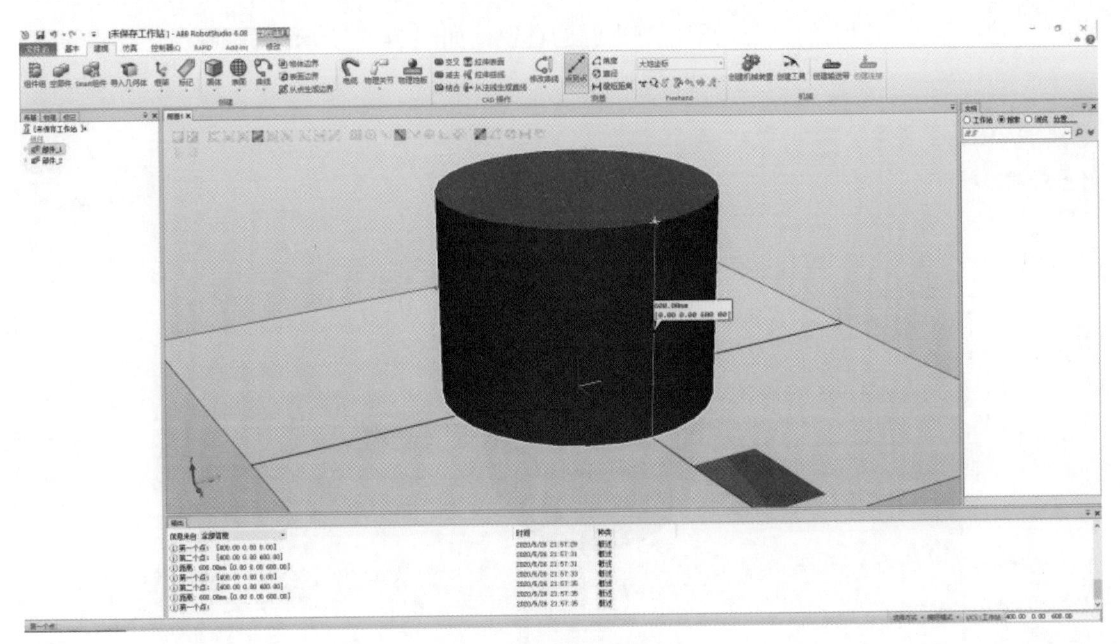

图 3-8　测量两点间距离

2. 测量直径

测量直径

① 选取“选择部件”，如图 3-9 所示。单击“布局”选项卡中的“部件_1”，如图 3-10 所示。

图 3-9　选取“选择部件”工具

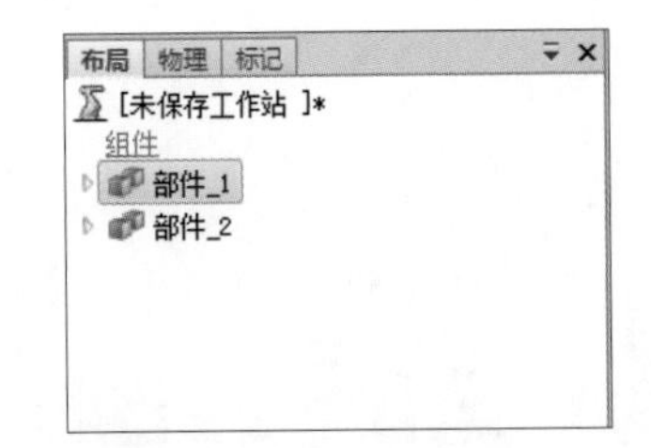

图 3-10　选择“部件_1”

② 选中“捕捉边缘”工具，如图 3-11 所示。在“建模”选项卡里“测量”区单击“直径”，如图 3-12 所示。

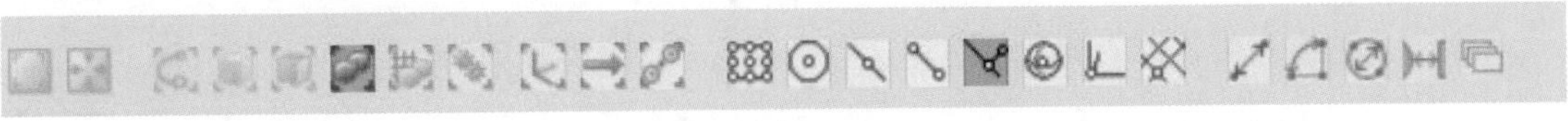

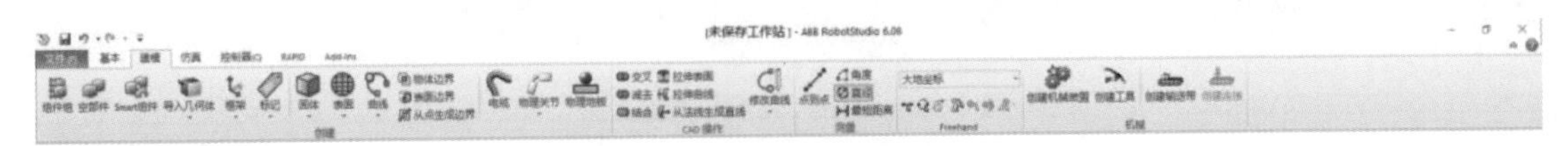

图 3-11　选中“捕捉边缘”工具

图 3-12　单击“直径”测量工具

③ 选取目标模型上的三个点即可测出圆的直径，如图 3-13 所示。

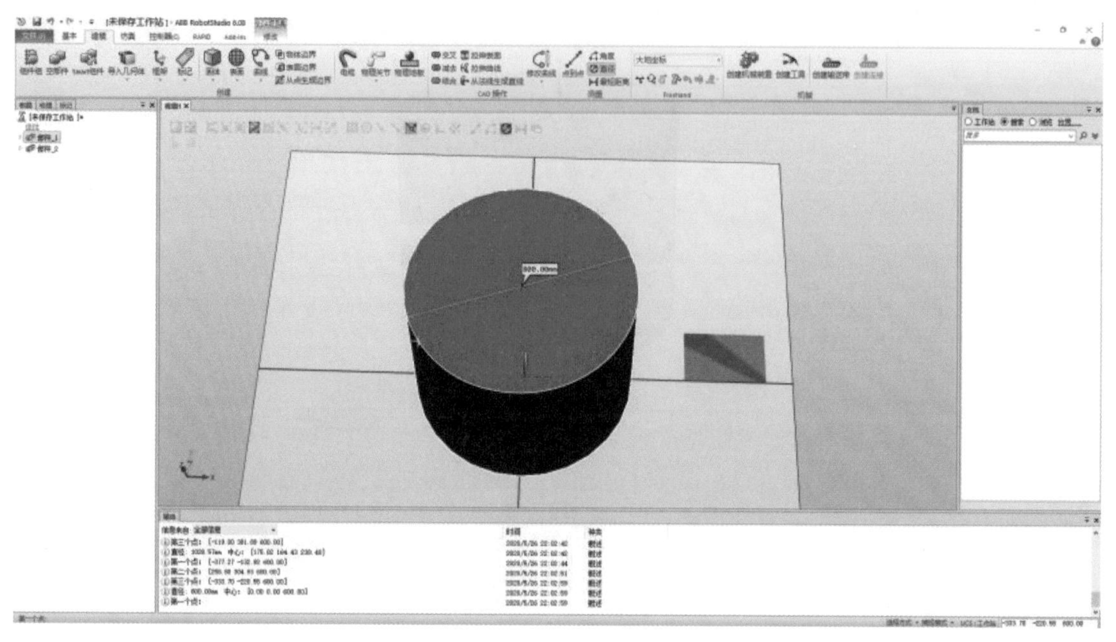

图 3-13 测量直径

3. 测量角度

① 选取“选择部件”工具，如图 3-14 所示。单击“布局”选项卡中的“部件 _2”，如图 3-15 所示。

测量角度

图 3-14 选取“选择部件”工具

图 3-15 选择“部件 _2”

② 在“建模”菜单里“测量”区单击“角度”，如图 3-16 所示。

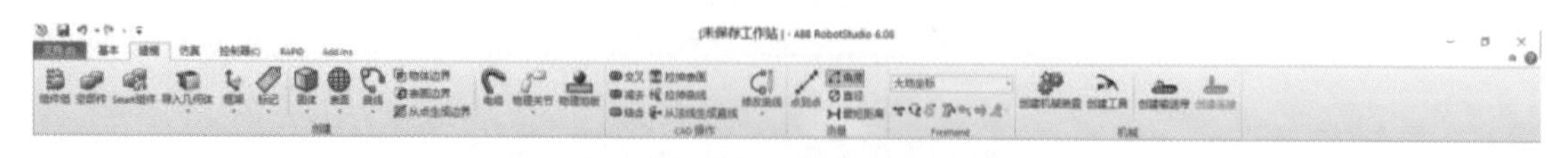

图 3-16 单击“角度”测量工具

③ 选取目标模型上的三个点，即可测出被测点与两边所成的角度，如图 3-17 所示。

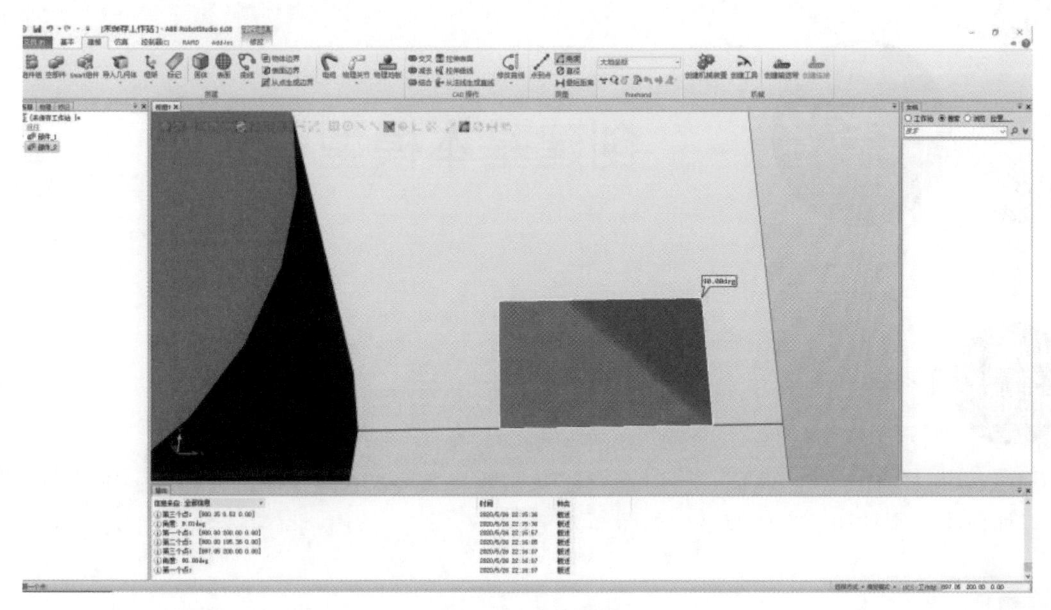

图 3-17 测量角度

4. 测量最短距离

测量最短距离

① 在“建模”菜单“测量”区单击“最短距离”，如图 3-18 所示。

图 3-18 单击“最短距离”

② 选中两个物体后，会自动显示两个模型的最短距离，如图 3-19 所示。

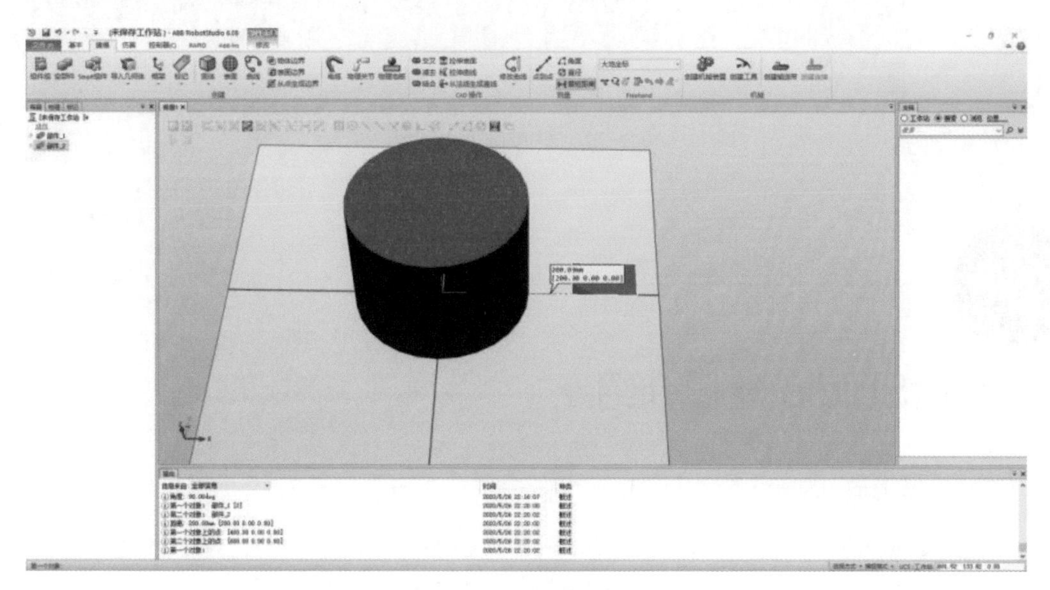

图 3-19 测量最短距离

任务 2 创建基本模型

在利用机器人进行仿真时，有时需要建立工件、工具或者其他的几何模型。本任务中将学习如何建立圆柱和长方体模型，如图 3-20 所示。

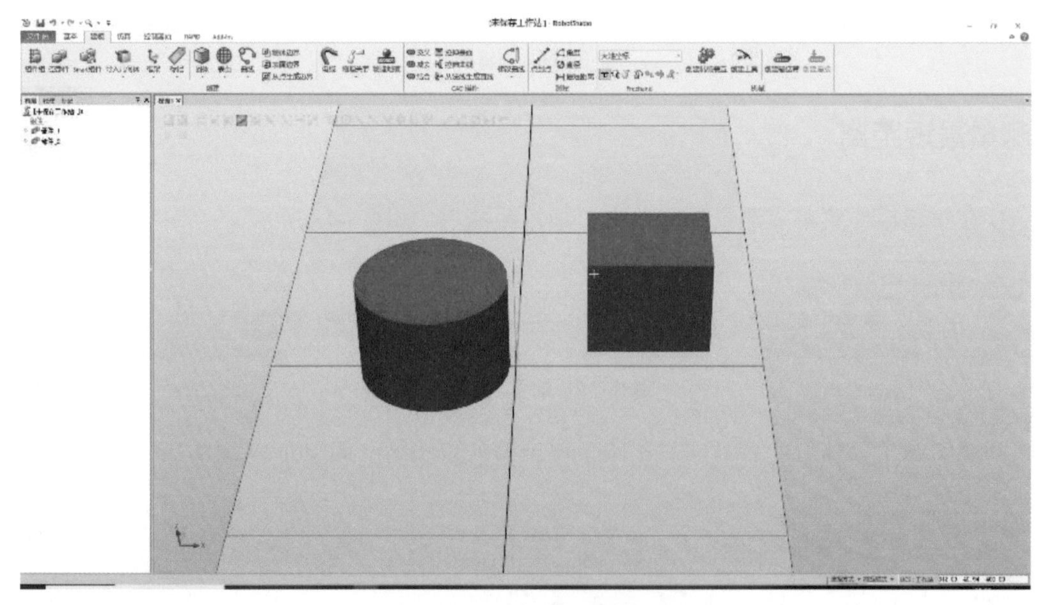

图 3-20 圆柱和长方体模型

RobotStudio 建模介绍

（1）建模工具

在使用 RobotStudio 进行仿真的时候，机器人需要特定的模型与之配合才能完成工作，这时，就可以使用“建模”菜单下的“创建”工具栏，如图 3-21 所示。

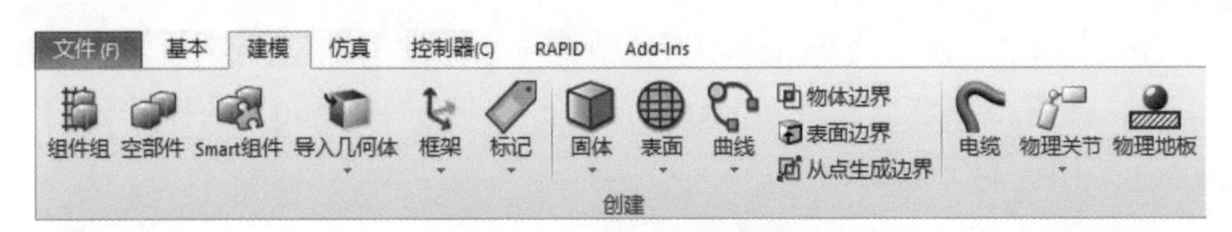

图 3-21　创建基本模型工具

（2）“固体”建模

找到“创建”工具栏后，利用“固体”来创建不同的形状，如图 3-22 所示。

① 矩形体。通过三点画圆建立矩形体。

② 3 点法创建立方体。通过定义三个角的点创建立方体。

③ 圆锥体。通过定义底部中心点、半径和高度建立圆锥体。

④ 圆柱体。通过定义底部中心点、半径和高度建立圆柱体。

⑤ 锥体。通过定义底部中心点、角点或侧中心及高度建立锥体。

⑥ 球体。通过定义中心点和半径建立球体。

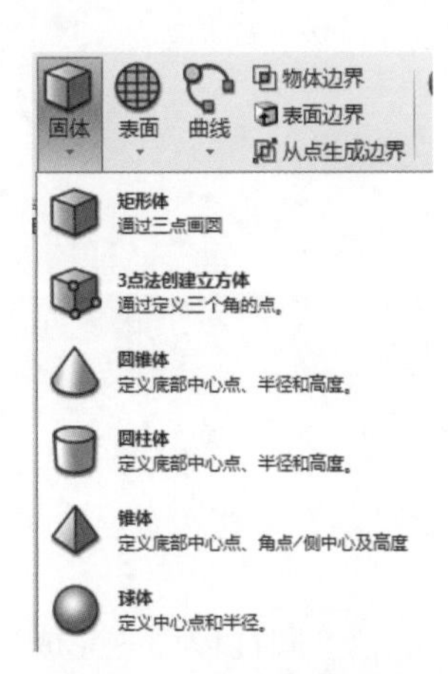

图 3-22　“固体”可创建形状

创建圆柱体

1. 创建圆柱体

① 在“建模”菜单里“固体”处单击“圆柱体”，如图 3-23 所示。

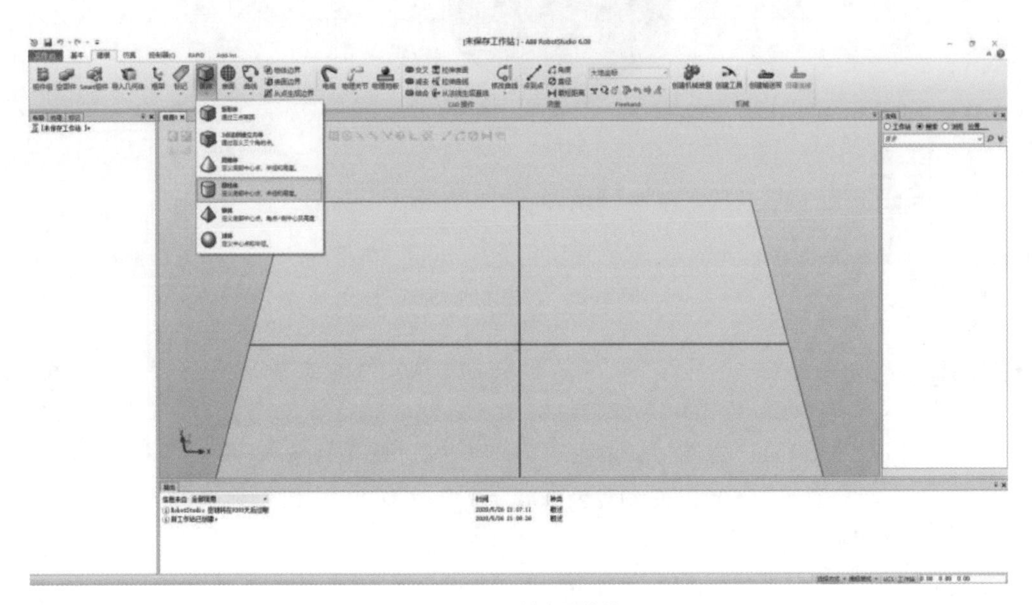

图 3-23　创建圆柱体

② 将半径改为400，高度改为600，基座中心点和方向的红色、绿色、紫色底纹分别代表 X、Y、Z 轴，基座中心点默认为（0,0,0），各个方向均默认为0，选择默认的大地坐标。单击“创建”，如图3-24所示。

图3-24　圆柱体参数设定

③ 圆柱体创建完成，如图3-25所示。

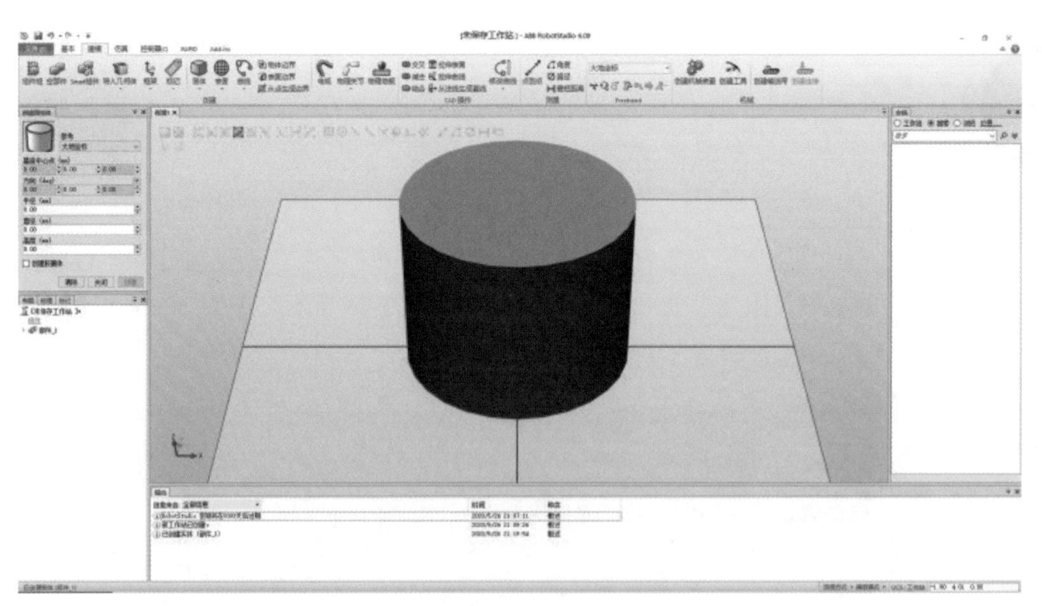

图3-25　圆柱体创建完成

2. 创建矩形

创建矩形

① 在“建模”菜单里“表面”处单击“表面矩形”。如图3-26所示。

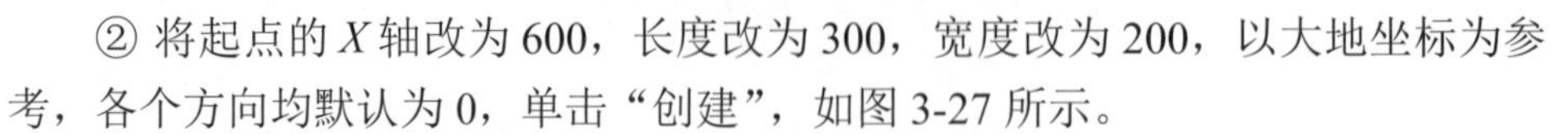

② 将起点的 X 轴改为600，长度改为300，宽度改为200，以大地坐标为参考，各个方向均默认为0，单击“创建”，如图3-27所示。

③ 表面矩形创建完成，如图3-28所示。

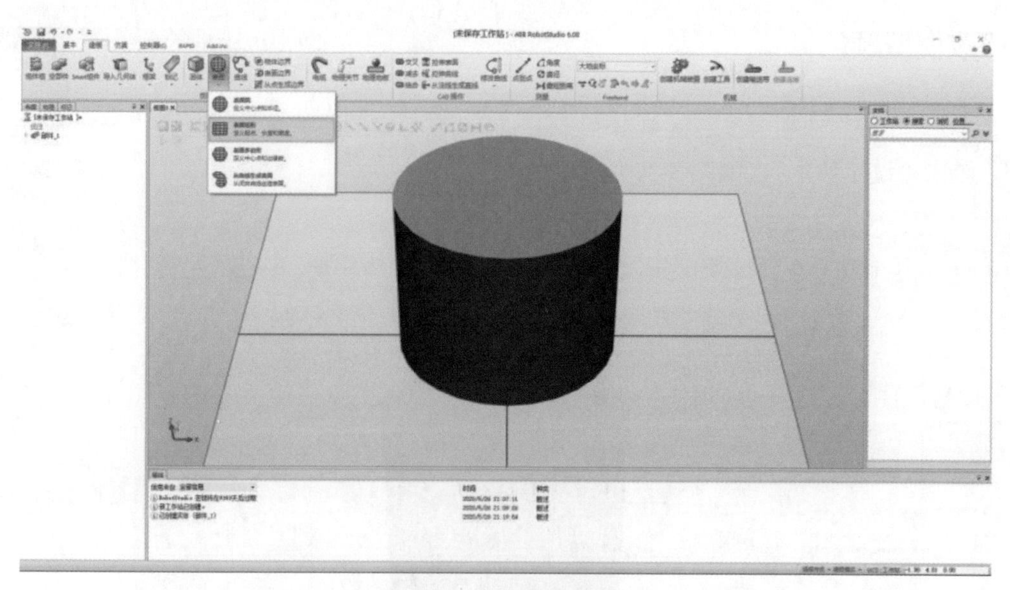

图 3-26　创建表面矩形

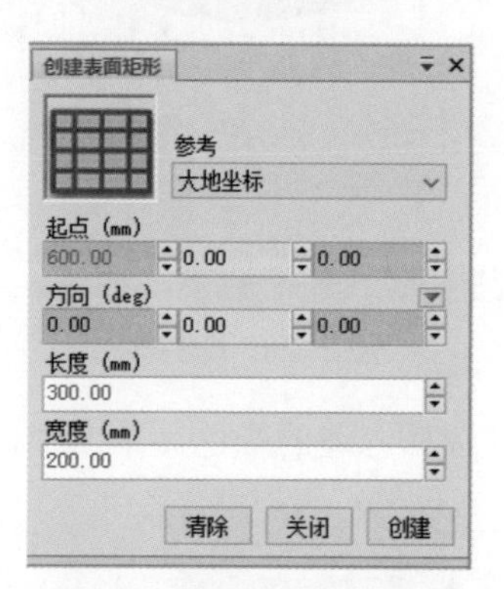

图 3-27　表面矩形参数设定

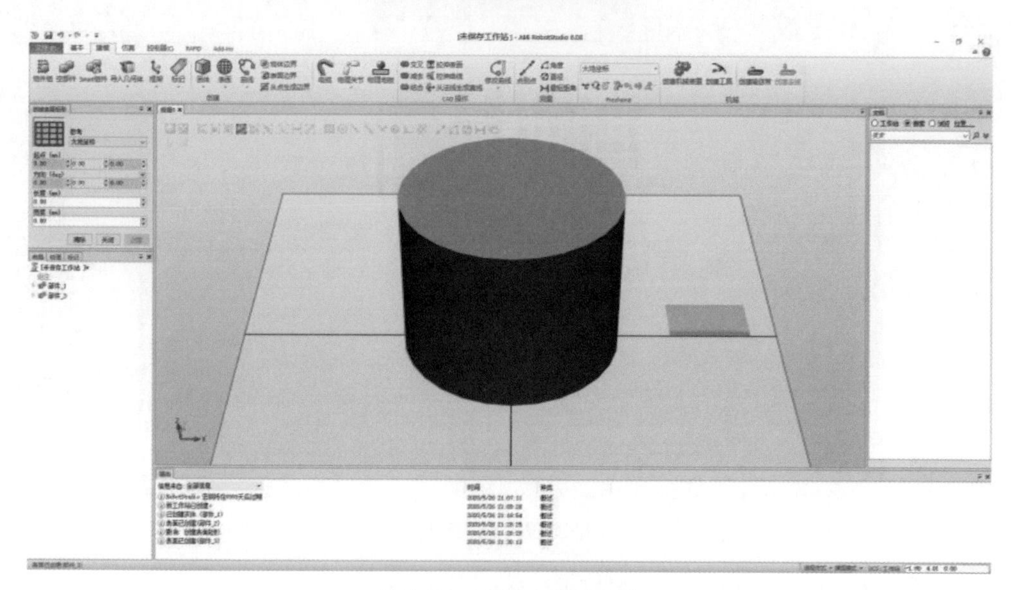

图 3-28　表面矩形创建完成

3. 修改模型颜色

修改模型颜色

① 在“布局”选项卡里右键单击“部件 _1”，在弹出的快捷菜单中选择“修改”，单击“设定颜色”，如图 3-29 所示。

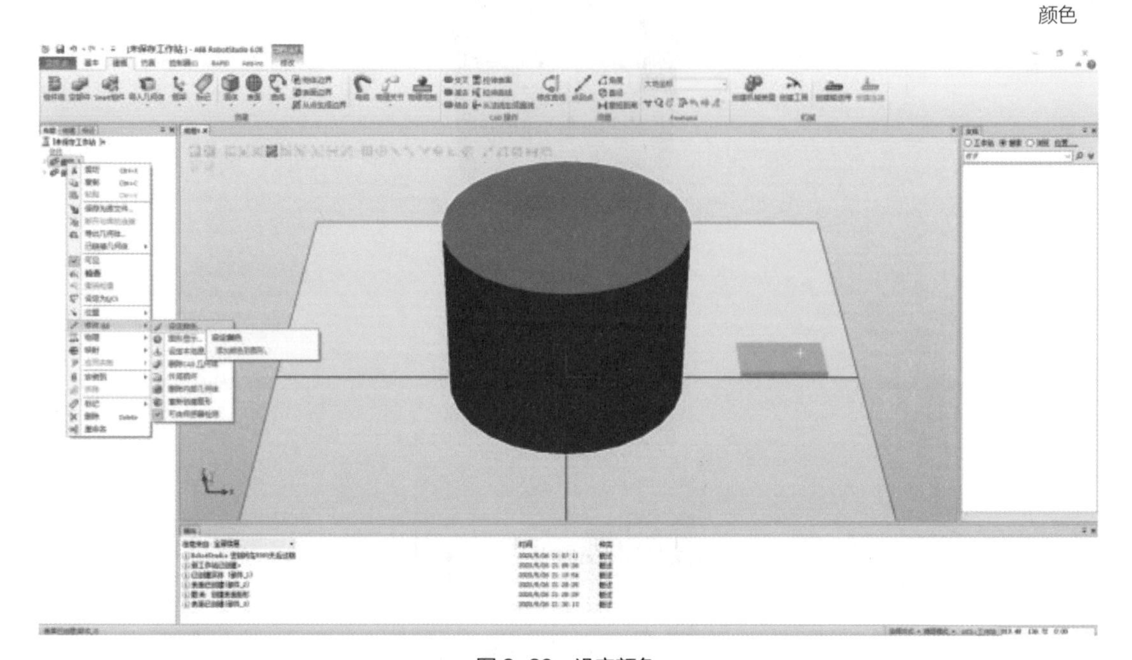

图 3-29　设定颜色

② 在弹出的“颜色”对话框选择合适的颜色，单击“确定”，如图 3-30 所示。

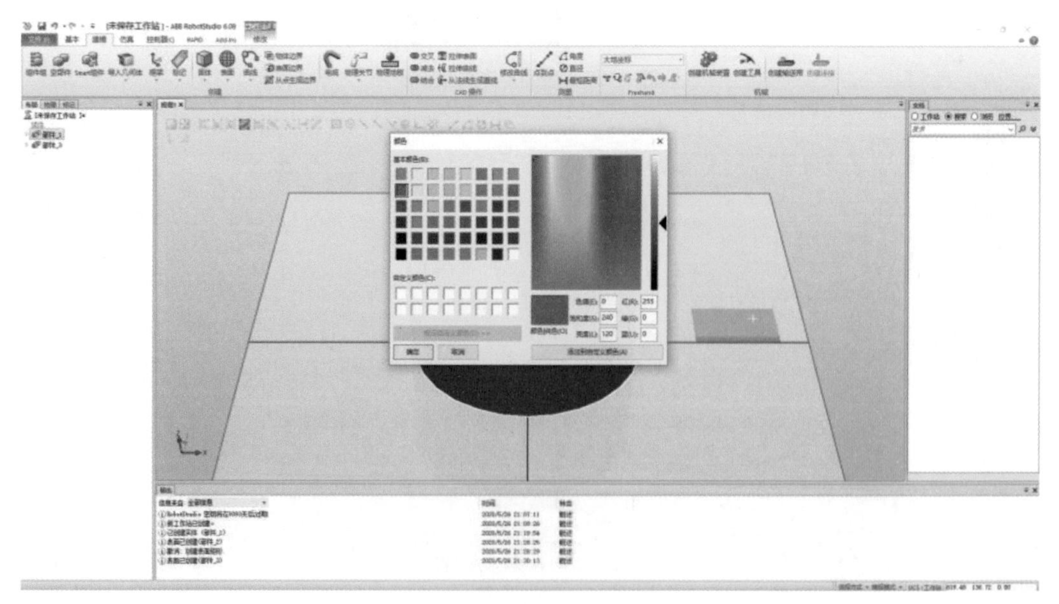

图 3-30　修改颜色

③ 修改颜色后的两个模型如图 3-31 所示。

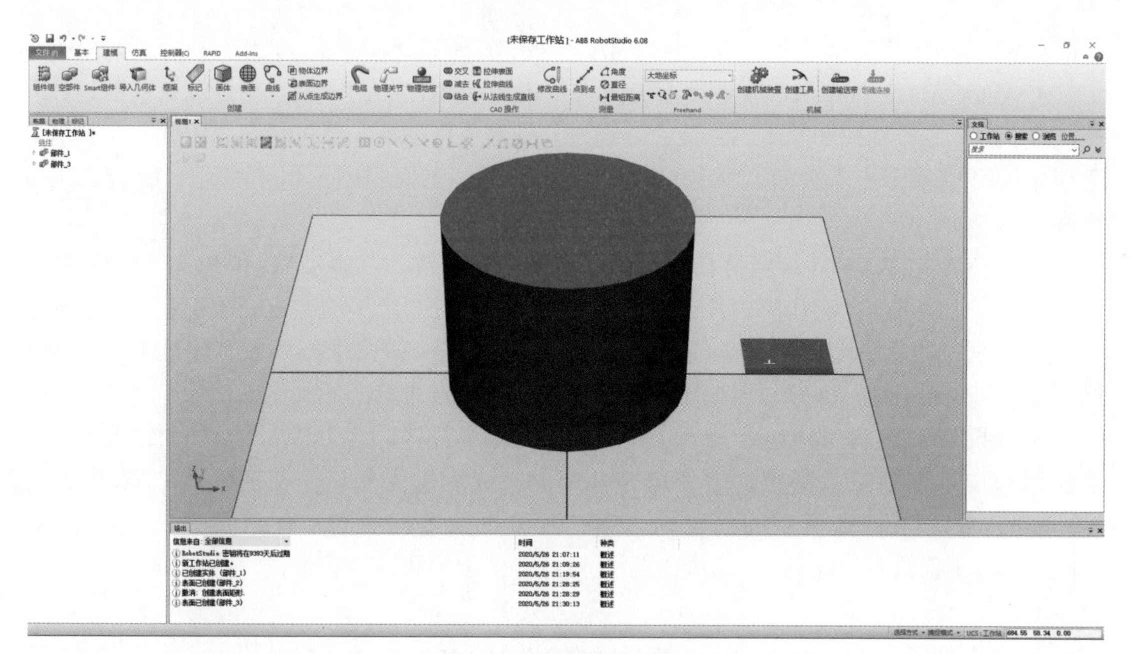

图 3-31　修改颜色后的模型

任务 3　安装外部工业机器人的工具模型

任务描述

本任务介绍安装外部工业机器人的工具模型方法。通过本任务的学习，读者将会对 RobotStudio 创建工具的功能拥有充分的了解，为今后的学习奠定坚实的基础。

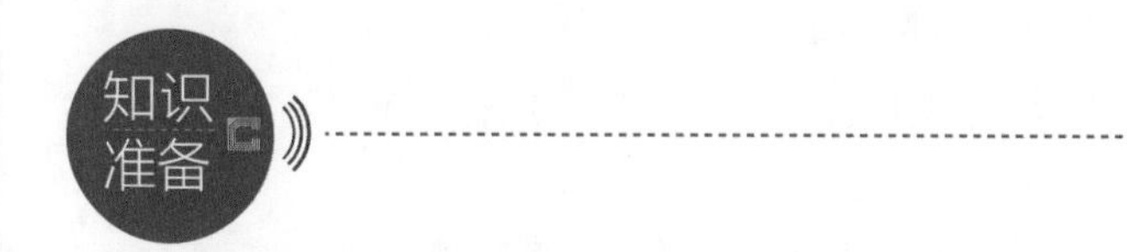

知识准备

模型创建软件介绍

RobotStudio 软件自带的建模工具可以创建简单的几何模型。对于较为复杂的模型，可以使用专业的 CAD 建模软件来完成。常用的 CAD 建模软件主要有 AutoCAD、CAXA、

SolidWorks 和 UG 等。

① AutoCAD。AutoCAD 软件是由美国 Autodesk 公司出品的一款自动计算机辅助设计软件，可以用于二维制图和基本三维设计，通过它无需懂得编程，即可制图，因此它在全球广泛使用，可以用于土木建筑、装饰装潢、工业制图、工程制图、电子工业、服装加工等领域。

② CAXA。CAXA 始终坚持技术创新，自主研发二维、三维 CAD 和 PLM 平台，是国内最早从事此领域全国产化的软件公司，研发团队有超过二十年的专业经验积累，技术水平具有国际领先性，在北京、南京和美国亚特兰大设有三个研发中心，拥有超过 150 项著作权、专利和专利申请，并参与多项国家 CAD、CAPP 等技术标准的制定工作。

③ SolidWorks。SolidWorks 软件功能强大，组件繁多。SolidWorks 有功能强大、易学易用和技术创新三大特点，这使得 SolidWorks 成为领先的、主流的三维 CAD 解决方案。SolidWorks 能够提供不同的设计方案、减少设计过程中的错误以及提高产品质量。SolidWorks 不仅具有如此强大的功能，而且对每个工程师和设计者来说，操作简单方便、易学易用。

④ UG。UG（Unigraphics NX）是 Siemens PLM Software 公司出品的一个产品工程解决方案，它为用户的产品设计及加工过程提供了数字化造型和验证手段。Unigraphics NX 针对用户的虚拟产品设计和工艺设计的需求，提供了经过实践验证的解决方案。UG 同时也是用户指南（User Guide）和普遍语法（Universal Grammar）的缩写。

导入工具模型

1. 导入工具模型

① 新建一个工作站，导入一台 IRB120 工业机器人，右键单击“IRB120_3_58__01”，选择“可见”，将机器人隐藏，如图 3-32 所示。

② 选择“基本”→“导入几何体”→“浏览几何体”，找到已经创建好的 CAD 文件——“涂胶笔 .igs”文件导入，如图 3-33 所示。

③ 右键单击“涂胶笔”，在弹出的跨界菜单中选择“位置”→“旋转”命令，如图 3-34 所示。

④ 此时将弹出“旋转：涂胶笔”选项卡。使用大地坐标，选择 Y 轴，在“旋转（deg)”框中输入 -90，单击“应用”按钮，如图 3-35 所示。

⑤ 右键单击“涂胶笔”，选择“修改”→“设定本地原点”，如图 3-36 所示。

⑥ 将弹出的“设置本地原点：涂胶笔”选项卡中所有数值设置为 0，并单击“应用”，如图 3-37 所示。

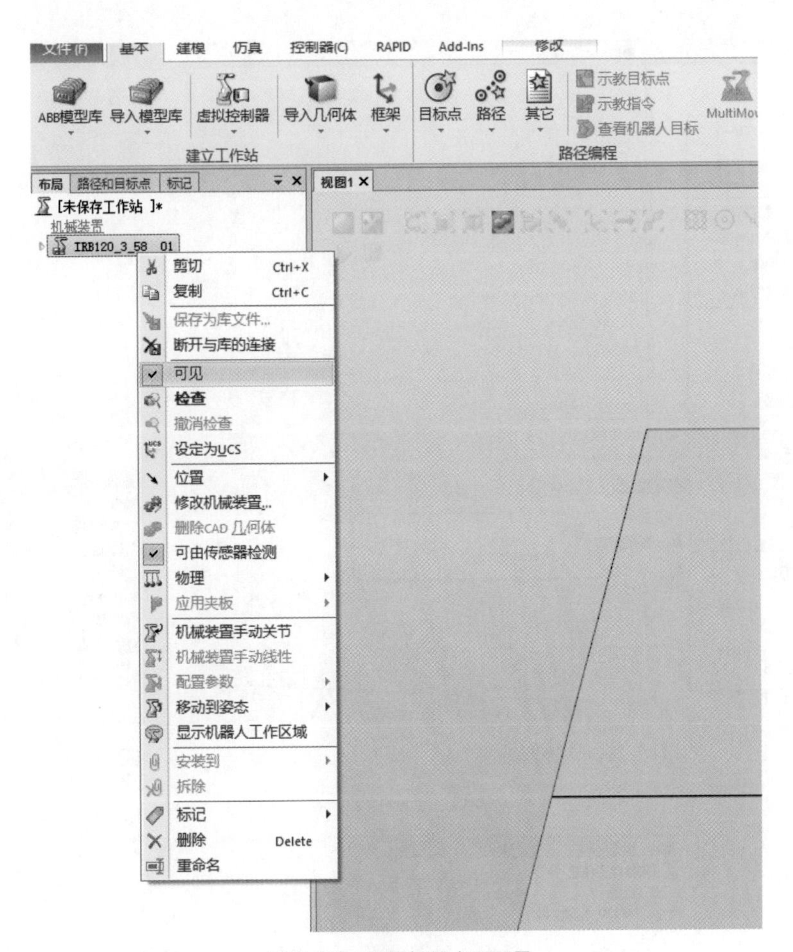

图 3-32 设置机器人不可见

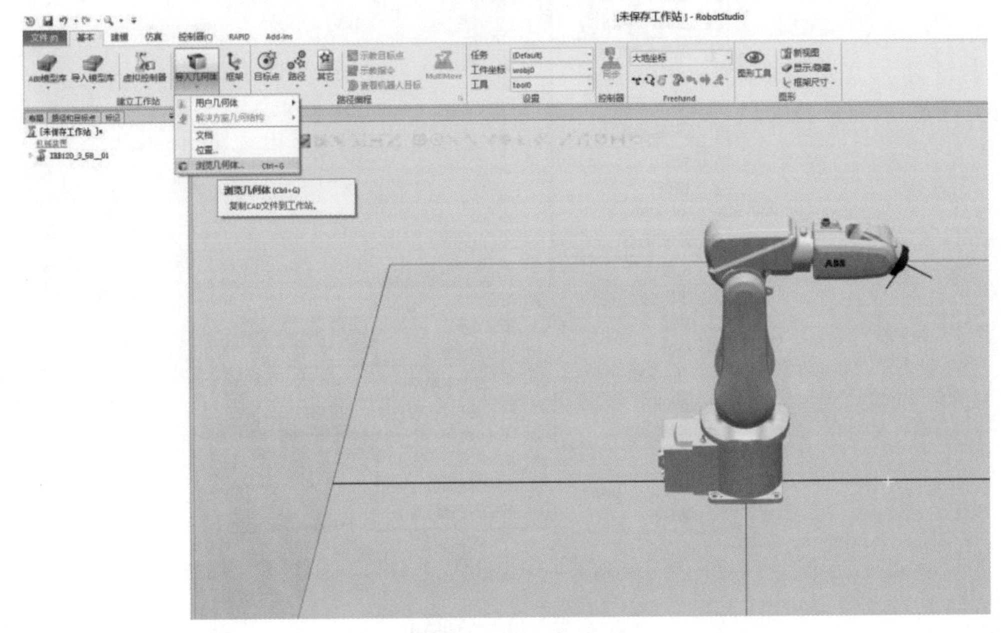

图 3-33 导入几何体

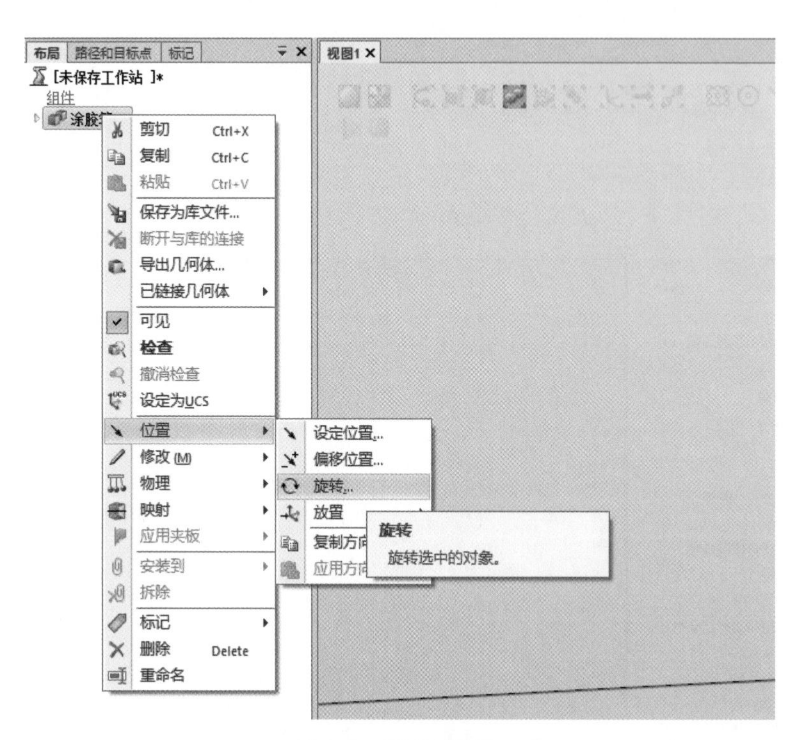

图 3-34　涂胶笔旋转

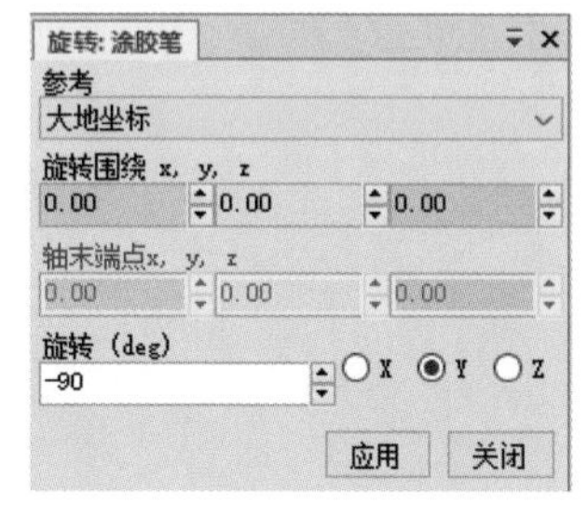

图 3-35　旋转：涂胶笔选项卡

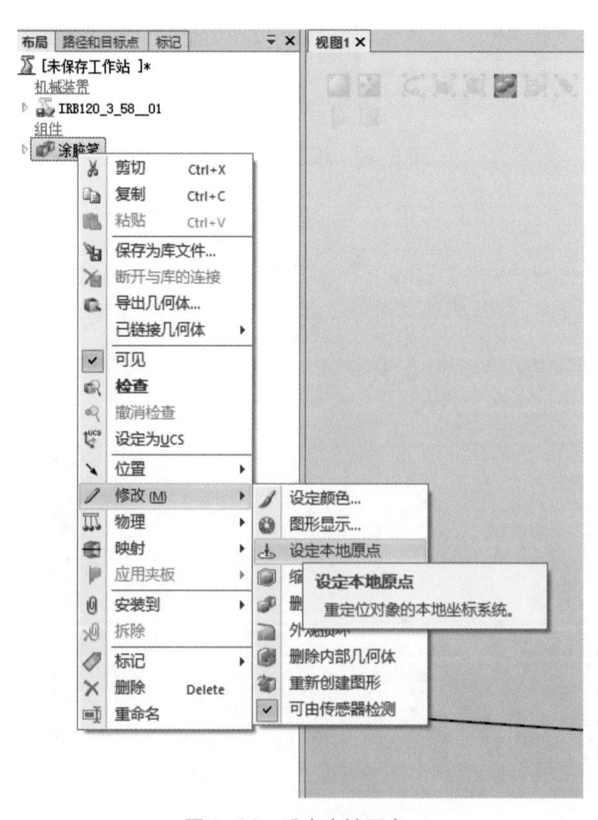

图 3-36　设定本地原点

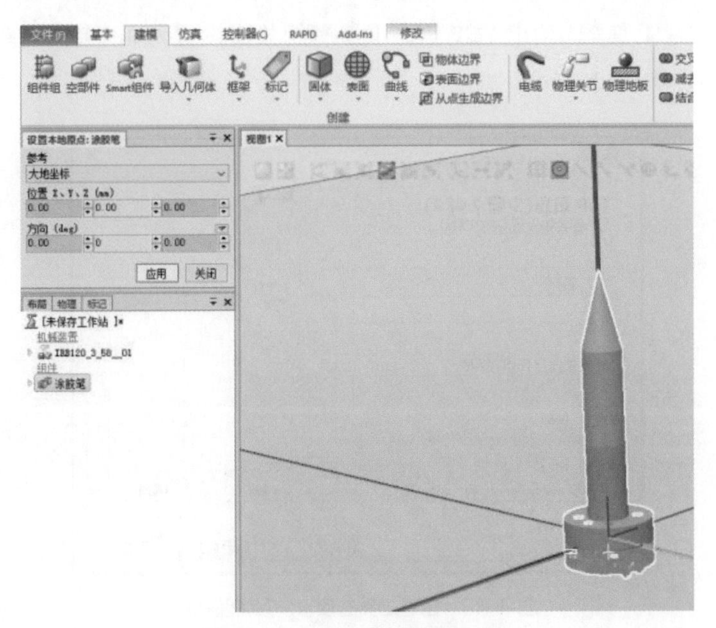

图 3-37　设置本地原点选项卡

2. 创建及安装工具

创建及安装工具

① 选择“建模”→“创建工具”，如图 3-38 所示。

图 3-38　创建工具

② 此时将弹出“创建工具”选项卡。在“Tool 名称”中输入 TJB，选中“使用已有的部件”单选按钮且选择“涂胶笔”部件。设置完成后，单击“下一个”按钮，如图 3-39 所示。

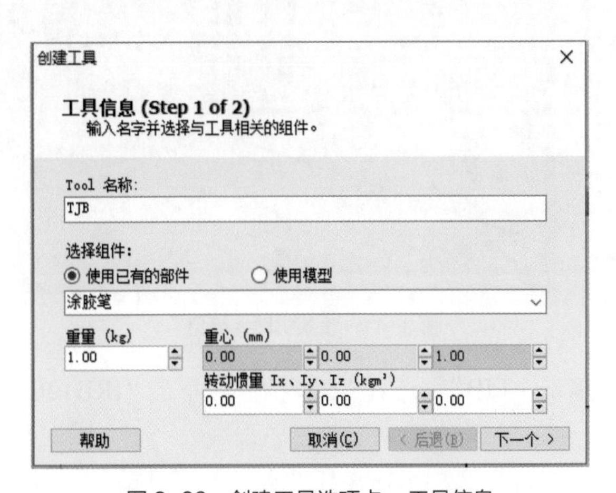

图 3-39　创建工具选项卡 – 工具信息

③ 此时将“创建工具”选项卡TCP信息中所有的数值设置为0，单击箭头，设置完成后，单击“完成”，如图3-40所示。

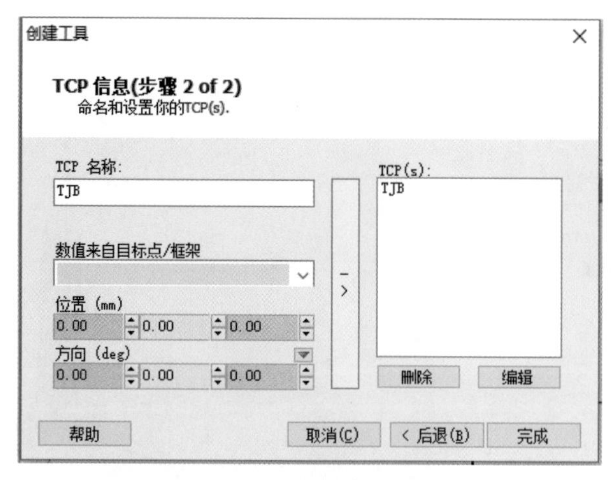

图3-40　创建工具选项卡-TCP信息

④ 右键单击“IRB120_3_58__01”，选择“可见”，将机器人显示，如图3-41所示。

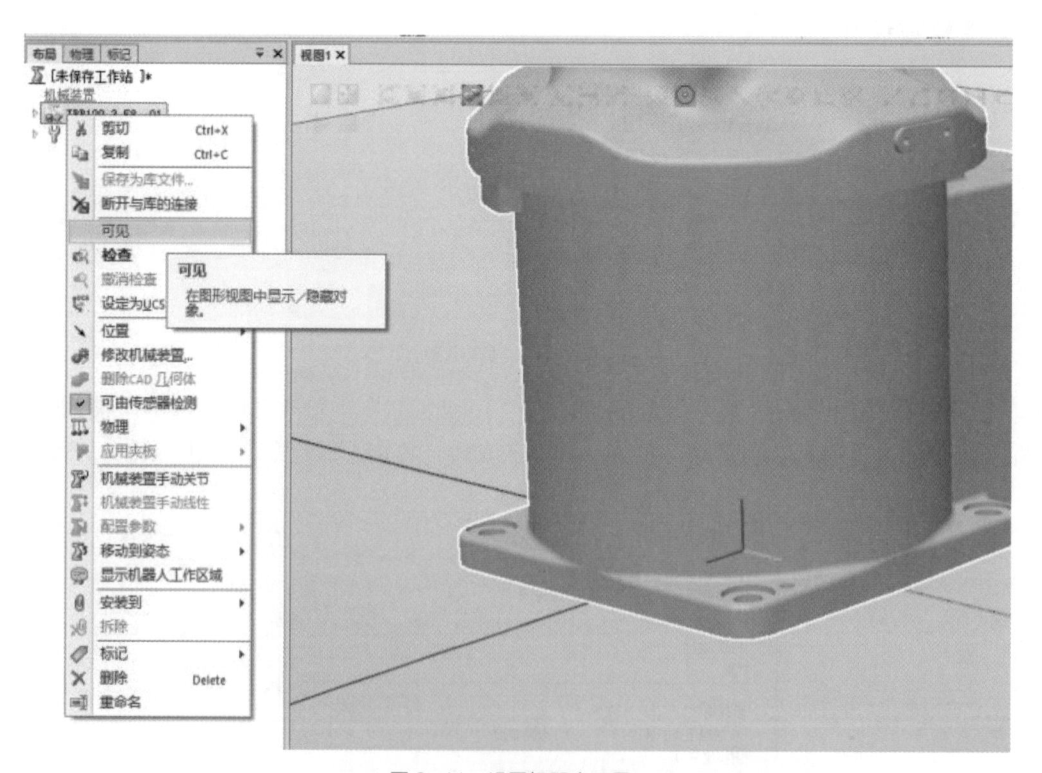

图3-41　设置机器人可见

⑤ 安装工具。右键单击“TJB”，选择“安装到”，单击“IRB120_3_58__01”，如图3-42所示。

⑥ 此时将弹出“更新位置”选项卡，单击“是（Y）”按钮更新位置，如图3-43所示。

⑦ 设置完成后，如图 3-44 所示。

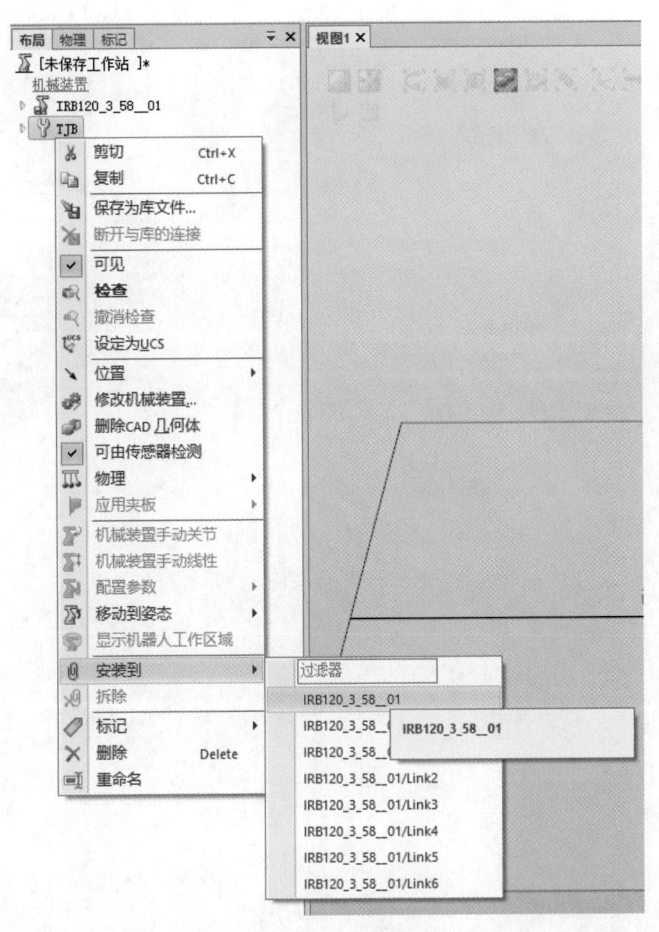

图 3-42　安装工具

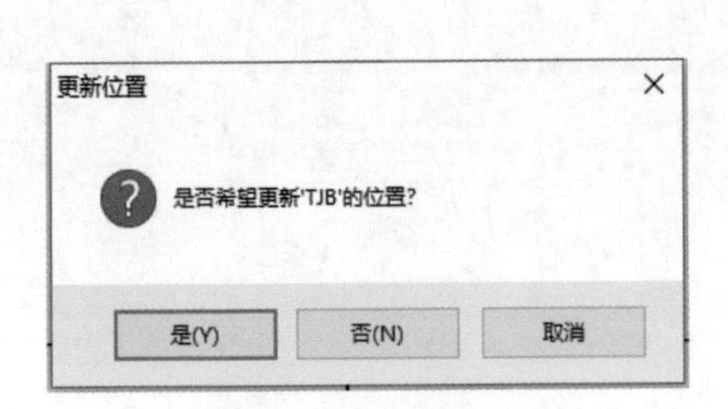

图 3-43　更新位置选项卡

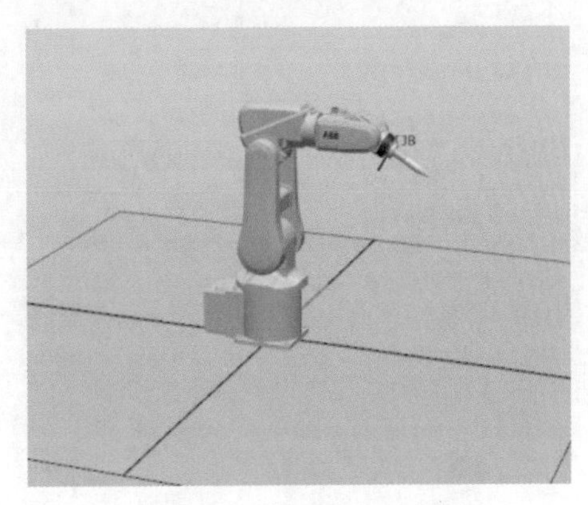

图 3-44　安装工具完成

/Administration
/Legal
/Accounting
/Finance
/Marketing
/Publicity
/Promotion
/Research
/Business
/Development
/Engineering
/Manufacturing
/Planning

项目4

PQArt 虚拟仿真软件的操作

RobotStudio是ABB机器人专用的仿真和编程软件，该软件功能强大，但是不能用于其他品牌机器人的仿真和编程。本项目将介绍另一款虚拟仿真软件——PQArt，这款软件有丰富的工作站和模型，支持不同品牌的工业机器人。

通过本项目，将学到工作站的搭建、利用轨迹生成绘制写字板、仿真后置等操作。

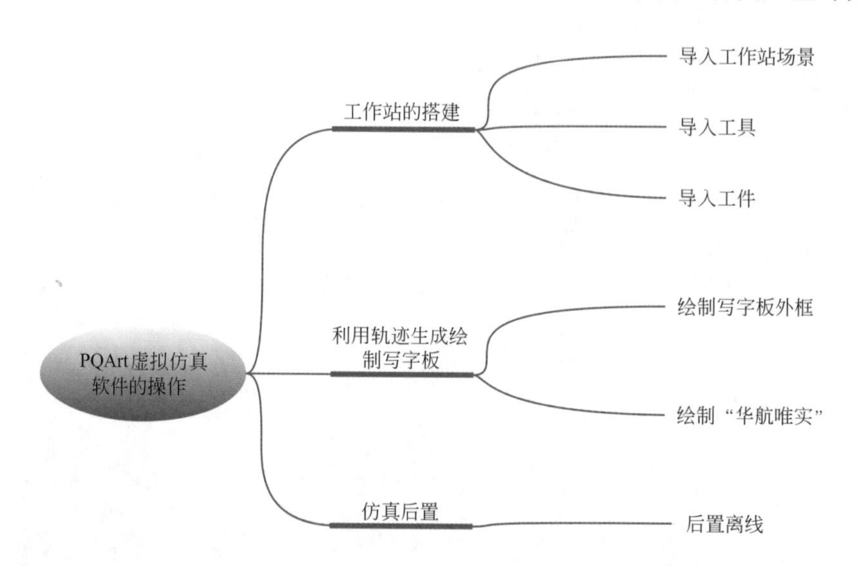

任务1 PQArt三维球基本介绍

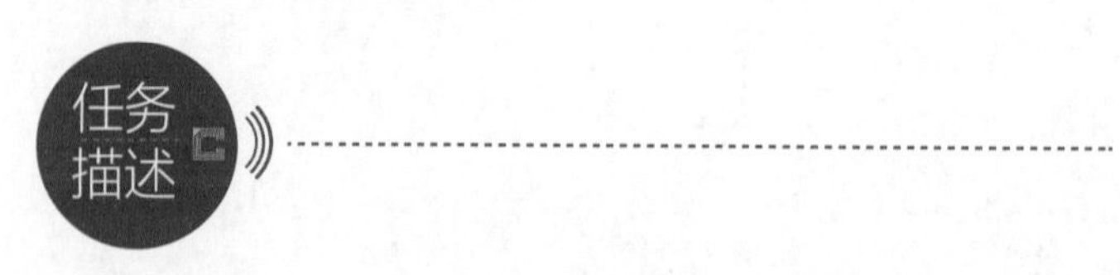

任务描述

三维球是一个强大而灵活的三维空间定位工具，它可以通过平移、旋转和其他复杂的三维空间变换精确定位任何一个三维物体。本任务中，将认识三维球并学习三维球的基本操作方法。

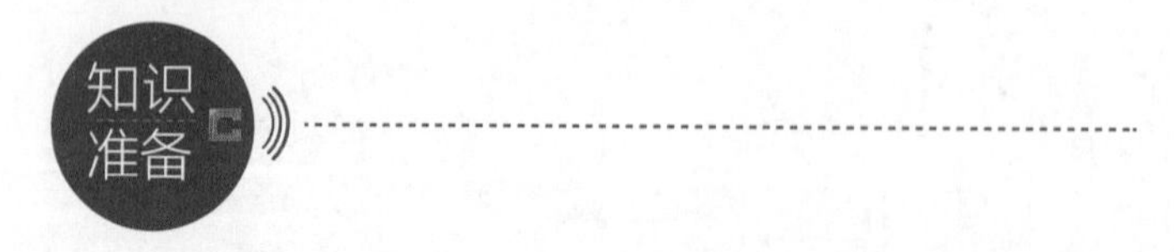

知识准备

1. 三维球介绍

如图4-1所示，通过单击工具栏上的“三维球”按钮，可以使三维球附着在三维物体之上，从而可以方便地对它们进行移动和定位。

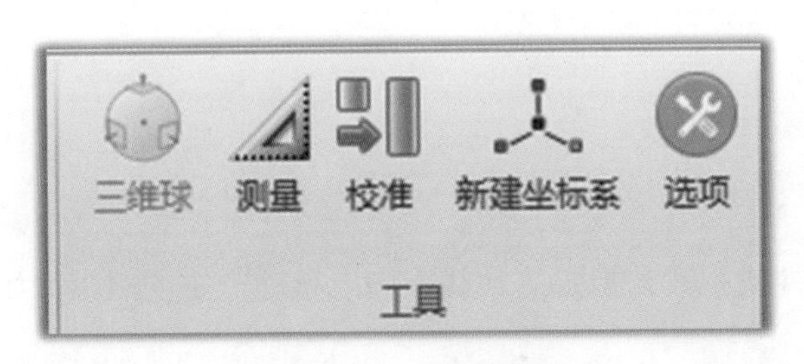

图 4-1　三维球图标按钮

默认状态下三维球的形状如图 4-2 所示。从图中可以看出，三维球包含了中心点、平移轴和旋转轴。三维球的使用方法如下：

中心点：主要用来进行点到点的移动。使用的方法是选中中心点后右击鼠标，然后从弹出的菜单中挑选一个选项。

平移轴主要有两种用法：一是拖动轴，使轴线对准另一个位置进行平移；二是选中平移轴后右击鼠标，然后从弹出的菜单中选择一个项目进行定向。

旋转轴也有两种用法：一是选中轴后，可以围绕一条从视点延伸到三维球中心的虚拟轴线旋转；二是选中旋转轴后右击鼠标，然后从弹出的菜单中选择一个项目进行定向。

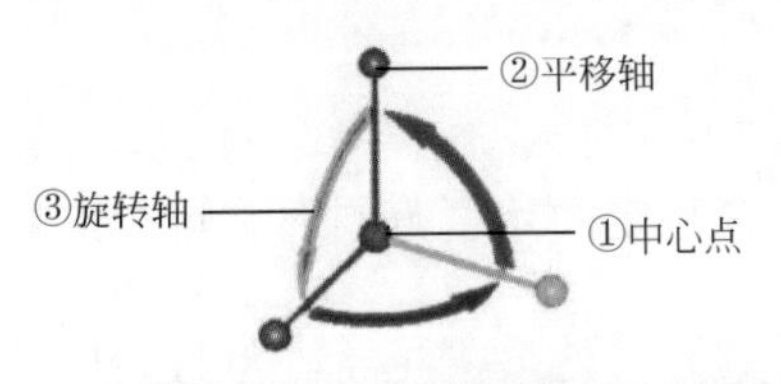

图 4-2　三维球结构图

三维球的颜色有三种类型，默认颜色（X、Y、Z 三个轴对应的颜色分别是红、绿、蓝）、白色和黄色。默认的三维球图标是灰色的，激活后显示为黄色。当三维球呈现默认颜色时，三维球与物体关联，三维球动，物体会跟着三维球一起动；当三维球呈现白色时，三维球与物体互不关联，三维球动，物体不动；当三维球某个轴呈现黄色时，表示该轴已被固定（约束），三维物体只能在该轴的方向上进行定位。

2. 三维球作用

三维球具有以下几个作用：

① 场景搭建。三维球可将所有模型定位到预期位置，从而搭建出一个完整的系统工作站。

② 轨迹调整。轨迹调整命令“轨迹平移”“轨迹旋转”“Z 轴固定”“编辑点”“编辑多个点”等都会涉及三维球的使用。

1. 三维球平移

该操作可以将零件或图素在指定的轴线方向上移动一定的距离，如图 4-3 所示，平移距离的单位为 mm。

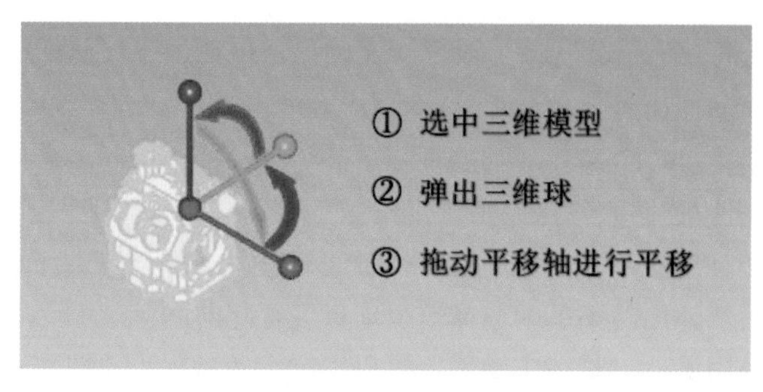

图 4-3　三维球的平移

2. 三维球旋转

该操作可以将零件或图素在指定的角度范围内旋转一定的角度，如图 4-4 所示。

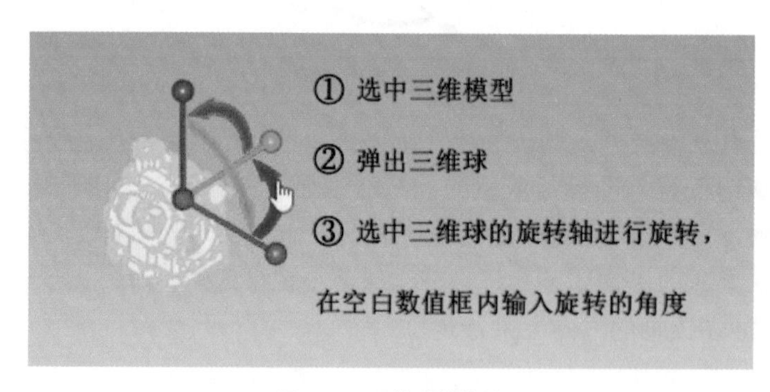

图 4-4　三维球的旋转

3. 中心点的定位方法

如图 4-5 所示为三维球中心点的右键菜单。通过该菜单，可以进行“编辑位置”“到点”“到中心点”“点到点”和“到边的中点”操作。

① 编辑位置。选择此选项可弹出“编辑位置”输入框，如图 4-6 所示，在该对话框中可以用来输入相对父节点锚点的 X、Y、Z 三个方向的坐标值。

这里的 X、Y、Z 数值代表的是中心点在 X、Y、Z 三个轴方向上的坐标值。该位置是相对于世界坐标系来说的，填入数值可以改变物体在世界坐标系中的位置。

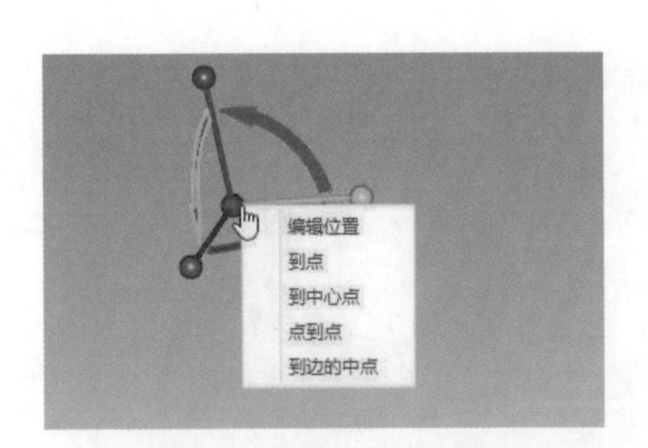

图 4-5　三维球中心点右键菜单

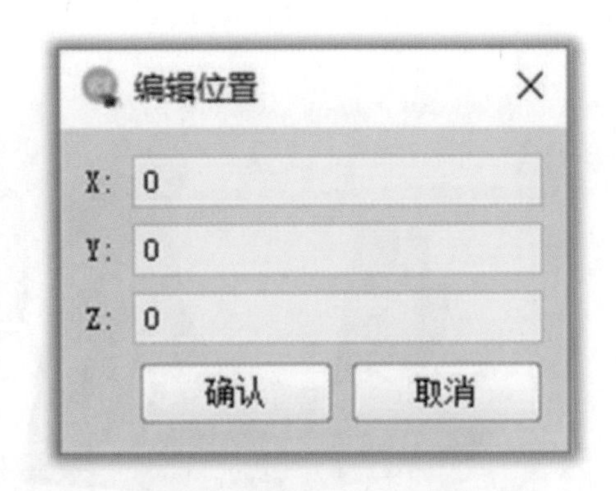

图 4-6　编辑三维球位置输入框

例如，将图 4-7 所示零件定位到世界坐标系原点，只需在“编辑位置”对话框中将 X、Y、Z 数值改为 0、0、0 即可。

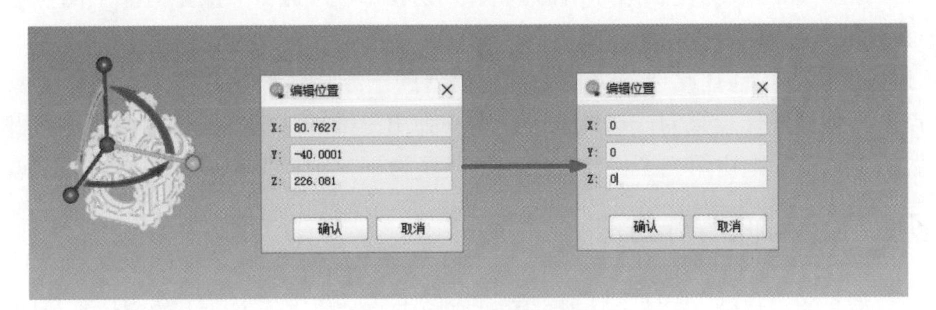

图 4-7　三维球编辑位置

② 到点。选择此选项可使三维球附着的三维物体移动到第二个操作对象上的选定点，如图 4-8 所示。具体的操作步骤为：选中三维模型→弹出三维球→选择三维球中心点右键菜单内的“到点”→选中第二个操作对象上的某个点→三维模型定位到选定点的位置。

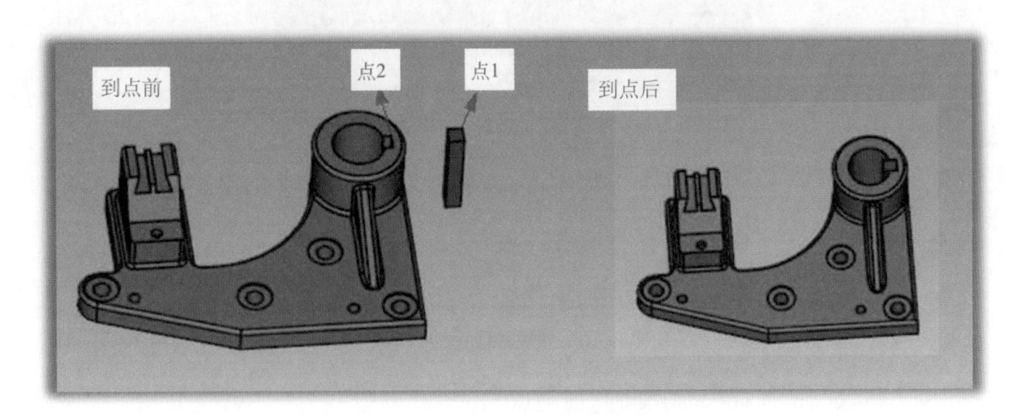

图 4-8　到点（点 1 定位到点 2）

③ 到中心点。选择此选项可使三维球附着的三维物体移动到回转体的中心位置，如图 4-9

所示。具体的操作步骤为：选中三维模型→弹出三维球→选择三维球中心点右键菜单内的“到中心点”→选中第二个操作对象上的某个圆弧→三维模型定位到选定圆弧中心点的位置。

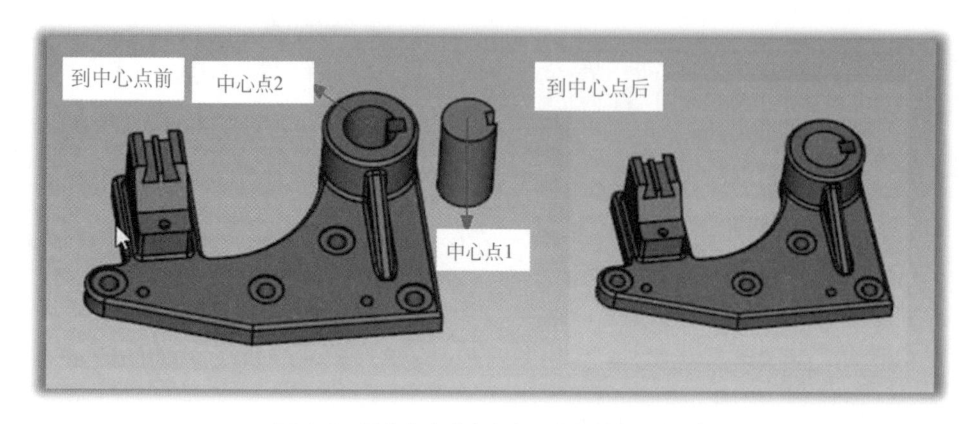

图 4-9　到中心点（中心点 1 定位到中心点 2）

④ 点到点。此选项可使三维球附着的三维物体移动到第二个操作对象上两点之间的中点。注意在第二个操作对象上指定的是两个点。

⑤ 到边的中点。选择此选项可使三维球附着的三维物体移动到第二个操作对象上某条边的中点。具体的操作步骤为：选中三维模型→弹出三维球→选择三维球中心点右键菜单内的“到边的中点”→选中第二个操作对象上的某条边→三维模型定位到选定边的中点。

4. 平移轴 / 旋转轴的操作方法

使用三维球的平移轴 / 旋转轴功能，可对要操作的对象进行方向上的定位。如图 4-10 所示为三维球平移轴 / 旋转轴的右键菜单。详细介绍及操作方法如下：

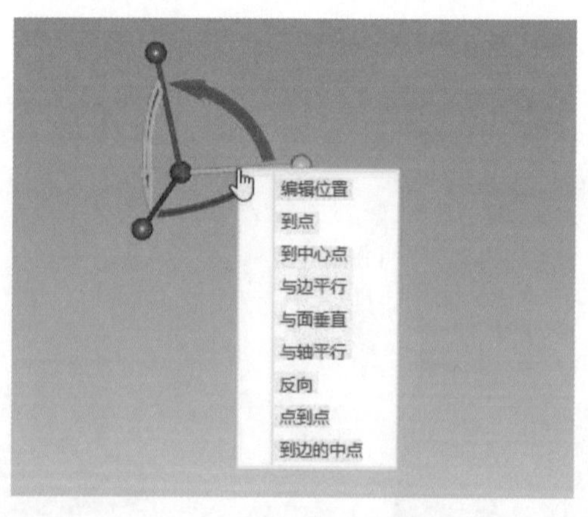

图 4-10　三维球轴的右键菜单

① 到点。将鼠标所捕捉的轴指向到规定点。

② 到中心点。将鼠标所捕捉的轴指向到规定圆心点。

③ 与边平行。将鼠标所捕捉的轴调整到与选取的边平行，如图 4-11 所示。

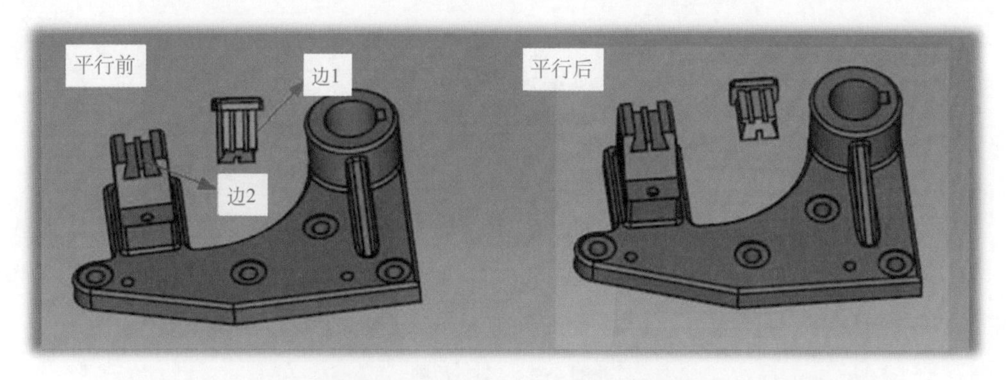

图 4-11 与边平行（边 1 与边 2 平行）

④ 与面垂直。将鼠标所捕捉的轴调整到与选取的面垂直，如图 4-12 所示。

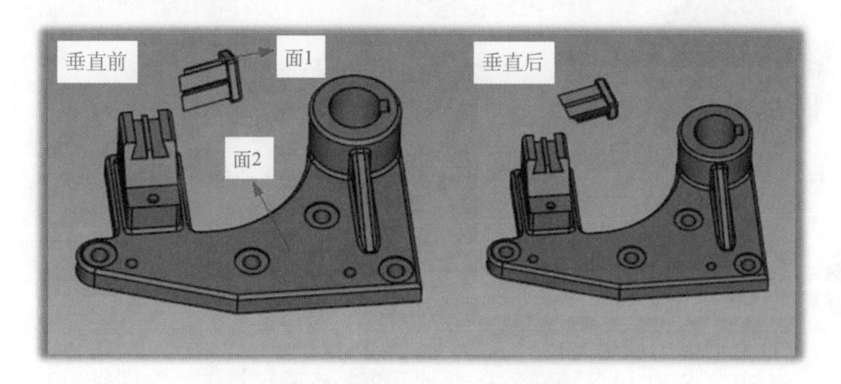

图 4-12 与面垂直（面 1 与面 2 垂直）

⑤ 与轴平行。将鼠标捕捉的轴调整到与选取的柱面轴线平行，如图 4-13 所示。

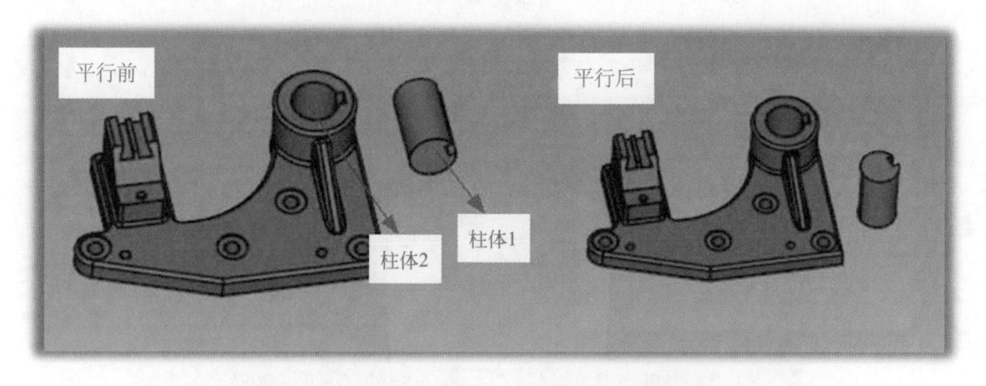

图 4-13 与轴平行（柱体 1 轴线与柱体 2 轴线平行）

⑥ 反向。将三维球所附着的三维物体在选中的轴方向上转动 180°，如图 4-14 所示。

⑦ 点到点。此选项可使三维球附着的三维物体移动到第二个操作对象上。

⑧ 到边的中点。选择此选项可使三维球附着的元素移动到第二个操作对象上某条边的中点。具体的操作步骤为：选中三维模型→弹出三维球→选择三维球轴的右键菜单内的“到边的中点”→选中第二个操作对象上的某条边→三维模型定位到选定边的中点。

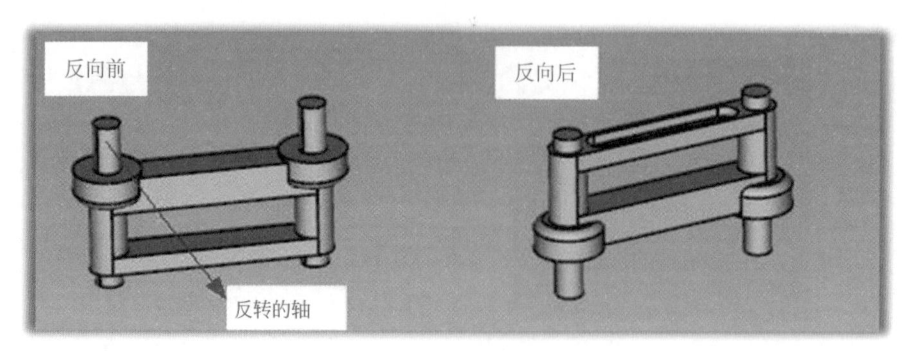

图 4-14　轴的反向

任务 2　工作站的搭建

工作站的搭建

任务描述

本任务以 CHL-DS-01 设备为例，介绍利用 PQArt 进行工作站的搭建和工具取放的方法，所要搭建的工作站布局如图 4-15 所示。

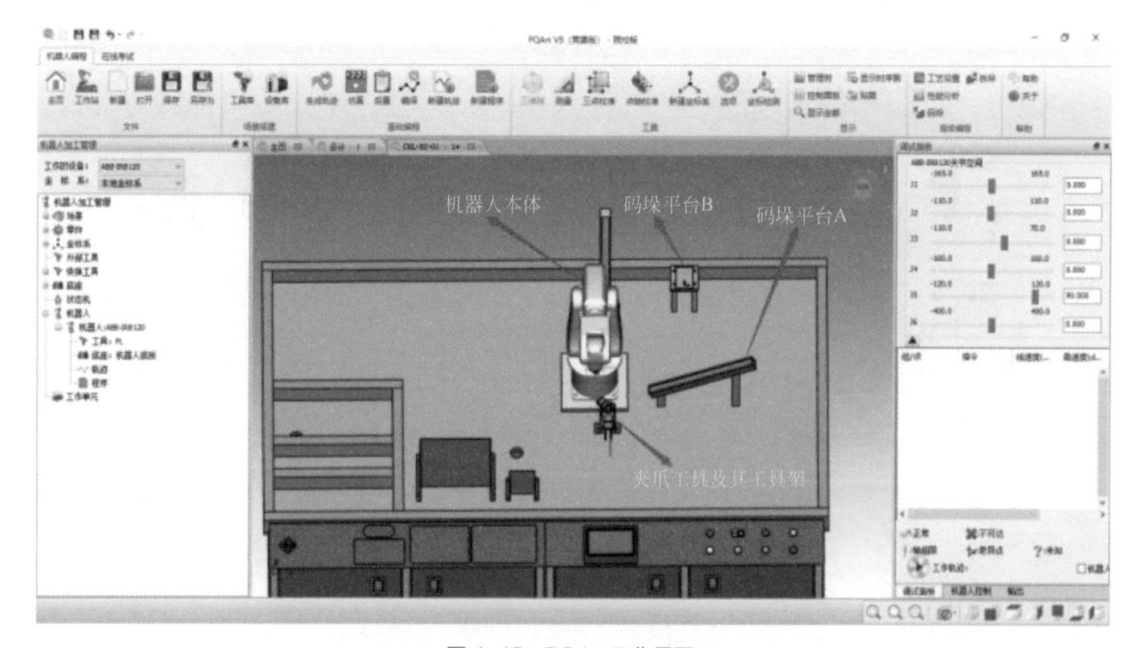

图 4-15　PQArt 工作界面

1. 导入工作站场景

单击位于“机器人编程”下的“工作站”，可以导入官方提供的虚拟工作站，如图 4-16 所示。可供选择的工作站如图 4-17 所示。

图 4-16　PQArt 主界面中工作站按钮

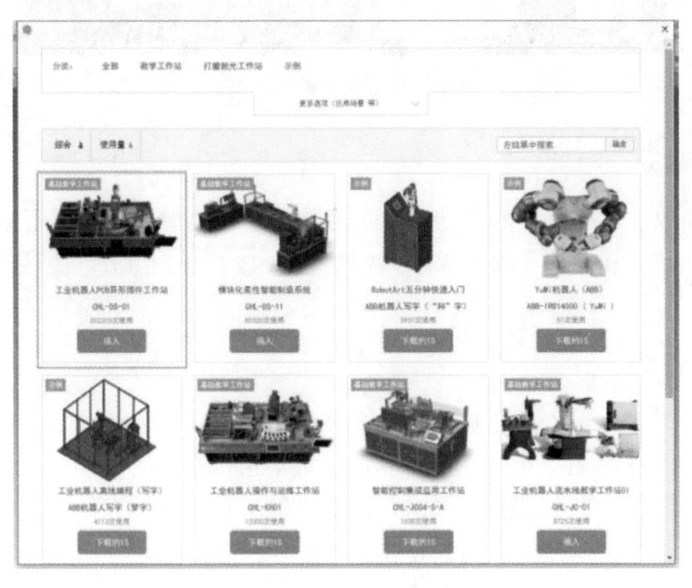

图 4-17　选择工作站

2. 导入工具

“工具库”位于“机器人编程”下的“场景搭建”中。工具库中有丰富的工具资源，可用于导入工具，所导入工具的格式为robt，如图4-18所示。

图4-18　工具库位置

小提示

导入法兰工具和快换工具前需先导入机器人，外部工具可在无机器人的情况下导入。以快换工具的安装为例，在导入快换工具后，详细的安装步骤如图4-19所示。

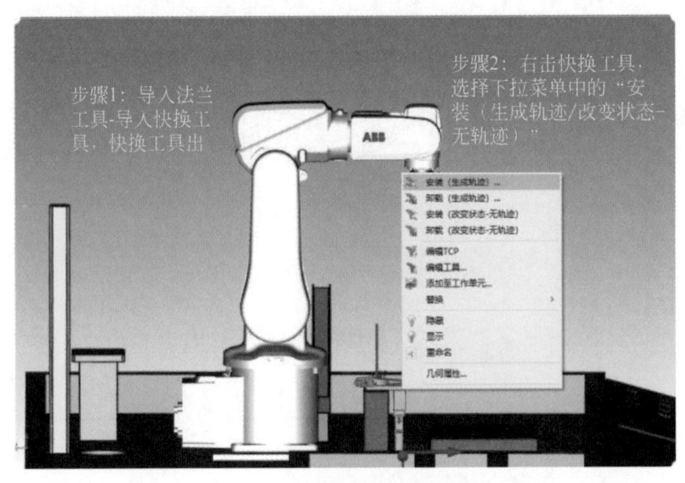

图4-19　快换工具安装步骤

（1）抓取和放开

工具可抓取/放开目标零件，该功能位于工具的右键菜单内，常用于搬运工艺中。抓取分为抓取（生成轨迹）和抓取（改变状态-无轨迹），放开分为放开（生成轨迹）和放开（改变状态-无轨迹）。

（2）安装与卸载

对于快换工具来说，导入后还需要手动安装到法兰工具上去。该命令位于快换工具的右键菜单内。导入快换工具后，单击快换工具的右键菜单，选择“安装（改变状态-无轨迹）”或“安装（生成轨迹）”；卸载快换工具时，选择右键菜单内的“卸载（改变状态-无轨迹）”或“卸载（生成轨迹）”。具体的区别如表4-1和表4-2所示。

表 4-1　安装（生成轨迹）与安装（改变状态 - 无轨迹）区别

项目	安装（生成轨迹）	安装（改变状态 - 无轨迹）
应用场景	安装快换工具时	
基本概念	安装工具，同时生成轨迹	安装工具，但不生成轨迹
特点	一种动作，机器人会根据该指令运动	一种状态，无动作的产生
实例	可看到运动的轨迹	无任何动作，只是状态

表 4-2　卸载（生成轨迹）与卸载（改变状态 - 无轨迹）区别

项目	卸载（生成轨迹）	卸载（改变状态 - 无轨迹）
应用场景	卸载快换工具时	
基本概念	卸载工具，同时生成轨迹	卸载工具，但不生成轨迹
特点	一种动作，机器人会根据该指令运动	一种状态，无动作的产生
实例	可看到运动的轨迹	无任何动作，只是状态

（3）替换工具

该功能位于工具的右键菜单内。可用于将当前工具替换成目标工具。PQArt 支持替换软件库中的工具或自定义的工具，支持的工具格式为 robt。

（4）插入 POS 点（Move-Line，Move-Joint 和 Move-AbsJoint）

该功能位于工具的右键菜单内。POS 点为过渡点，其实就是独立于轨迹之外的一个点，可以选择不同的 POS 点插入方式，如图 4-20 所示。当软件自动生成的工具的出入刀点方向不符合要求时，需要插入 POS 点。一般情况下，出入刀点都是沿着 *Z* 轴方向生成的。

在特定位置插入 POS 点的方法有多种，可以先利用调试面板将机器人调整到某个姿态，再插入 POS 点，也可先插入 POS 点，再利用轨迹点右键菜单来编辑 POS 点的位置和姿态。

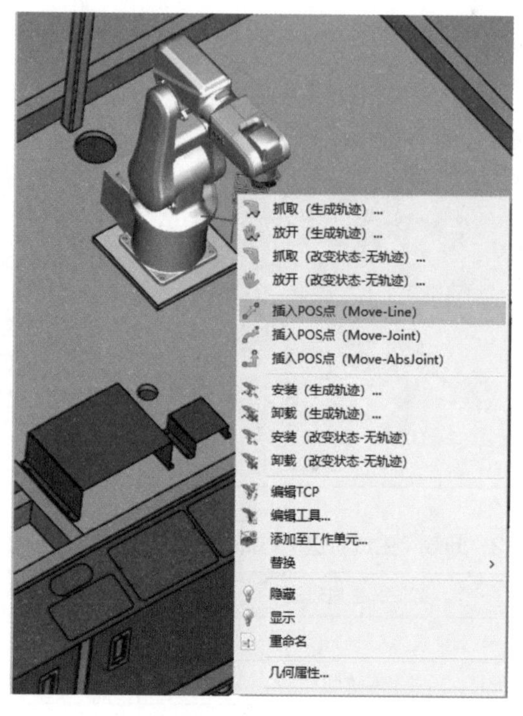

图 4-20　插入 POS 点

（5）TCP 设置

TCP 设置的目的是校准工具的位置和姿态，以确保虚拟环境中工具的位置和姿态与真实环境中工具的位置和姿态保持一致（位置是相对于机器人的基坐标系 / 法兰坐标系来说的）。

该功能位于工具的右键菜单内，如图 4-21 所示为设置 TCP 对话框。在设置过程中，只有选中一个 TCP，使其显示为蓝色状态才能进行操作。该对话框可对 TCP 的数值进行修改，具体数据要根据实际测量进行填写。

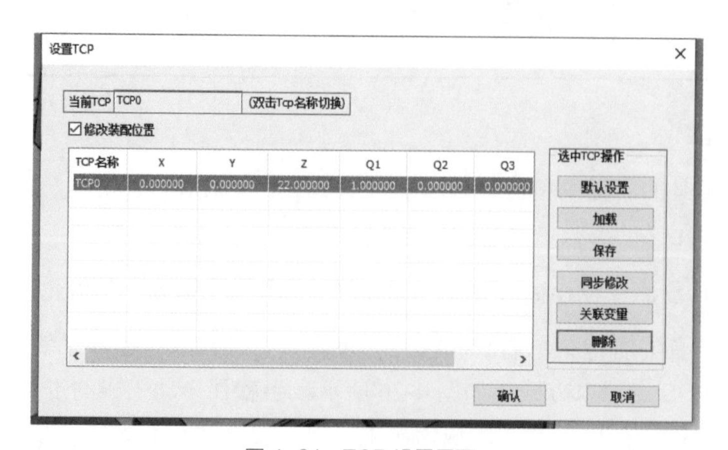

图 4-21　TCP 设置界面

3. 导入工件

零件作为工具加工的对象，使用前需要先将其导入到软件中。该功能位于“场景搭建”的“设备库”内。设备库内有丰富的零件资源。“设备库”支持导入库中的零件，如图 4-22 所示。

（1）定义零件

该项位于“自定义”下的“零件”中。PQArt 软件支持自定义零件，零件的模型有零件、工具和机器人底座等多种选择，即可将工具、零件和底座等都看作是零件进行自定义，如图 4-23 所示。

图 4-22　设备库位置

图 4-23　定义零件位置

（2）工件校准

该功能位于“机器人编程”下的“工具”中，如图 4-24 所示。工件校准可以确保软件的设计环境中机器人与零件的相对位置与真实环境中两者的相对位置保持一致。校准方法有三点校准法和点轴校准法等。

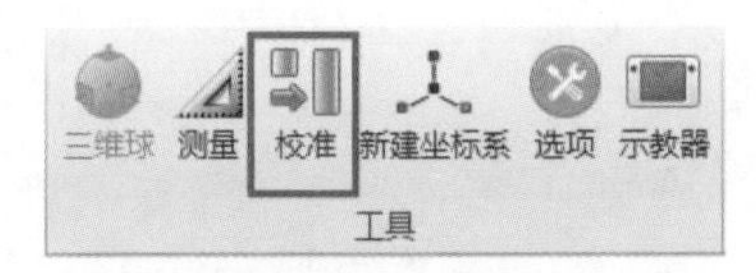

图 4-24　校准位置

目前，需校准的工件有以下两种情况，如图 4-25 所示。

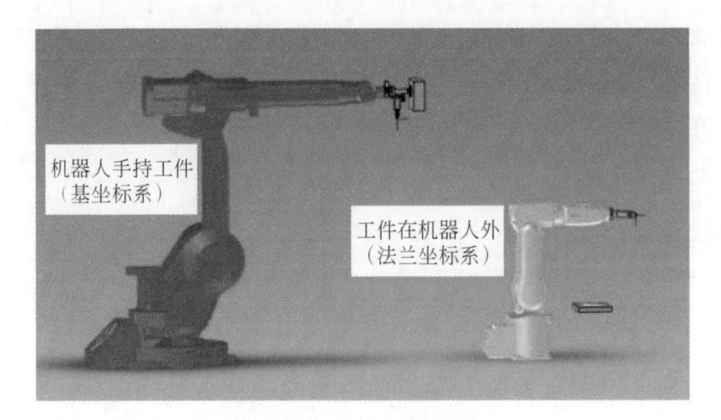

图 4-25　工件校准两种情况

① 工件在机器人的外部，与机器人无接触，此时应选择基坐标系。

② 机器人夹持工件，配合外部工具，此时应选择法兰坐标系。

两种场景的校准原理、校准步骤都是完全相同的，只有坐标系选择上的区别。

（3）三点校准法

图 4-26 所示为三点校准法界面。该校准法操作的具体步骤如下。

① 从设计环境中拾取模型上三个点（不共线）。

② 测量真实环境模型上对应的三个点坐标，并输入坐标。

③ 点击“对齐”后，设计环境中的模型就会变换到与真实环境一致的位置。

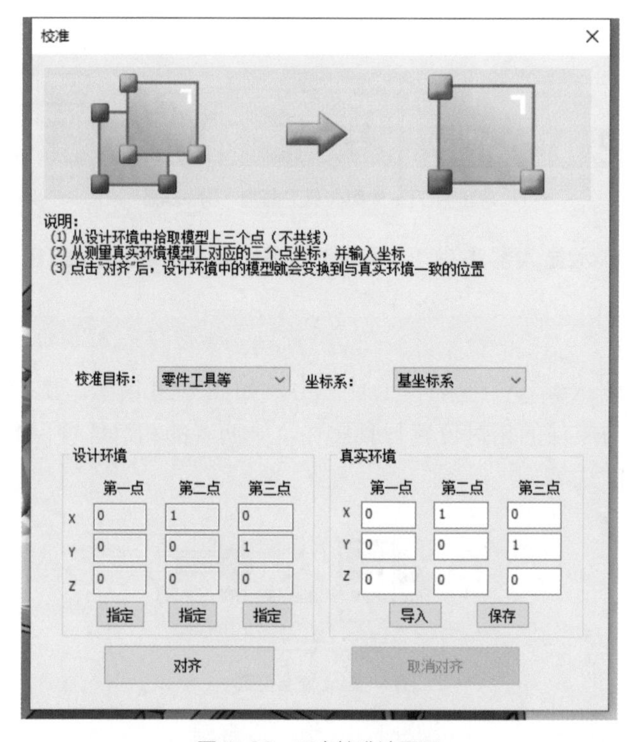

图 4-26　三点校准法界面

注意：所选取的三个点不能共线。设计环境中指定的三个点要和真实环境中测量的三个点位置保持一致，且要一一对应。图 4-27 以 IRB120 机器人书写文字为例，说明校准机器人与写字板的相对位置的方法。

校准前后机器人与零件的相对位置如图 4-28 所示。

（4）点轴校准法

点轴校准法与三点校准法的本质是一样的，如图 4-29 所示为点轴校准法界面。校准操作的具体步骤如下：

① 从设计环境中拾取模型上有旋转轴的曲面或曲线特征以确定轴，再拾取一个校准点。

② 从真实环境中测量与指定轴同轴的圆上至少三个点以及校准点坐标，按格式存入 txt 文本。注意 txt 文本中坐标格式为 [*X*，*Y*，*Z*]。

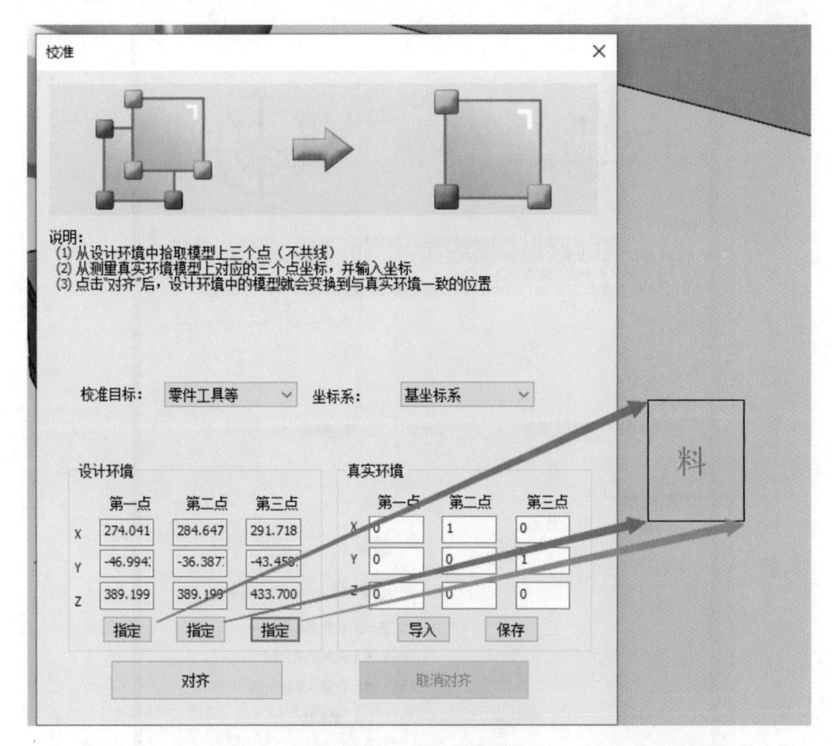

图 4-27　工件校准说明

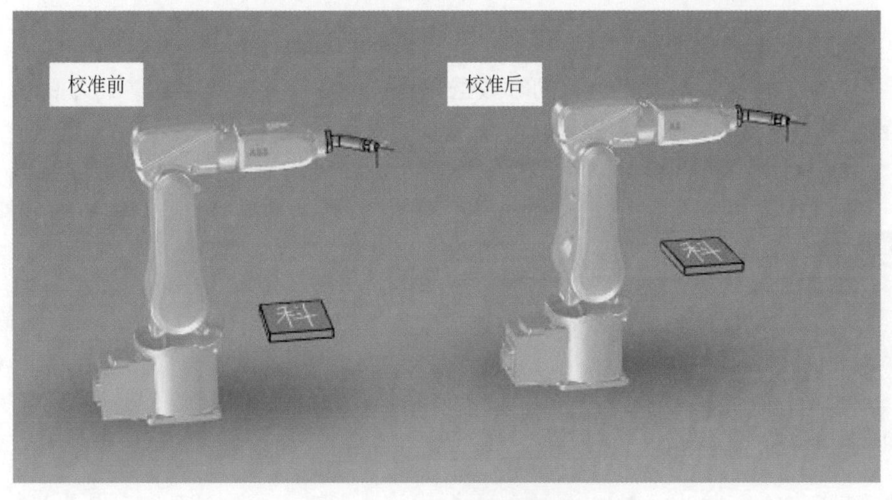

图 4-28　工件校准前后的对比

③ 导入 txt 文本，点击“对齐”后，设计环境中的模型就会变换到与真实环境一致的位置。

该窗口中的其他按钮功能如下：

① 指定。“指定轴”下的 X、Y、Z 指的是该条轴坐标系三个方向上的向量，在零件上指定时应选择与轴垂直的一个圆环或者曲面。此时确定的是轴的位置，不包括方向。校准点可选择零件上的任意一点。

图 4-29　点轴校准法界面

② 导入数据。将实际环境中测得的轴数据和点数据文件导入，文件格式为 txt。

③ 轴反转。输入虚拟环境和导入真实环境中的数据后，点击“对齐”，可看到校准后的效果。若发现轴向与预期的不一致，点击“轴反转”即可，“轴反转”即确定了轴的方向。

小提示

（1）真实环境内采集的用来确定轴的点（至少三个），必须在与轴线共轴的圆柱端面边线或圆孔边线上采集。

（2）设计环境内，拾取的校准点，注意不要和轴线相交。

工件校准与工具安装卸载

按照图 4-30 所示的布局，根据任务流程图在 CHL-DS-01 工作站工作台上使机器人与零件的实际位置相对应，对工件进行校准。完成后对夹爪工具进行安装、卸载，并根据需求插入 POS 点。

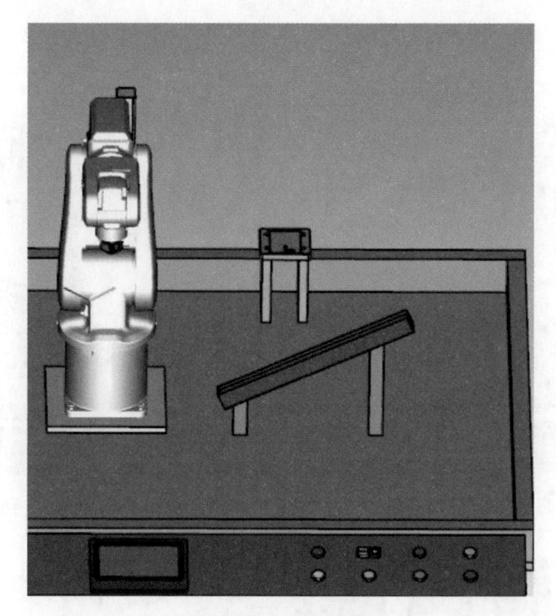

图 4-30　场景布局

（1）使用三点校准法，选中码垛平台 B 与实际示教的三点，如图 4-31 所示。

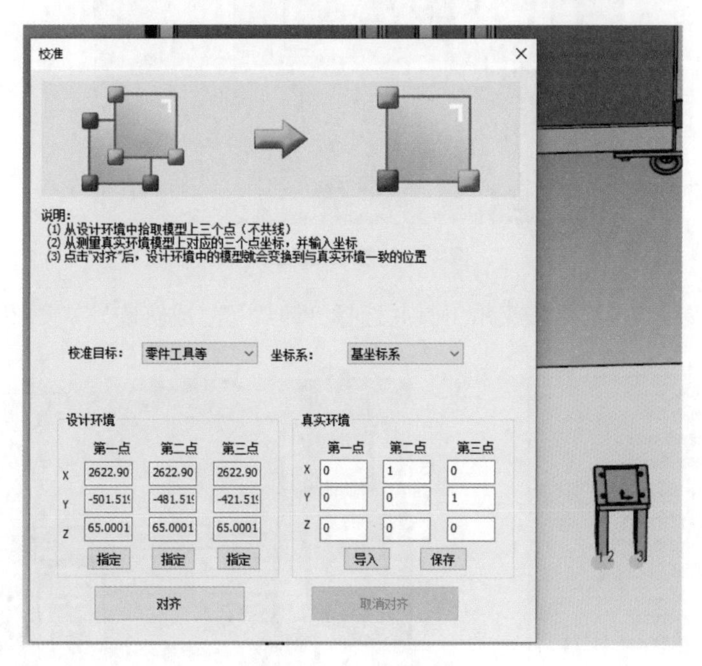

图 4-31　三点校准

（2）将实际示教的三点数据导入并点击“对齐”，码垛平台 B 变换到与实际位置相同的地方，如图 4-32 所示。

（3）码垛平台 A 如上述方法一样，到达与实际相同位置，如图 4-33 所示。

（4）右击夹爪工具选择“安装（生成轨迹）”，如图 4-34 所示。

（5）然后根据任务需求右击夹爪工具并选择插入 POS 点，如图 4-35 所示。

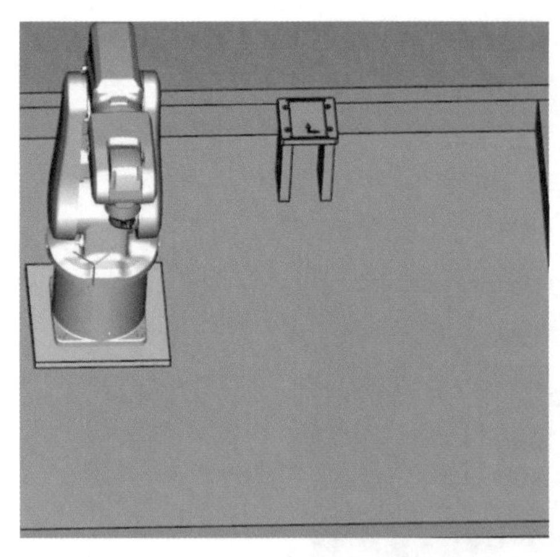

图 4-32　码垛平台 B 变换到指定位置

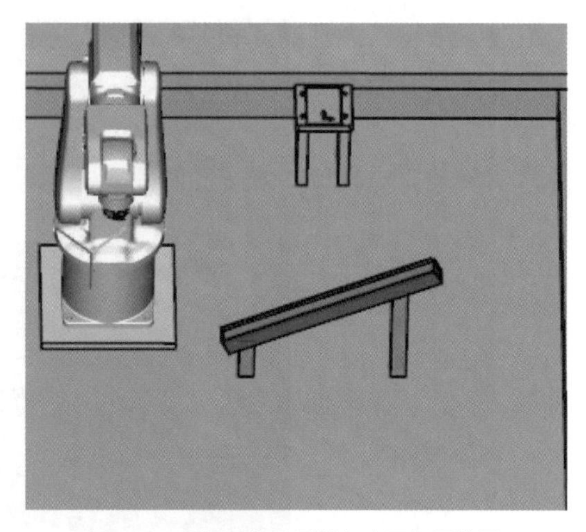

图 4-33　码垛平台 A 到达与实际相同位置

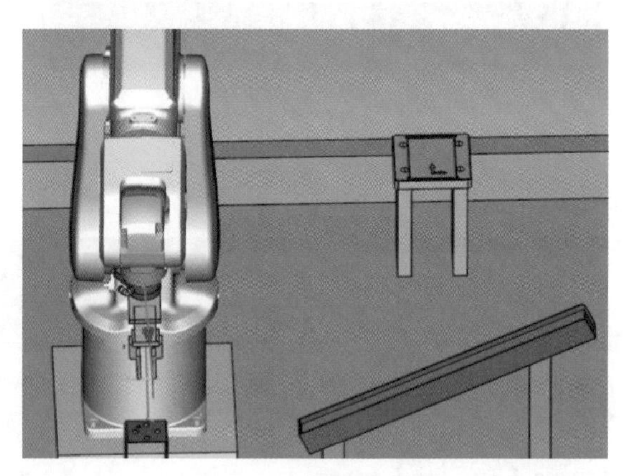

图 4-34　安装夹爪工具

（6）全部完成后，再次右击夹爪工具并选择“卸载（生成轨迹）”，如图 4-36 所示。

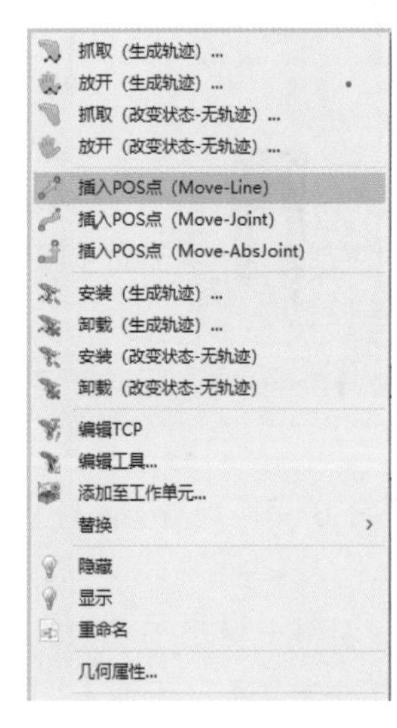

图 4-35　插入 POS 点

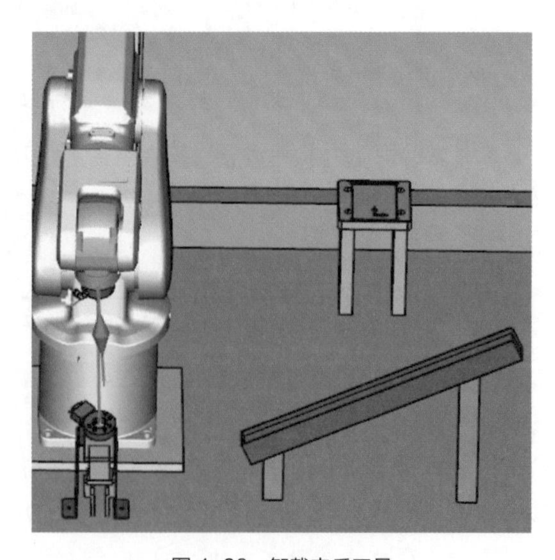

图 4-36　卸载夹爪工具

任务 3 利用轨迹生成绘制写字板

在本任务中，通过学习 PQArt 离线编程软件中“生成轨迹”功能来绘制出“华航唯实”写字板中的“华”“航”“唯”“实”四字以及写字板的外框，最终轨迹示意图如图 4-37 所示。

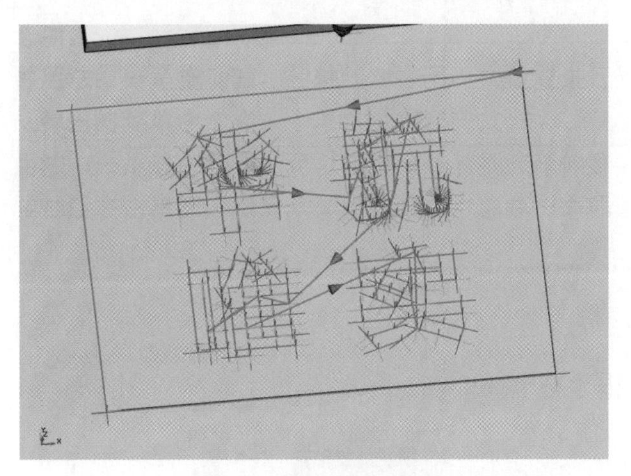

图 4-37　最终轨迹示意图

“生成轨迹”功能位于“机器人编程”中的“基础编程”中，如图 4-38 所示。点击“基础编程”中的“生成轨迹”后，可在软件界面左侧看到属性面板，具体功能介绍如表 4-3 所示。

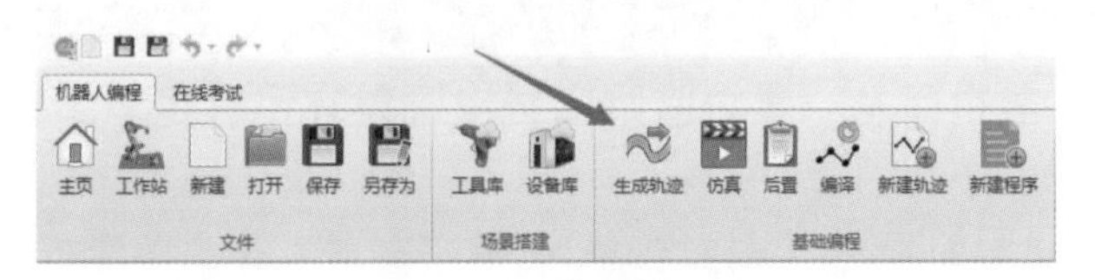

图 4-38　生成轨迹

一般来说，生成轨迹的步骤为：在“生成轨迹”中选择好类型，然后选择参数，就完成了一条轨迹。具体流程如图 4-39 所示。

表 4-3　面板功能介绍

图　示	说　明
✓ ✕	确定、关闭
类型 类型　沿着一个面的一条边	选择生成轨迹类型
选择工具和TCP 工具　FL 关联TCP　jiaobi_Tool_TCP0	设置轨迹关联的工具和 TCP
拾取元素	拾取零件上的线、面、必经边
搜索终止条件	选择轨迹终止点
设置 反转	设置轨迹方向

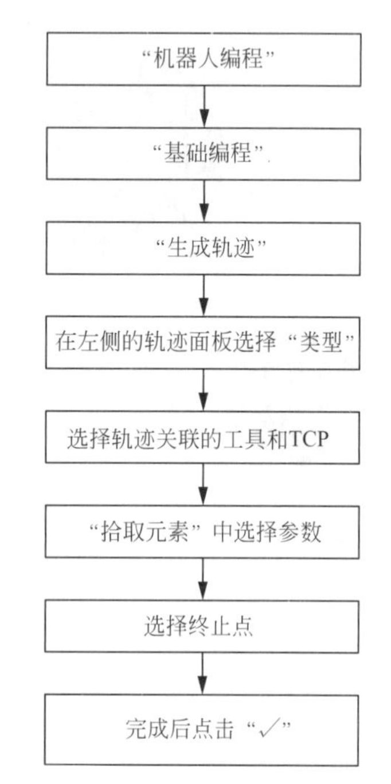

图 4-39　生成轨迹流程图

轨迹生成

1. 绘制写字板外框

利用"沿着一个面一条边"绘制写字板外框。

① 选择"生成轨迹"，类型选择"沿着一个面的一条边"，如图 4-40 所示。

图 4-40　沿着一个面的一条边轨迹参数面板

② 选择工具和 TCP，首先选择轨迹关联的工具和 TCP，如图 4-41 所示。

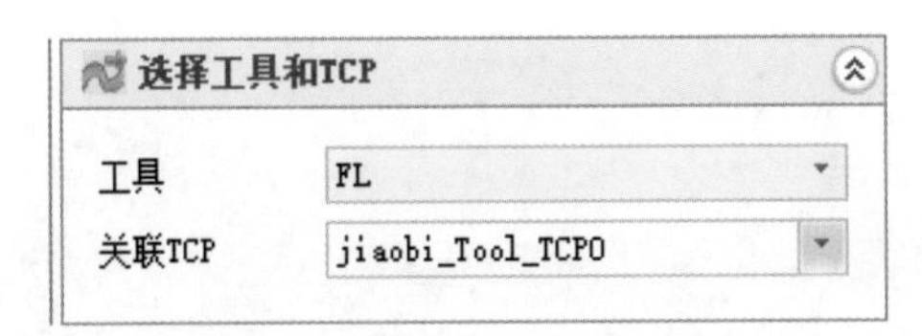

图 4-41　选择工具和 TCP

③ 拾取元素（线、面）

a. 拾取线。点击面板上的“线”，依次选中图 4-42 中的四条线。

图 4-42　拾取线

b. 拾取面。拾取和所选边相邻的一个面，如图 4-43 所示。

图 4-43　拾取面

④ 在搜索终止条件选项内，可以拾取终止轨迹的一个点，如图 4-44 所示。

图 4-44　选择终止点

⑤ 点击“√”，轨迹生成完毕，如图 4-45 所示。

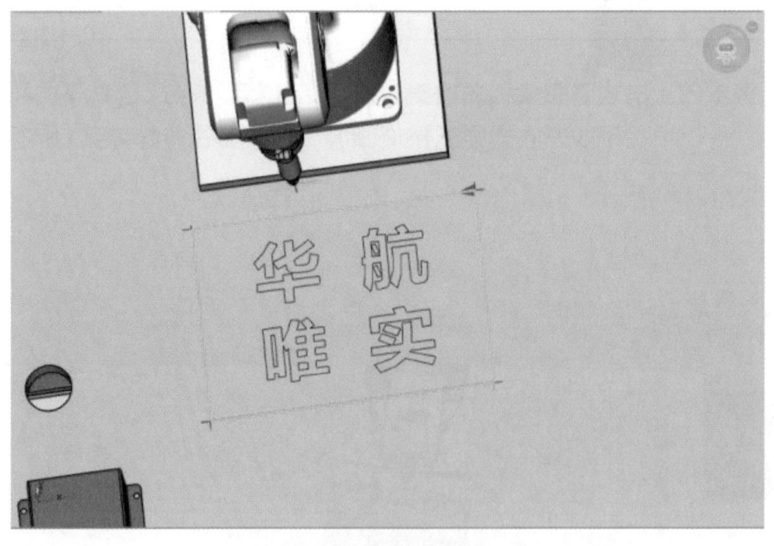

图 4-45　生成的轨迹

2. 绘制“华航唯实”

利用“曲线特征”绘制“华航唯实”四字。

① 在“类型”下选择“曲线特征”，如图 4-46 所示。

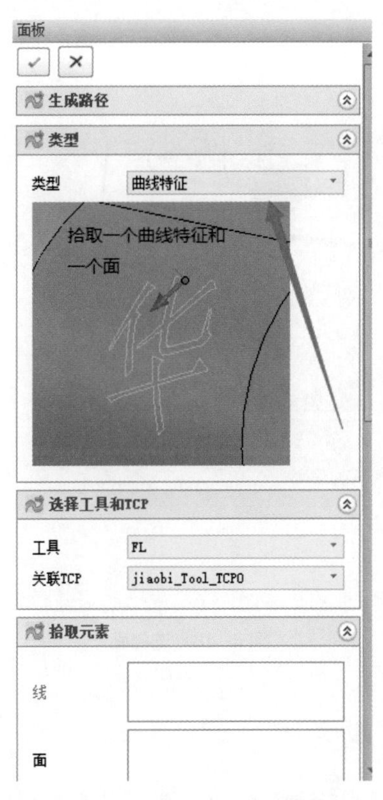

图 4-46　曲线特征轨迹参数面板

② 选择“线”，拾取字体的部首，其变为蓝色即为选中，如图 4-47 所示。其他字同理。

图 4-47　选择字体部首

③ 选择面，如图 4-48 所示。

④ 最后，点击“ √ ”，如图 4-49 所示。

图 4-48　选择面

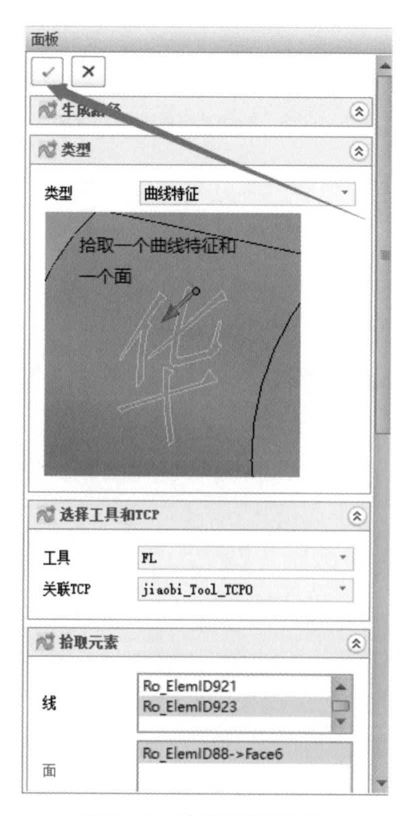

图 4-49　完成的面板参数

⑤ 轨迹绘制完成，如图 4-50 所示。

图 4-50　绘制完成的轨迹

任务 4　仿真后置

任务描述

仿真可以形象逼真地模拟机器人在真实环境中的运动路径和状态，用户可以借助离线软件的仿真功能查看机器人工作时的姿态。后置功能将在软件中生成的轨迹、坐标系等一系列信息生成机器人可执行的代码程序，可以将这些程序拷贝到示教器中，控制真机运行。

知识准备

1. 轨迹仿真功能

① PQArt 的仿真功能按钮位于“机器人编程”下的“基础编程”中，如图 4-51 所示。

PQArt 的仿真过程中需要用到管理面板，如图 4-52 ～图 4-56 所示的系列按钮，可以关闭仿真管理面板，开始仿真和暂停仿真，循环播放仿真过程，通过拖动仿真速度控制滑块可以控制仿真时的速度。通过勾选碰撞检测选项，可以对装配体各相对运动部分进行实践仿真，并检查机构在运动状态下是否存在碰撞，若存在碰撞系统将发出警示声并以暗红色高亮显示碰撞部分，如图 4-57 所示。通过勾选场景还原选项，结束仿真后，机器人会回到（第一条轨迹的）起始点位置，如图 4-52 所示。

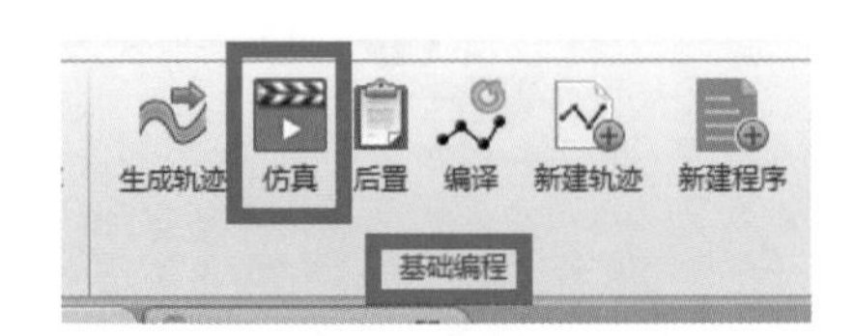

图 4-51　仿真功能按钮

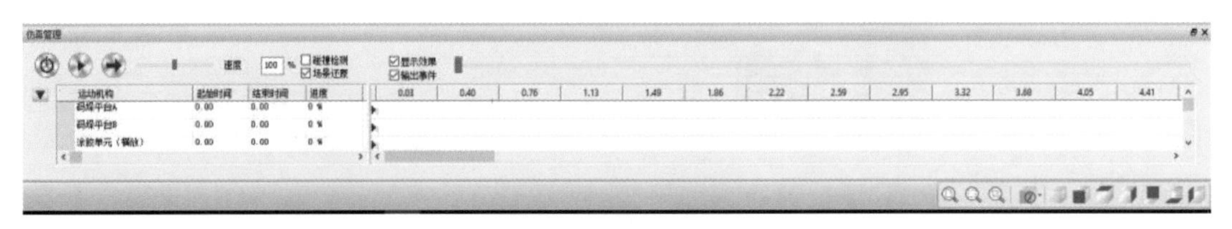

图 4-52　仿真管理面板

图 4-53　关闭仿真管理面板

图 4-54　开始仿真和暂停仿真

图 4-55　循环仿真

图 4-56　仿真速度设置

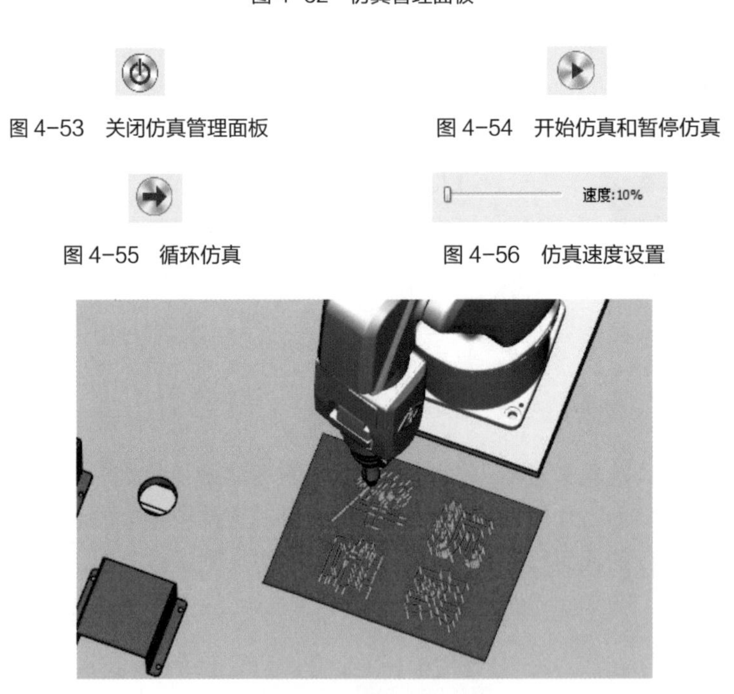

图 4-57　碰撞检测示意图

② 在仿真管理面板中，所有相关运动机构均通过动态的时间轴依次罗列，形象直观地显示出来，方便用户查看机器人、工件等轨迹的运行时间和进度，如图 4-58 所示。

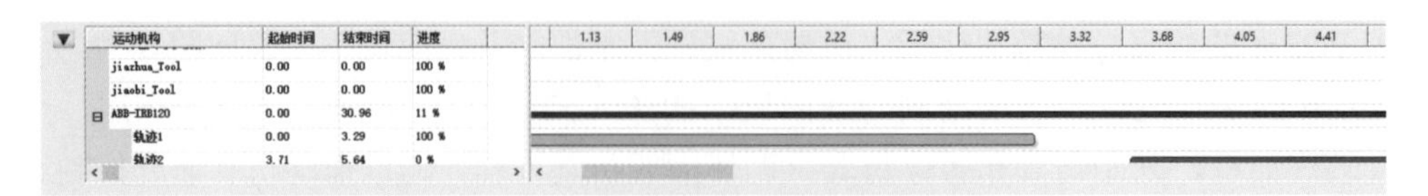

图 4-58　仿真管理面板时间轴显示

③ 轨迹中存在“发送事件”和“接收事件”时，面板上会显示出黑色箭头，箭头指向接收物体，轨迹中发送对象和接受对象过多时，可通过仿真管理面板查看匹配情况。若在同一时间内出现多个时间轴，说明在这段时间内，有多条轨迹同时运行，如图 4-59 所示。

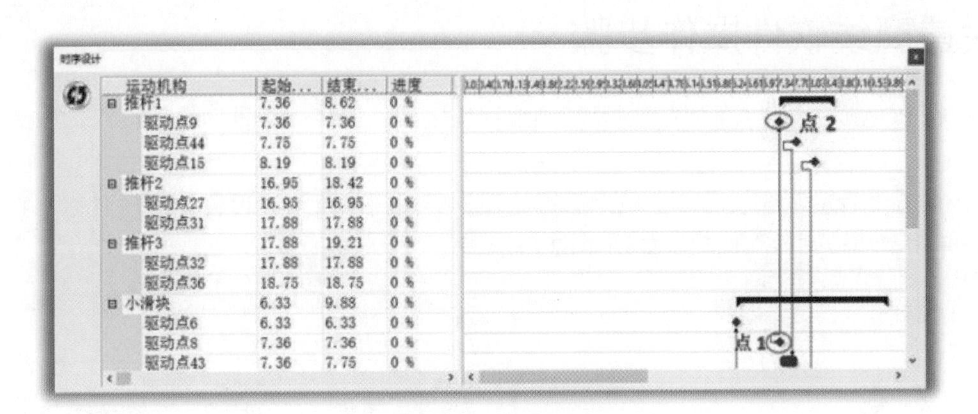

图 4-59　时序设计界面

2. 离线软件后置

后置处理界面中，包含了缩进设置、机器人末端、轨迹点命名和程序名称等选项，如图 4-60 所示。这些选项的具体使用方法如下：

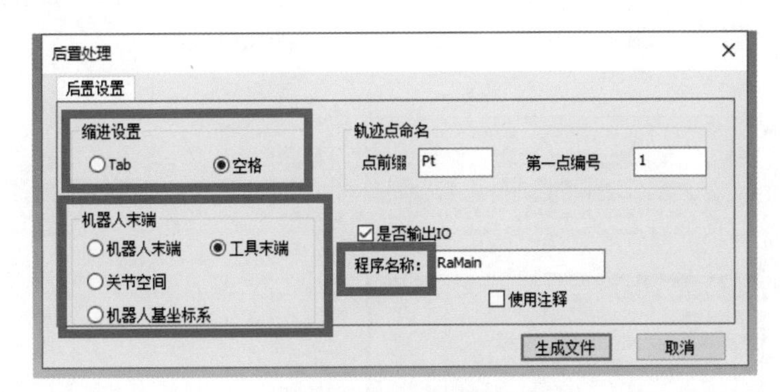

图 4-60　后置处理选项

① 缩进设置。缩进设置主要是编辑后置文件的格式。

② 机器人末端和工具末端。用以确定输出的代码所使用的坐标系，有机器人末端（使用法兰坐标系）和工具末端（使用工具坐标系）两个选项。

③ 轨迹点命名。轨迹点命名由点前缀和第一点编号组成，可以根据个人喜好进行设置，一般选择默认。

④ 程序名称。程序的名称可自行输入和修改。

⑤ 后置代码编辑器：用户可以进一步对后置出的代码进行编辑，以满足实际需求。

仿真后置

后置离线软件操作步骤

① 在 PQArt 软件主界面中找到“基础编程”区域，选择“后置”选项按钮，如图 4-61 所示。

② 点击“后置”选项后，出现“后置处理”界面，修改相应设置及程序名称，修改完毕后，单击“生成文件”选项，如图 4-62 所示。

图 4-61　后置选项

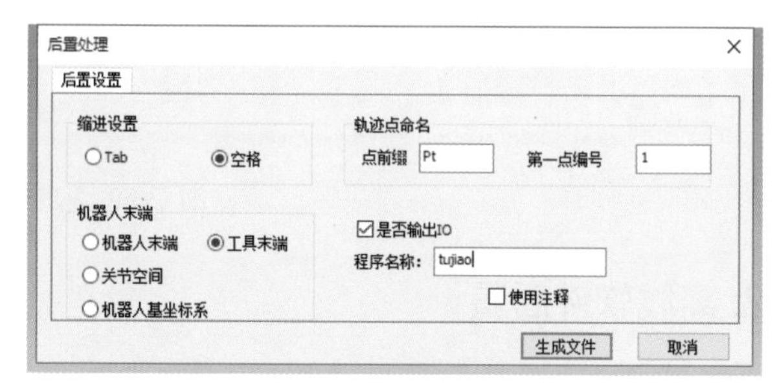

图 4-62　后置处理界面

③ 点击“生成文件”选项后，出现“后置代码编译器”界面，检查后置出的程序代码，根据程序要求进行修改，修改完毕后，点击“导出”，如图 4-63 所示。

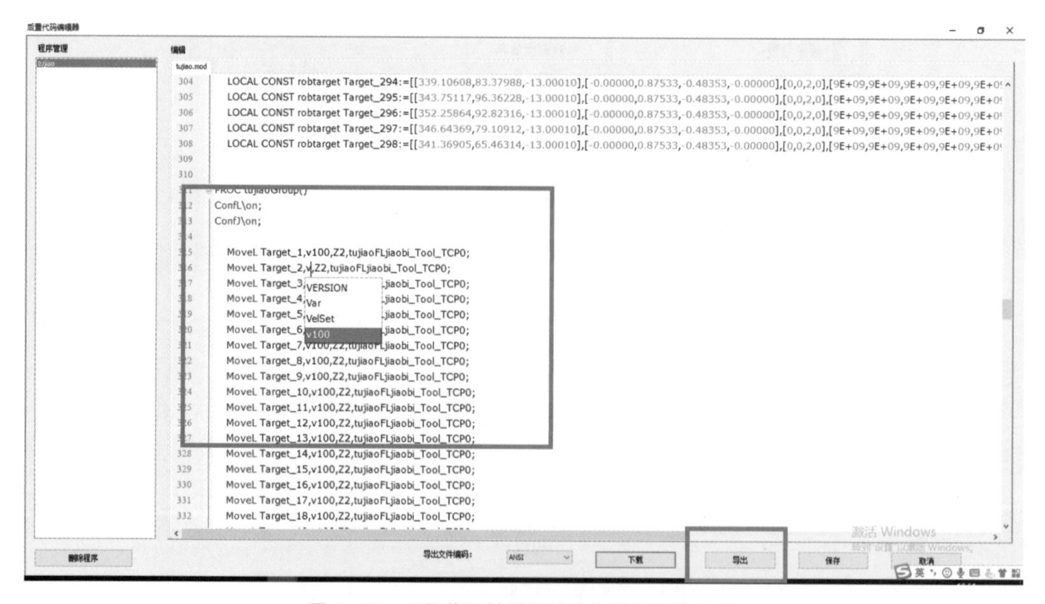

图 4-63　后置代码编译器修改和导出程序界面

④ 选择后置文件的保存地址，点击“确定”按钮，进行保存，如图 4-64 所示。

⑤ 保存成功后，会显示相应提示信息，如图 4-65 所示。

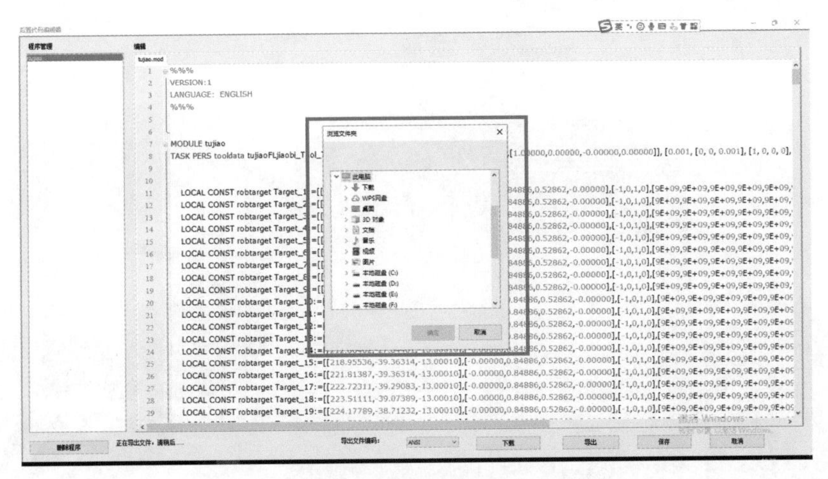

图 4-64　选择相应文件夹保存导出的程序代码

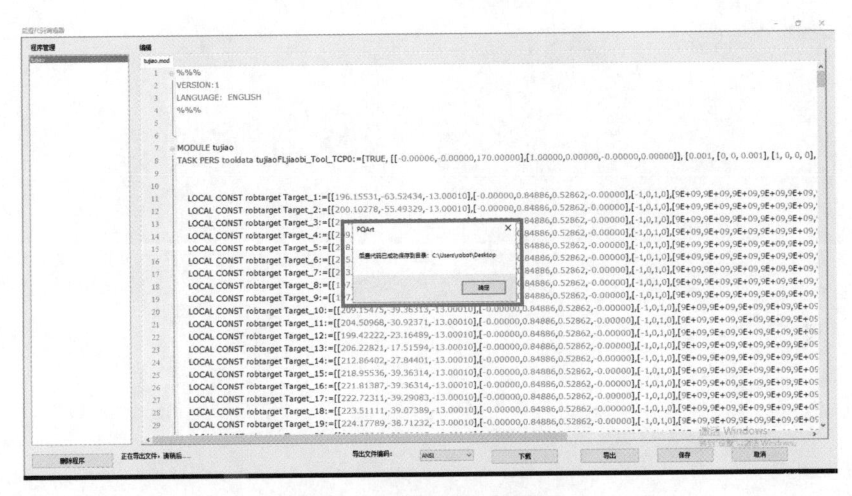

图 4-65　代码保存成功界面

⑥ 后置的代码保存成功后可直接在相应位置找到，打开文件 .mod，通过 U 盘拷贝至机器人进行程序调试，如图 4-66 所示。

tujiao.mod - 记事本
文件(F)　编辑(E)　格式(O)　查看(V)　帮助(H)

```
%%%
VERSION:1
LANGUAGE:  ENGLISH
%%%


MODULE tujiao
TASK PERS tooldata tujiaoFLjiaobi_Tool_TCP0:=[TRUE, [[-0.00006,-0.00000,170.00000],[1.00000,0.00000,-0.00000,0.00000]], [0.001, [0, 0, 0.001], [1, 0, 0, 0], 0, 0, 0]];


    LOCAL CONST robtarget Target_1:=[[196.15531,-63.52434,-13.00010],[-0.00000,0.84886,0.52862,-0.00000],[-1,0,1,0],[9E+09,9E+09,9E+09,9E+09,9E+09,9E+09]];
    LOCAL CONST robtarget Target_2:=[[200.10278,-55.49329,-13.00010],[-0.00000,0.84886,0.52862,-0.00000],[-1,0,1,0],[9E+09,9E+09,9E+09,9E+09,9E+09,9E+09]];
    LOCAL CONST robtarget Target_3:=[[204.86696,-58.72613,-13.00010],[-0.00000,0.84886,0.52862,-0.00000],[-1,0,1,0],[9E+09,9E+09,9E+09,9E+09,9E+09,9E+09]];
    LOCAL CONST robtarget Target_4:=[[209.35891,-62.16315,-13.00010],[-0.00000,0.84886,0.52862,-0.00000],[-1,0,1,0],[9E+09,9E+09,9E+09,9E+09,9E+09,9E+09]];
    LOCAL CONST robtarget Target_5:=[[218.37683,-62.16316,-13.00010],[-0.00000,0.84886,0.52862,-0.00000],[-1,0,1,0],[9E+09,9E+09,9E+09,9E+09,9E+09,9E+09]];
    LOCAL CONST robtarget Target_6:=[[215.93519,-55.11898,-13.00010],[-0.00000,0.84886,0.52862,-0.00000],[-1,0,1,0],[9E+09,9E+09,9E+09,9E+09,9E+09,9E+09]];
    LOCAL CONST robtarget Target_7:=[[213.30639,-48.41509,-13.00010],[-0.00000,0.84886,0.52862,-0.00000],[-1,0,1,0],[9E+09,9E+09,9E+09,9E+09,9E+09,9E+09]];
    LOCAL CONST robtarget Target_8:=[[197.65264,-48.41507,-13.00010],[-0.00000,0.84886,0.52862,-0.00000],[-1,0,1,0],[9E+09,9E+09,9E+09,9E+09,9E+09,9E+09]];
    LOCAL CONST robtarget Target_9:=[[197.65265,-39.36312,-13.00010],[-0.00000,0.84886,0.52862,-0.00000],[-1,0,1,0],[9E+09,9E+09,9E+09,9E+09,9E+09,9E+09]];
    LOCAL CONST robtarget Target_10:=[[209.15475,-39.36313,-13.00010],[-0.00000,0.84886,0.52862,-0.00000],[-1,0,1,0],[9E+09,9E+09,9E+09,9E+09,9E+09,9E+09]];
    LOCAL CONST robtarget Target_11:=[[204.50968,-30.92371,-13.00010],[-0.00000,0.84886,0.52862,-0.00000],[-1,0,1,0],[9E+09,9E+09,9E+09,9E+09,9E+09,9E+09]];
    LOCAL CONST robtarget Target_12:=[[199.42222,-23.16489,-13.00010],[-0.00000,0.84886,0.52862,-0.00000],[-1,0,1,0],[9E+09,9E+09,9E+09,9E+09,9E+09,9E+09]];
    LOCAL CONST robtarget Target_13:=[[206.22821,-17.51594,-13.00010],[-0.00000,0.84886,0.52862,-0.00000],[-1,0,1,0],[9E+09,9E+09,9E+09,9E+09,9E+09,9E+09]];
    LOCAL CONST robtarget Target_14:=[[212.86402,-27.84401,-13.00010],[-0.00000,0.84886,0.52862,-0.00000],[-1,0,1,0],[9E+09,9E+09,9E+09,9E+09,9E+09,9E+09]];
```

图 4-66　.mod 程序界面

/Administration
/Legal
/Accounting
/Finance
/Marketing
/Publicity
/Promotion
/Research
/Business
/Development
/Engineering
/Manufacturing
/Planning

项目5

PQArt软件工作站仿真案例

任务1　涂胶工作站仿真

任务2　码垛、拆垛工作站仿真

任务3　芯片分拣工作站仿真

任务4　轮毂抓取、打磨工作站仿真

每个工作站都有它的特别之处，操作方法自然也各不相同。如果在不熟悉的情况下操作它，可能会发生一些意外事故。这时，PQArt 中丰富的工作站就起到了重要的作用，下面就一起来学习吧。

本项目将介绍 PQArt 中的涂胶工作站，码垛、拆垛工作站，芯片分拣工作站，轮毂抓取、打磨工作站。

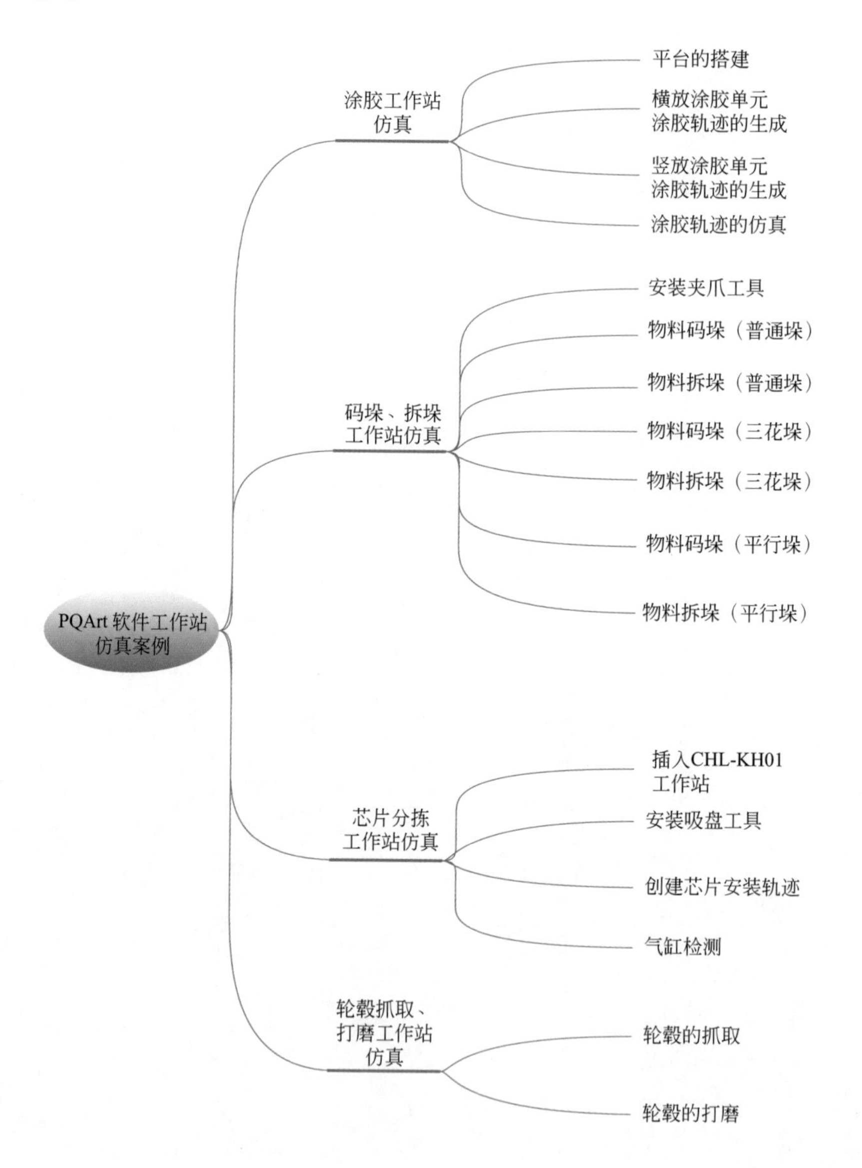

任务 1 ╱ 涂胶工作站仿真

任务描述

本任务采用 CHL-DS-01 设备，介绍利用 PQArt 软件进行机器人涂胶轨迹的生成和仿真的方法，最终效果如图 5-1 所示。

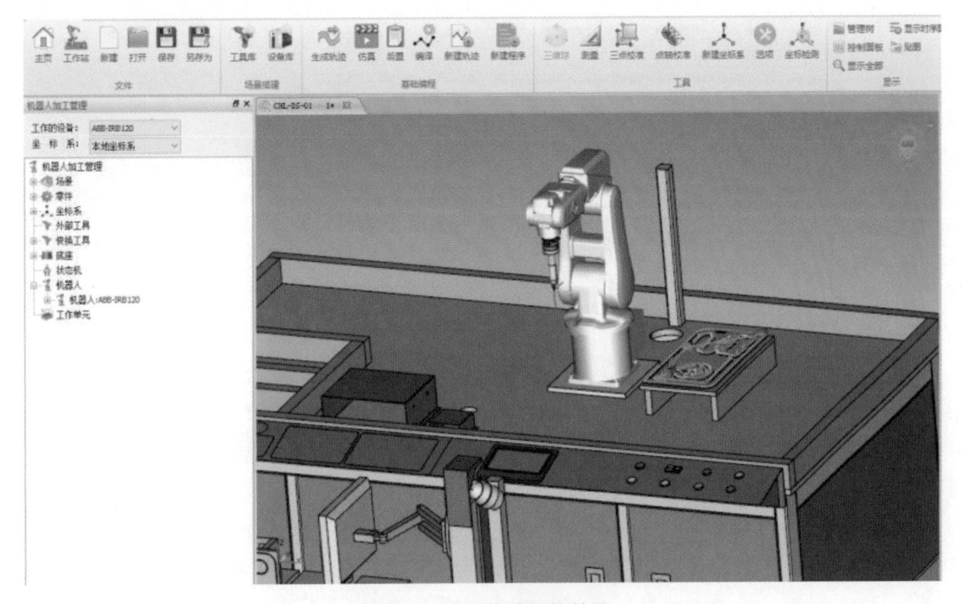

图 5-1　涂胶轨迹最终效果

知识准备

PQArt 软件涂胶工作所用元件介绍

本任务中需使用 PQArt 软件中的涂胶工具、涂胶单元（横放和竖放）。具体说明如下。

（1）涂胶工具

涂胶工具是所用到的元件之一，如图 5-2 所示。

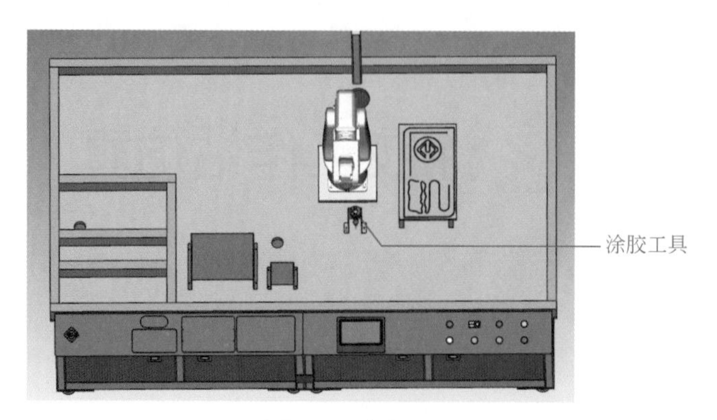

图 5-2　涂胶工具

（2）涂胶单元（横放）

涂胶工具在横着的涂胶单元上进行涂胶轨迹的生成，如图 5-3 所示。

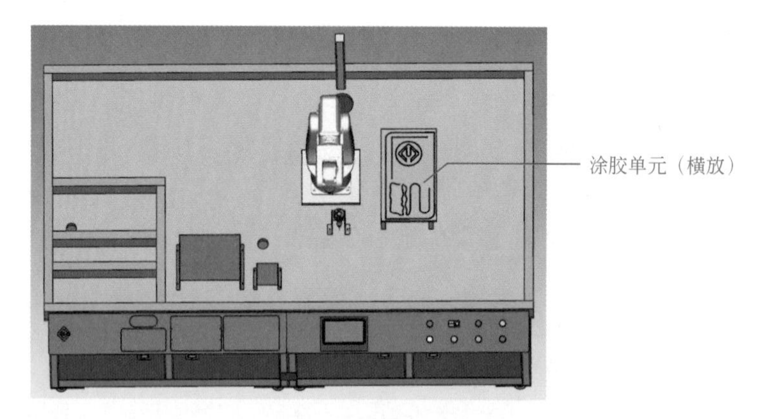

图 5-3　涂胶单元（横放）

（3）涂胶单元（竖放）

涂胶工具在竖着的涂胶单元上进行涂胶轨迹的生成，如图 5-4 所示。

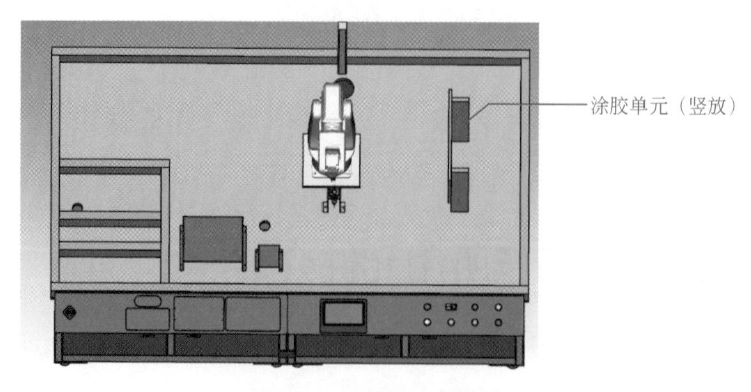

图 5-4　涂胶单元（竖放）

涂胶工作站仿真

1. 平台的搭建

① 打开PQArt软件，点击“工作站”，找到工业机器人PCB异型插件工作站，点击“插入”，如图5-5所示。

图5-5 选择工作站并插入

② 工作站界面生成后，利用三维球移动机器人和涂胶单元到大致位置，并将涂胶笔安装至机器人上，如图5-6所示。

图5-6 移动各部件至大致位置

2. 横放涂胶单元涂胶轨迹的生成

（1）圆涂胶轨迹的生成

① 左击鼠标选择机器人，然后右击鼠标，选择“插入POS点（Move-AbsJoint）”新建

机器人过渡点，如图 5-7 所示。

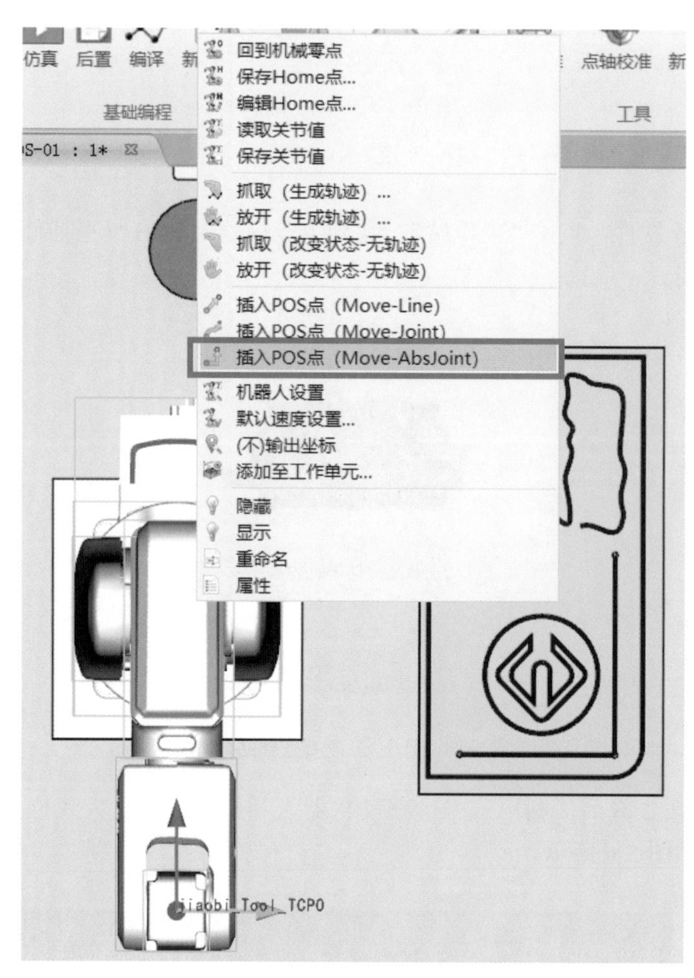

图 5-7　新建过渡点

② 点击“机器人编程”命令界面的“生成轨迹”，如图 5-8 所示。

图 5-8　点击“生成轨迹”

③ 生成轨迹“面板”窗口中，类型选择“曲线特征”，拾取元素选择为“线”，如图 5-9 所示。

④ 依次选择圆轨迹线段，选择完成后点击“ √ ”，如图 5-10 所示。

⑤ 在“机器人加工管理”界面中全选的轨迹上右击鼠标并选择“统一位姿（使用当前姿态）”，如图 5-11 所示。

⑥ 在“轨迹多选”中，找到“平移旋转”，点击“标准平移”，如图 5-12 所示。

图 5-9　生成圆轨迹面板设置

图 5-10　圆轨迹选择

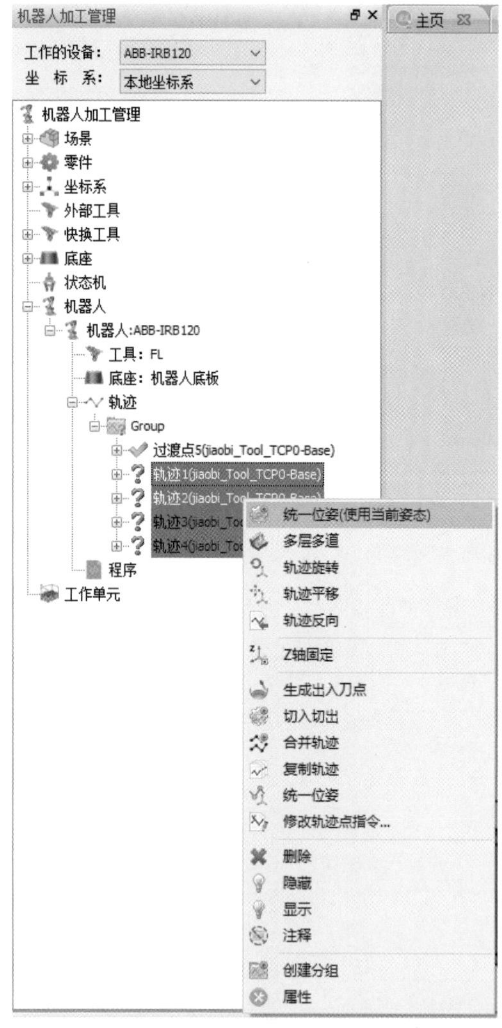

图 5-11　轨迹选择“统一位姿”

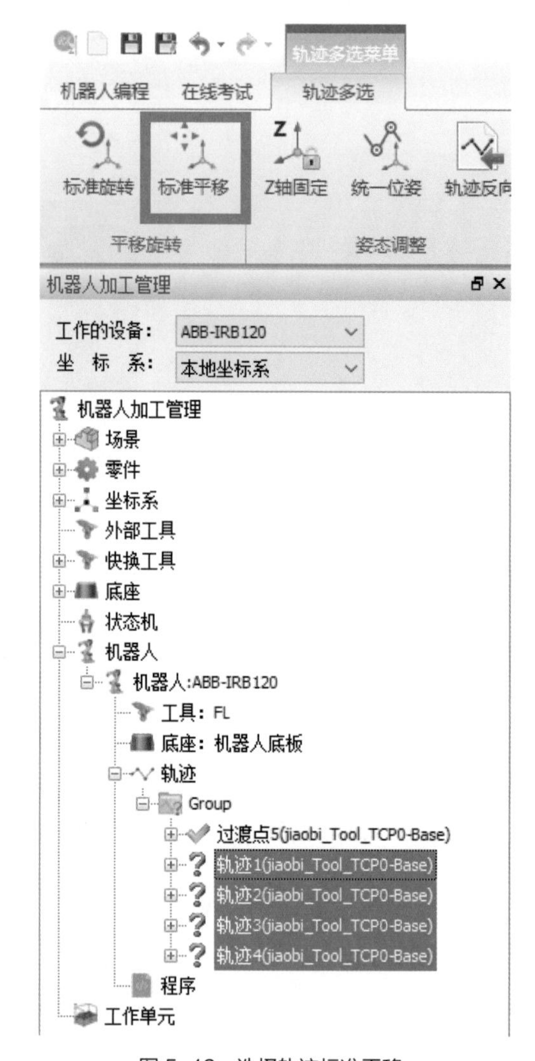

图 5-12　选择轨迹标准平移

⑦ 将“沿着 Z 轴移动”处数值改为 10，如图 5-13 所示。

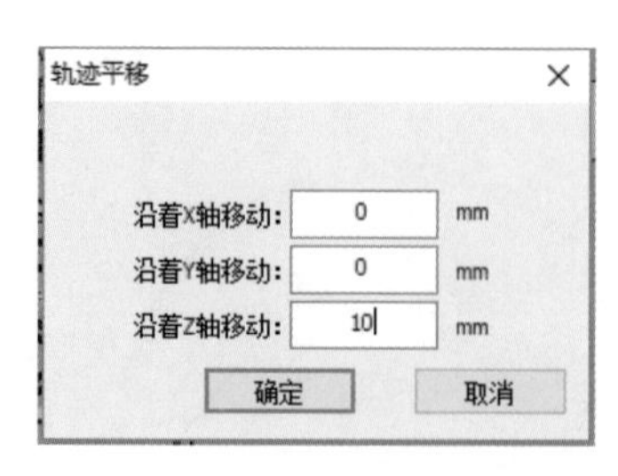

图 5-13　选择“沿着 Z 轴移动”

⑧ 在机器人编程中，找到并点击“编译”，如图 5-14 所示。

（2）L 涂胶轨迹的生成

① 鼠标左击机器人，然后右击鼠标，选择“插入 POS 点（Move-AbsJoint）”新建机器

人过渡点（home 点），如图 5-15 所示。

图 5-14　编译圆涂胶轨迹

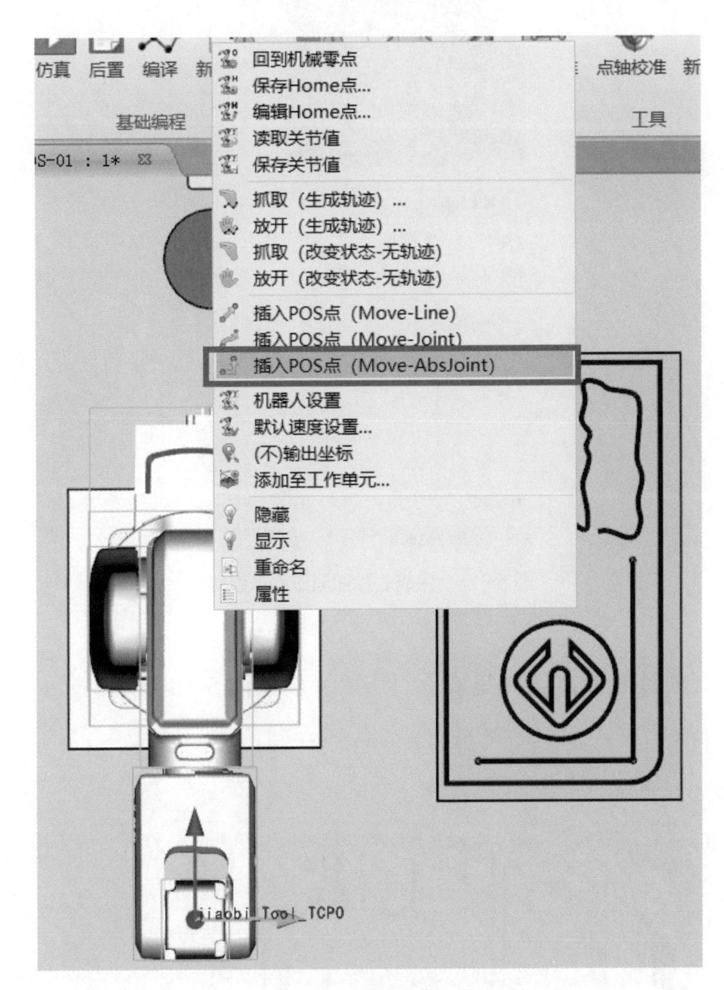

图 5-15　插入工作原点

② 点击命令界面的“生成轨迹”，如图 5-16 所示。

图 5-16　点击生成轨迹

③ 生成 L 涂胶轨迹面板中“类型”选择“曲线特征”，拾取元素选择“线”，如图 5-17 所示。

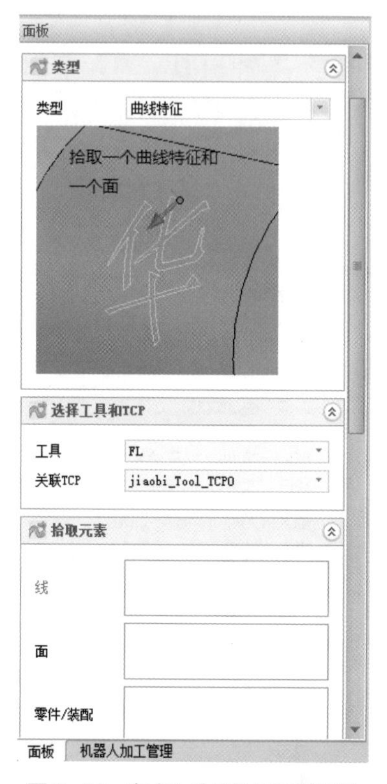

图 5-17　生成 L 涂胶轨迹面板设置

④ 依次选择 L 轨迹线段，选择完成后点击“ √ ”如图 5-18 所示。

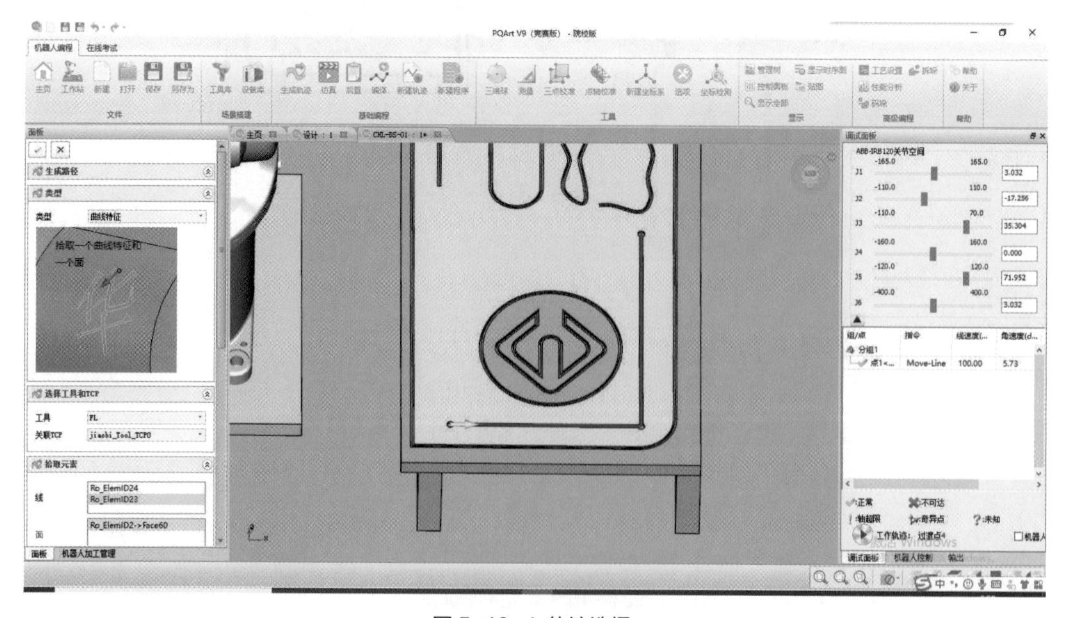

图 5-18　L 轨迹选择

⑤ 在“机器人加工管理”界面中全选的轨迹上右击鼠标并选择“统一位姿（使用当前姿态）”，如图 5-19 所示。

⑥ 在菜单中找到“平移旋转”，点击“标准平移”，如图 5-20 所示。

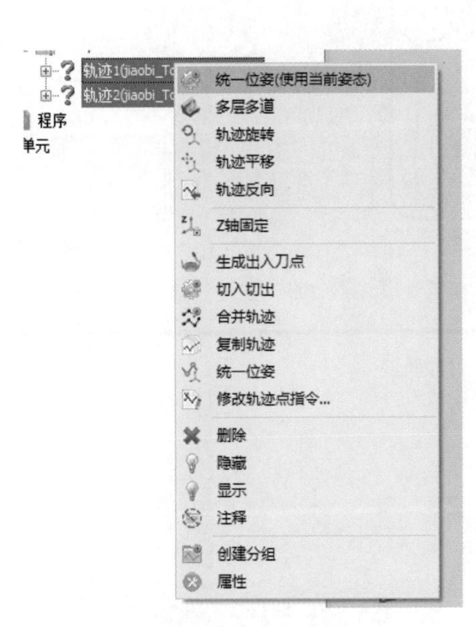

图 5-19　统一位姿

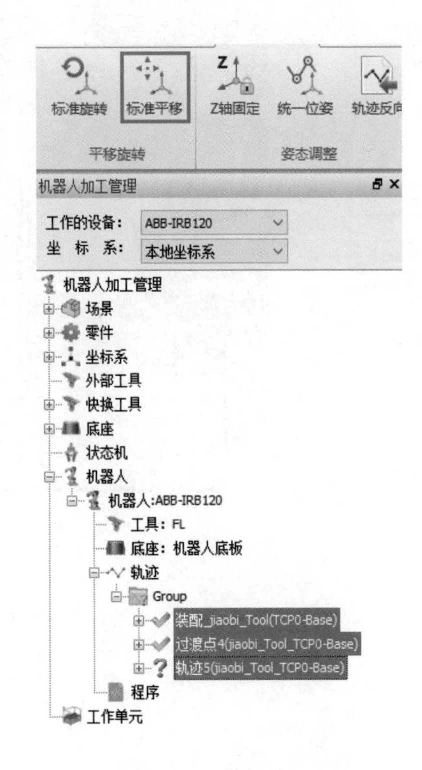

图 5-20　选择轨迹标准平移

⑦ 将“沿着 *Z* 轴移动”处数值改为 10，如图 5-21 所示。

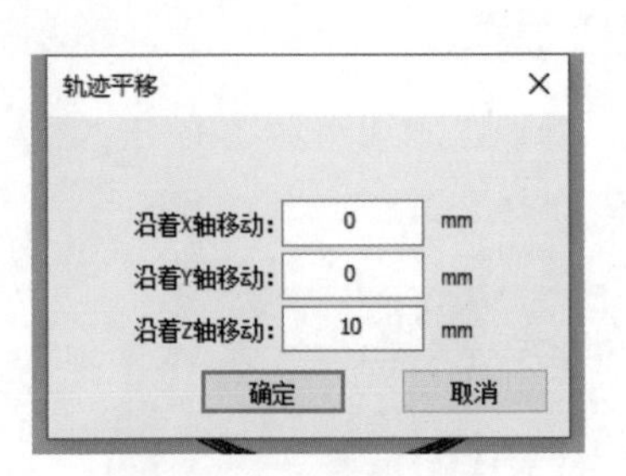

图 5-21　沿着 *Z* 轴移动

⑧ 在“机器人编程”菜单中，找到并点击“编译”，如图 5-22 所示。

3. 竖放涂胶单元涂胶轨迹的生成

（1）轮廓涂胶轨迹的生成

① 将机器人移到过渡点。鼠标左击机器人，然后右击鼠标，选择“插入 POS 点（MoveAbsJoint）”新建机器人过渡点，如图 5-23 所示。

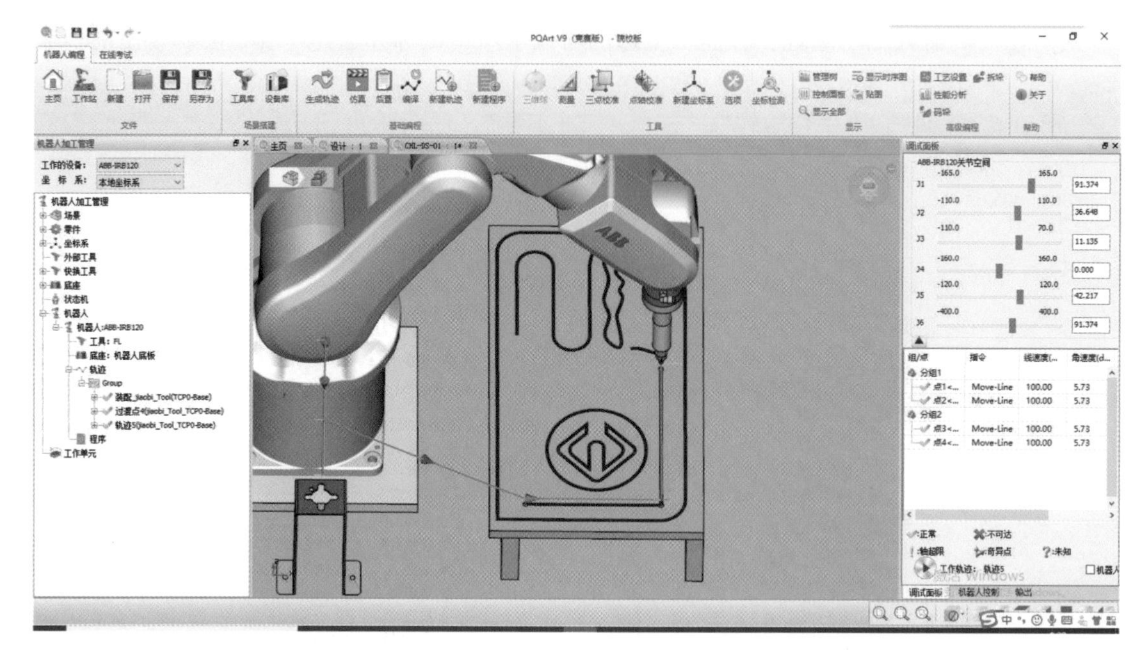

图 5-22　编译 L 涂胶轨迹

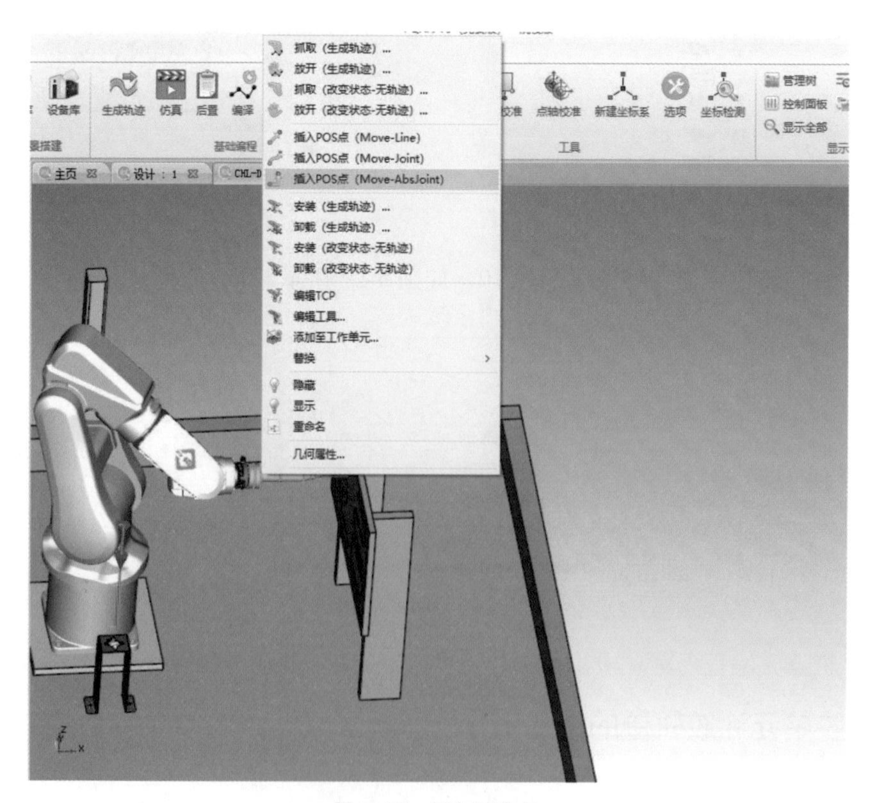

图 5-23　插入过渡点

② 点击“机器人编程”命令界面的“生成轨迹”，如图 5-24 所示。

③ 面板设置中，类型选择“曲线特征”，拾取元素选择为“线”，如图 5-25 所示。

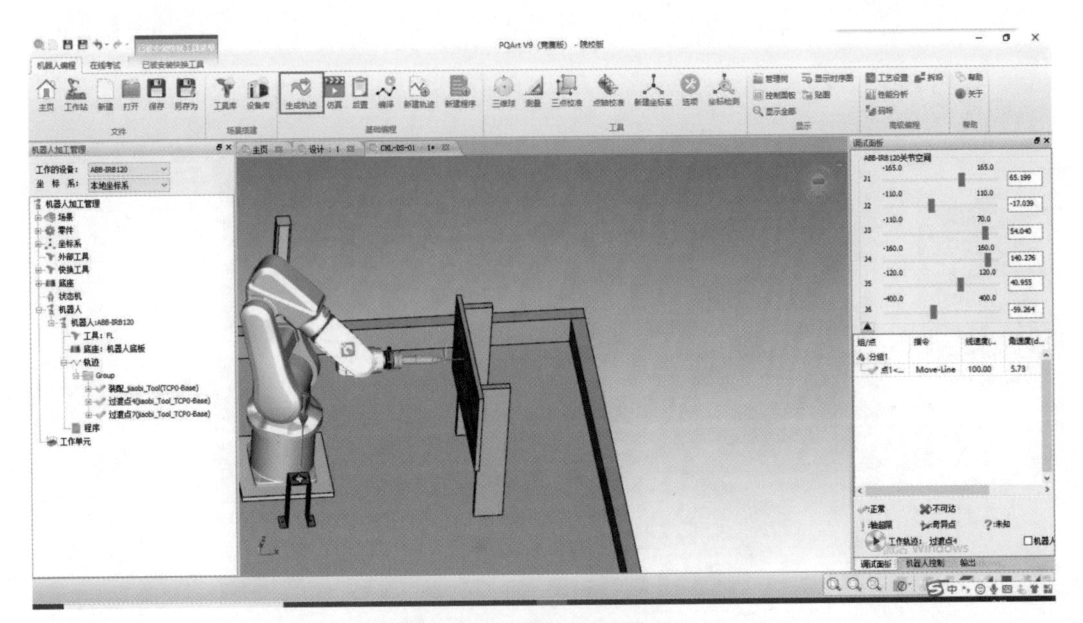

图 5-24 点击“生成轨迹”

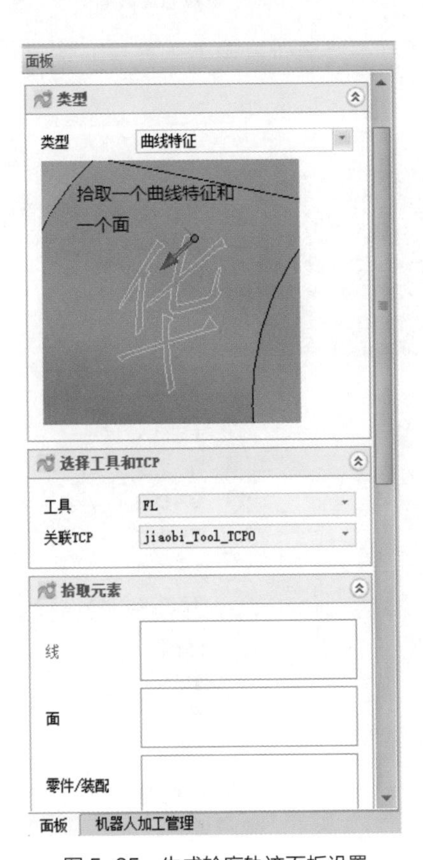

图 5-25 生成轮廓轨迹面板设置

④ 依次选择轮廓轨迹线段，选择完成后点击“ √ ”，如图 5-26 所示。

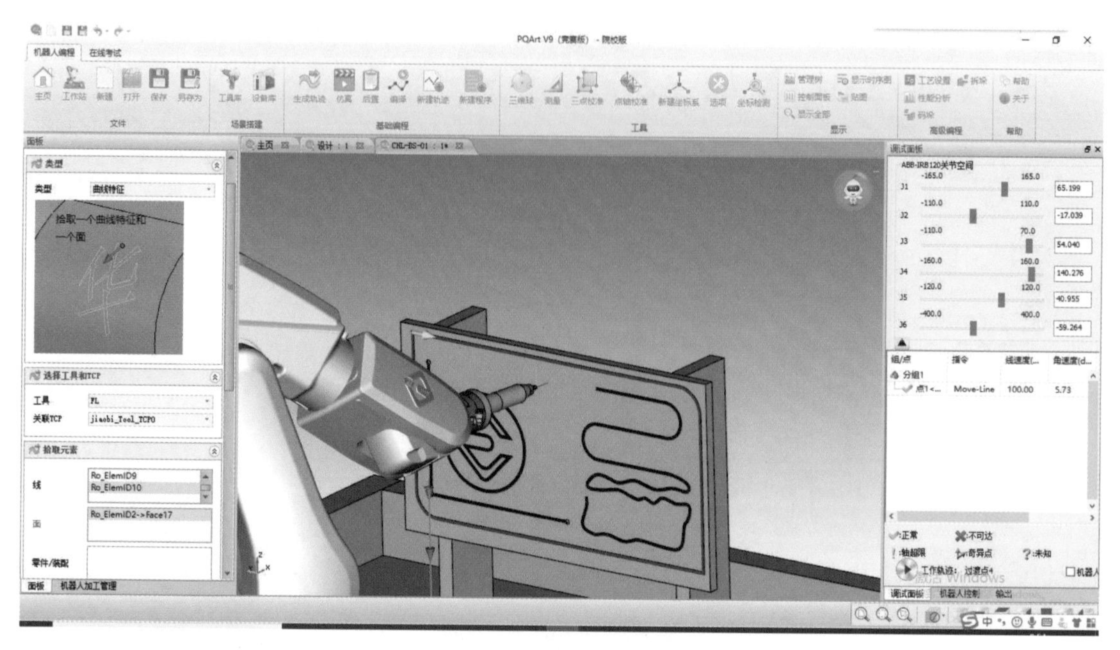

图 5-26　轮廓轨迹选择

⑤ 在“机器人加工管理”已全选的轨迹中右击鼠标并选择“统一位姿（使用当前姿态）”，如图 5-27 所示。

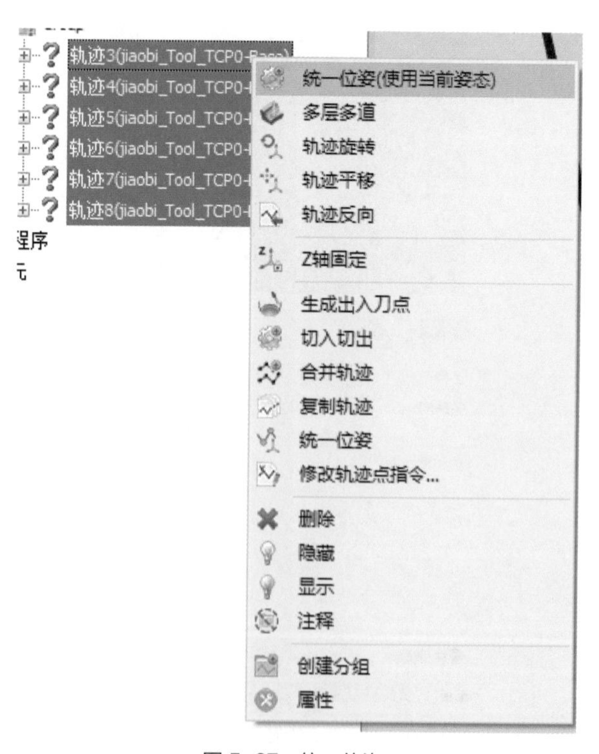

图 5-27　统一位姿

⑥ 在“轨迹”中点击“标准平移”，如图 5-28 所示。

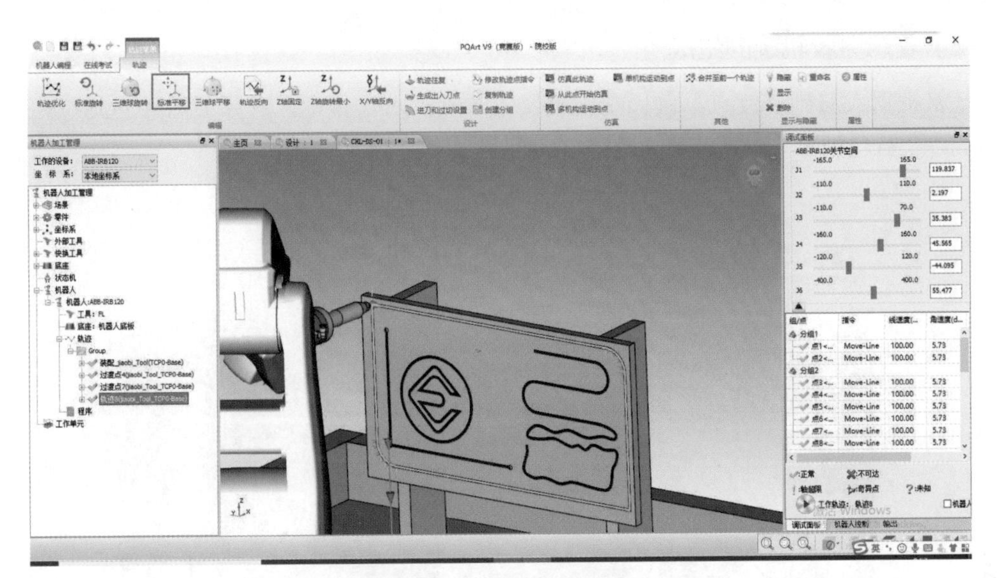

图 5-28　选择轨迹标准平移

⑦ 将“沿着 Z 轴移动”处数值改为 10，如图 5-29 所示。

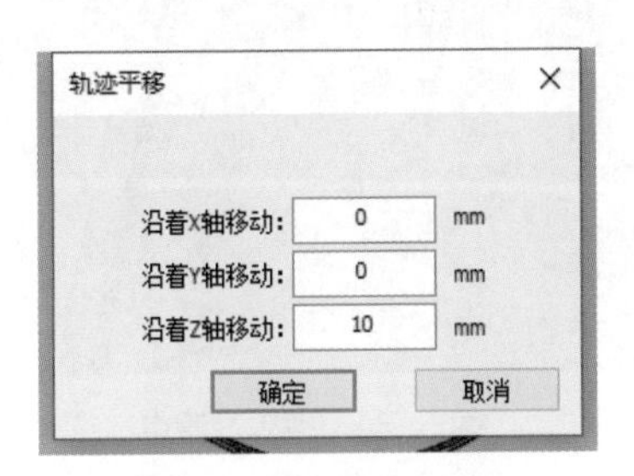

图 5-29　沿着 Z 轴移动

⑧ 在“机器人编程”菜单中，找到并单击“编译”，如图 5-30 所示。

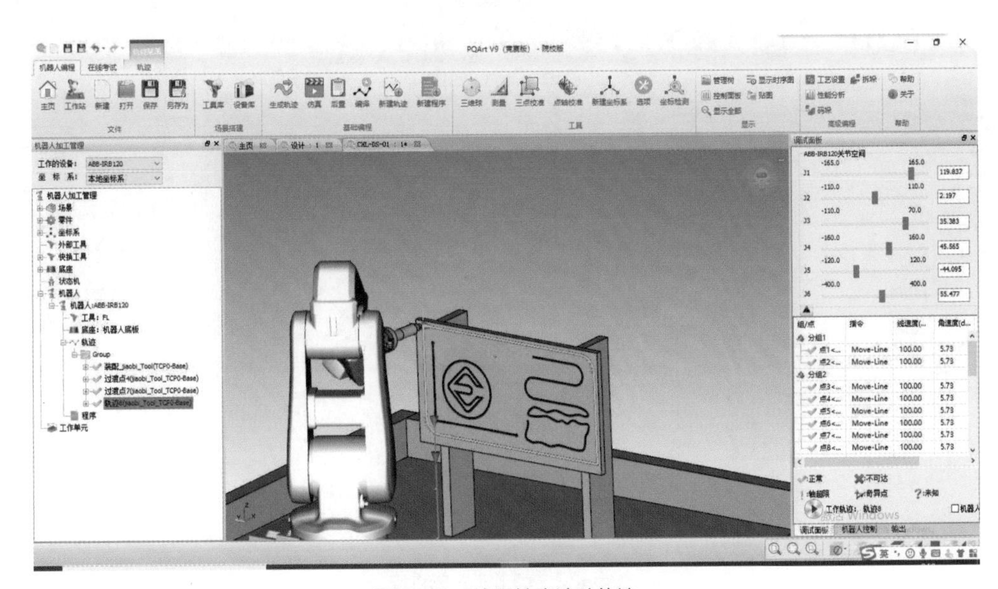

图 5-30　编译轮廓涂胶轨迹

（2）复杂涂胶轨迹的生成

① 将机器人移到过渡点。鼠标左击机器人，然后右击鼠标，选择“插入 POS 点（Move-AbsJoint）”新建机器人过渡点，如图 5-31 所示。

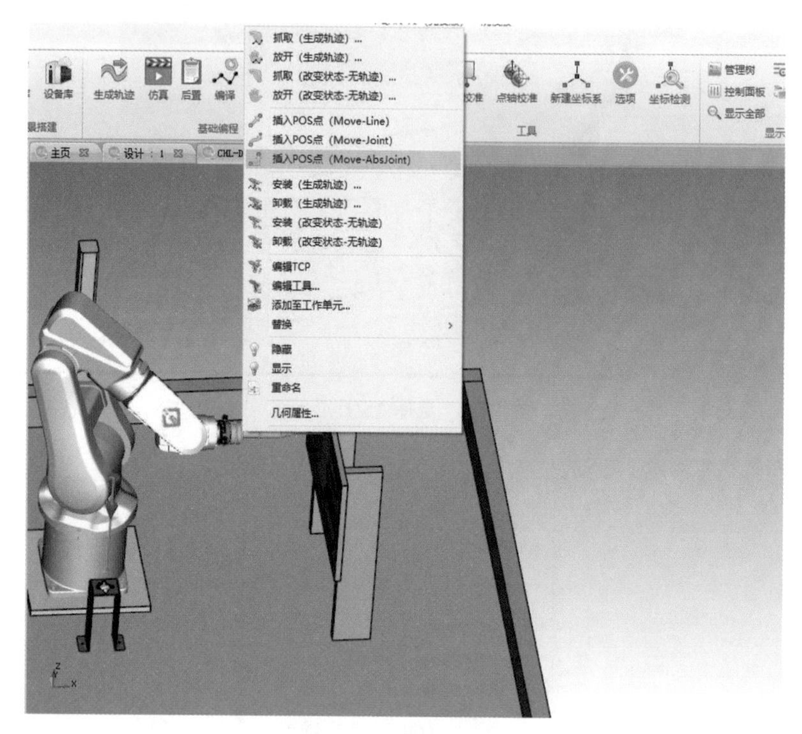

图 5-31　插入过渡点

② 点击“机器人编程”命令界面的“生成轨迹”，如图 5-32 所示。

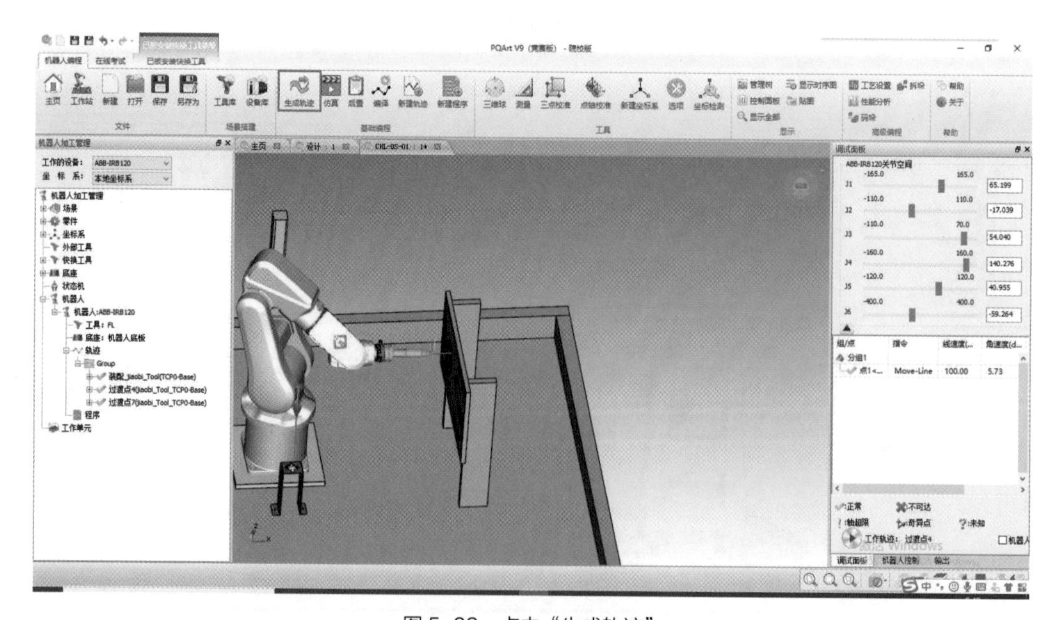

图 5-32　点击“生成轨迹”

③ 面板设置中“类型”选择“曲线特征”，“拾取元素”选择为“线”，如图 5-33 所示。

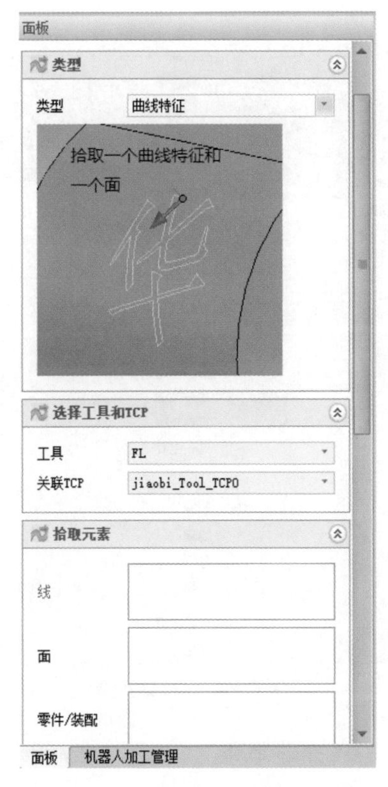

图 5-33　复杂涂胶轨迹面板设置

④ 依次选择复杂轨迹线段，选择完成后点击“ √ ”，如图 5-34 所示。

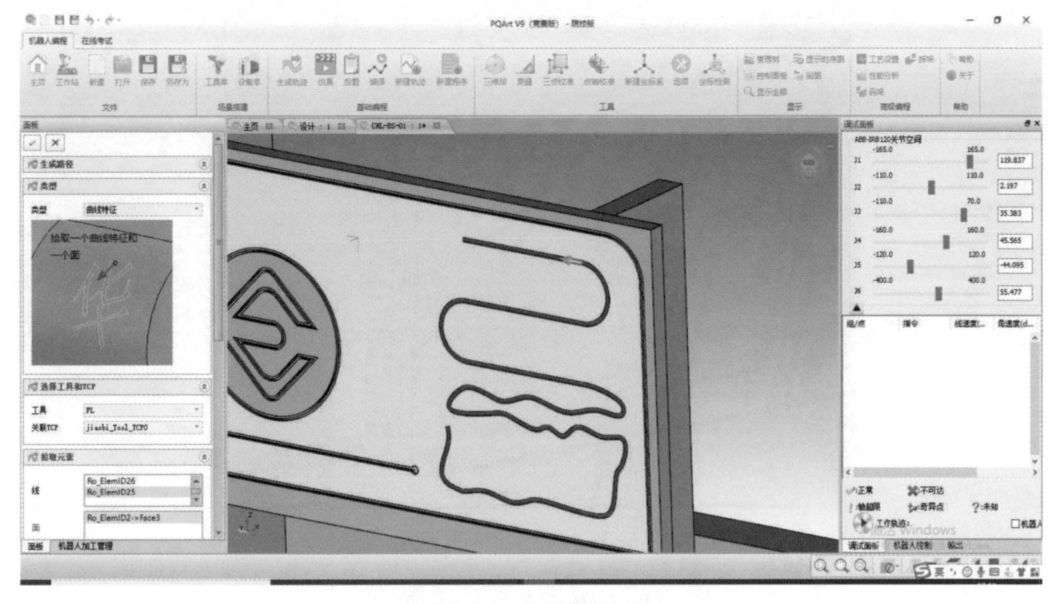

图 5-34　复杂轨迹选择

⑤ 在“机器人加工管理”界面中已全选的轨迹上右击鼠标并选择“统一位姿（使用当前姿态)”，如图 5-35 所示。

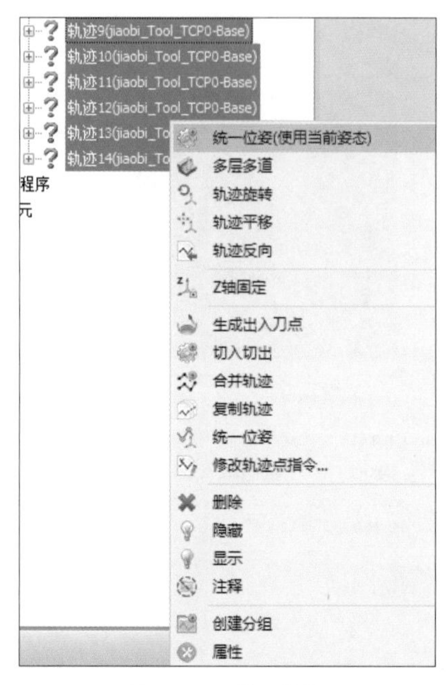

图 5-35　统一位姿

⑥ 在“轨迹菜单”中，点击“标准平移”，如图 5-36 所示。

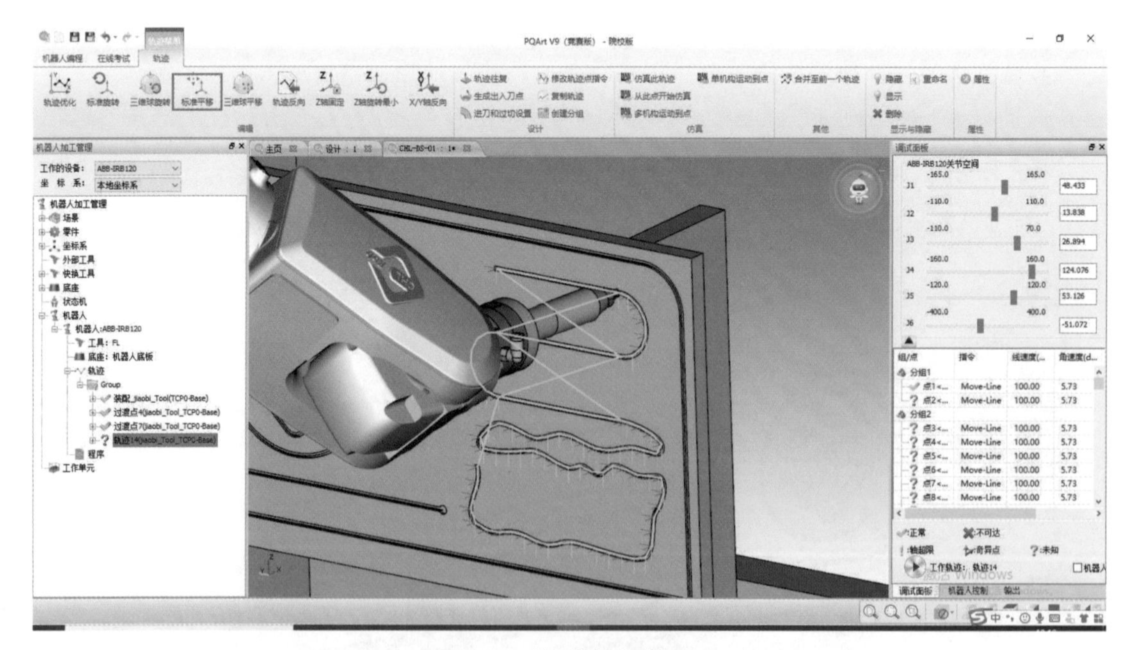

图 5-36　选择轨迹标准平移

⑦ 将“沿着 Z 轴移动”处数值改为 10，如图 5-37 所示。

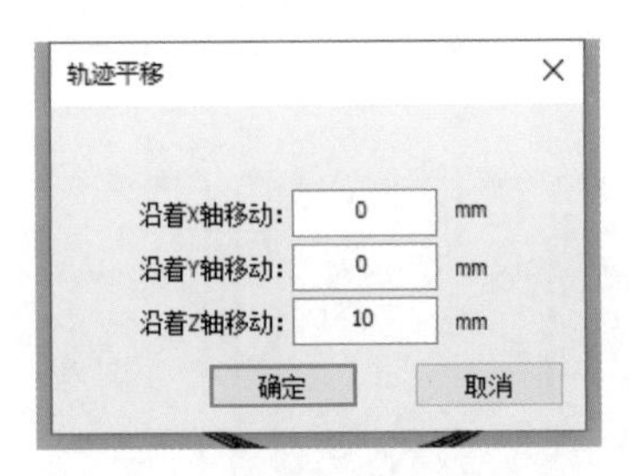

图 5-37 选择“沿着 Z 轴移动”

⑧ 在“机器人编程”菜单中，找到并单击“编译”，如图 5-38 所示。

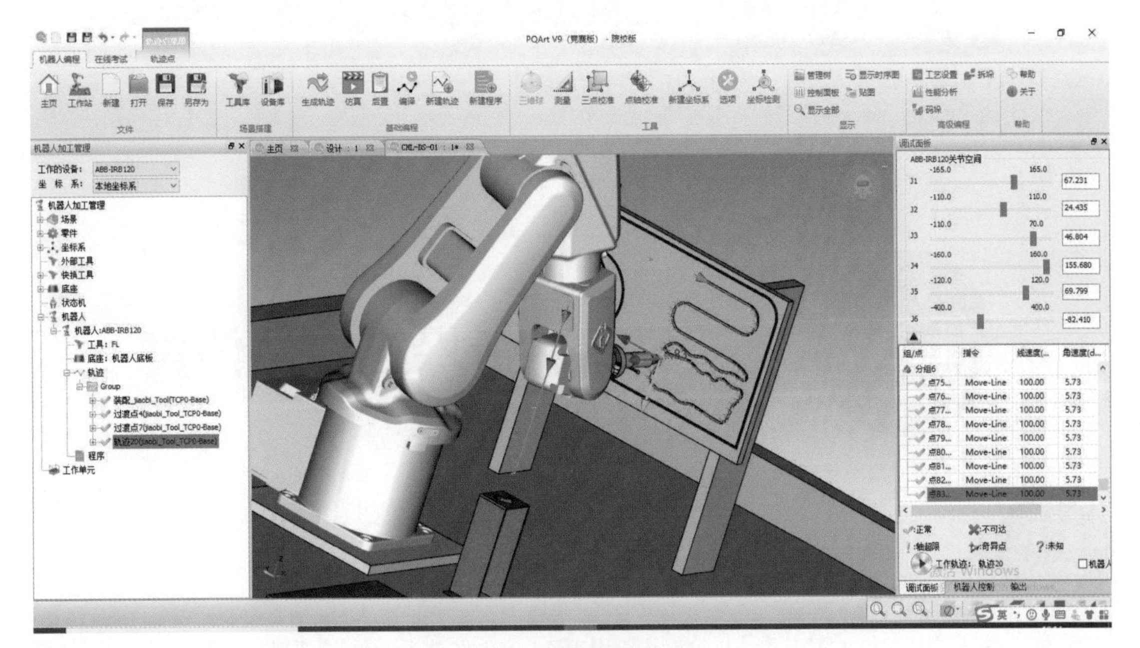

图 5-38 编译复杂涂胶轨迹

4. 涂胶轨迹的仿真

① 点击“机器人编程”命令界面的“仿真”，如图 5-39 所示。

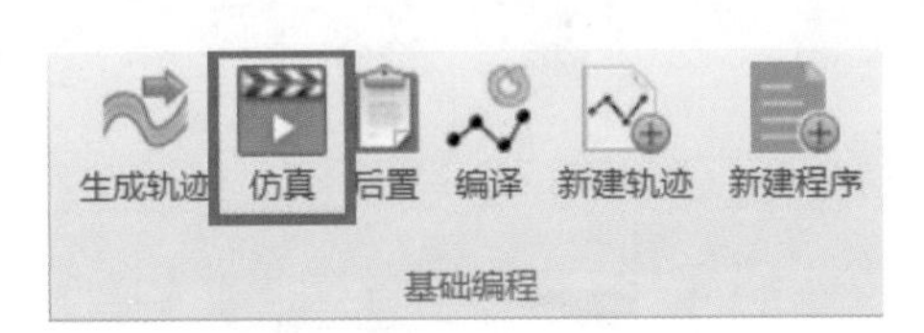

图 5-39 点击“仿真”

② 点击左下角播放按键，进行涂胶程序的仿真，如图 5-40 所示。

图 5-40　涂胶仿真

任务 2　码垛、拆垛工作站仿真

任务描述

本任务采用 CHL-KH01 设备，介绍利用 PQArt 软件进行物料的码垛和拆垛的方法，物料码垛如图 5-41 所示，物料拆垛如图 5-42 所示。

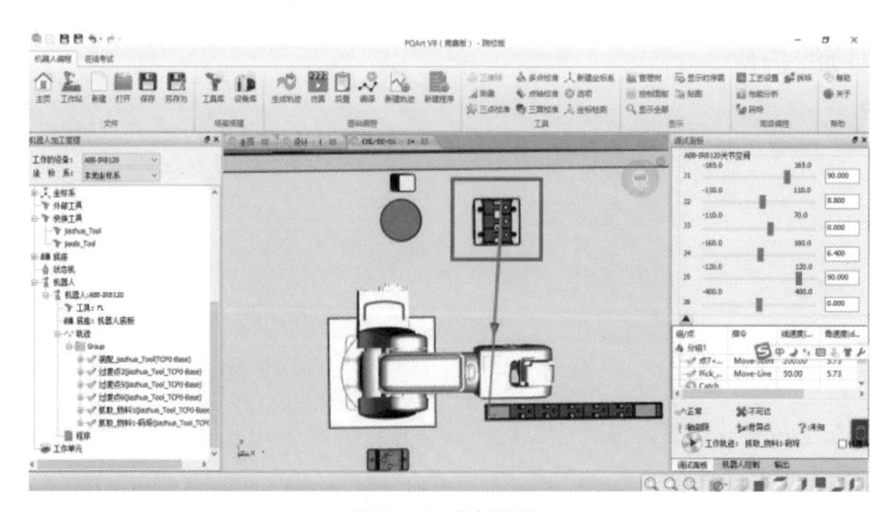

图 5-41　物料码垛

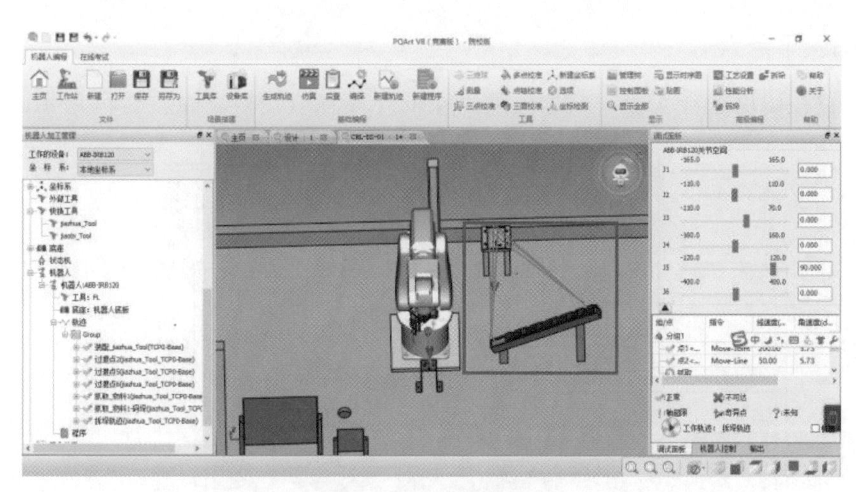

图 5-42　物料拆垛

PQArt 软件码垛、拆垛所用元件介绍

本任务中需使用 PQArt 软件中的夹爪工具、码垛平台 A、码垛平台 B、物料。具体说明如下。

（1）夹爪工具

夹爪工具如图 5-43 所示。

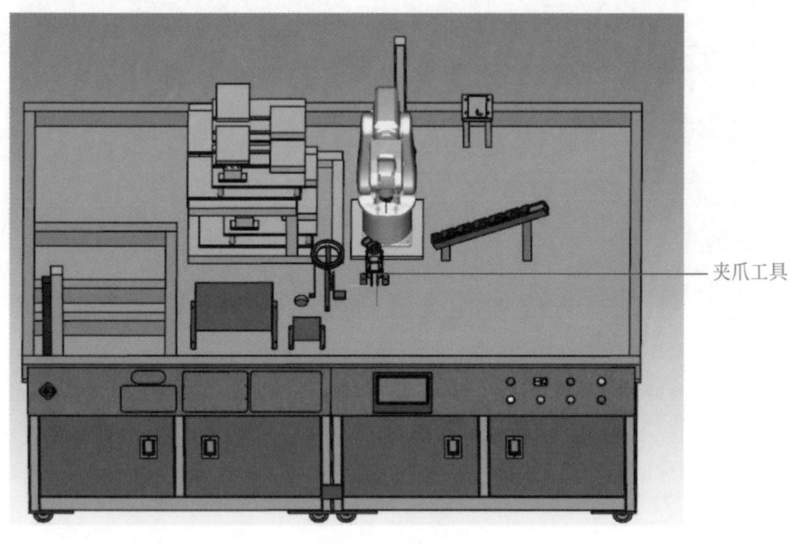

图 5-43　夹爪工具

（2）码垛平台 A

物料放置在码垛平台 A 上，机器人从码垛平台 A 抓取物料，如图 5-44 所示。

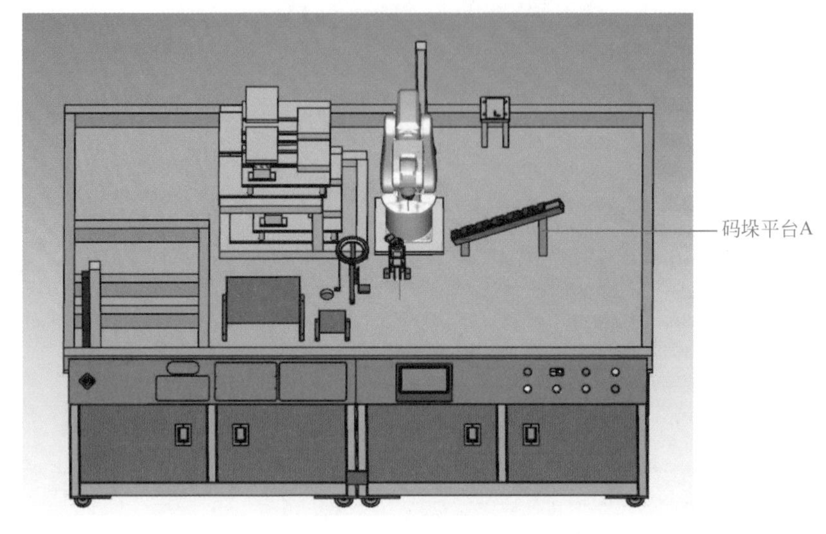

图 5-44　码垛平台 A

（3）码垛平台 B

机器人从码垛平台 A 抓取物料放置在码垛平台 B 上完成码垛，如图 5-45 所示。

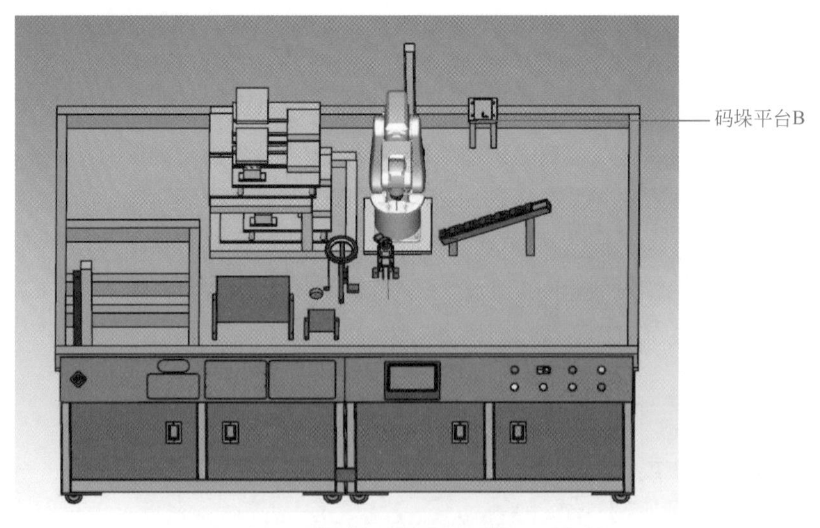

图 5-45　码垛平台 B

（4）物料

完成码垛需要六块物料，物料类似黑色长方体，如图 5-46 所示。

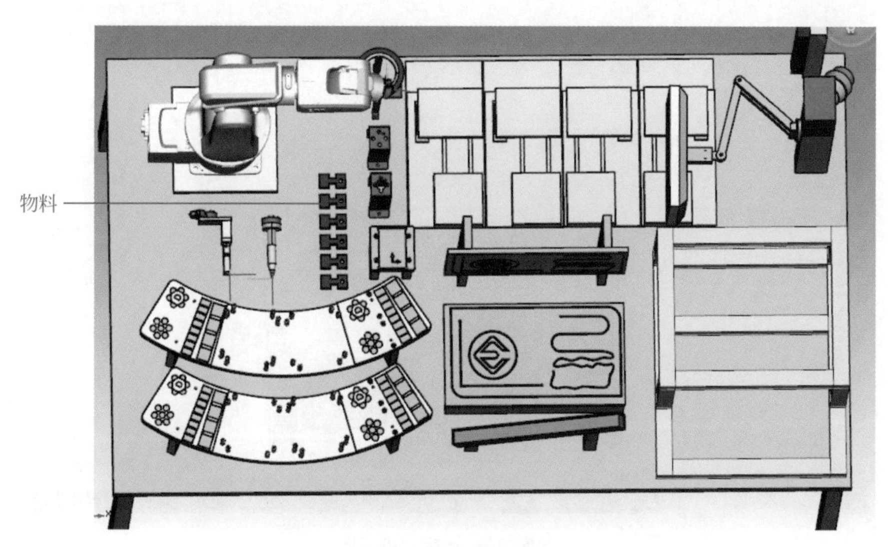

图 5-46　码垛物料

码垛、拆垛
工作站仿真

1. 安装夹爪工具

① 首先在“机器人加工管理”选项卡中选择并点击“快换工具”，如图 5-47 所示。

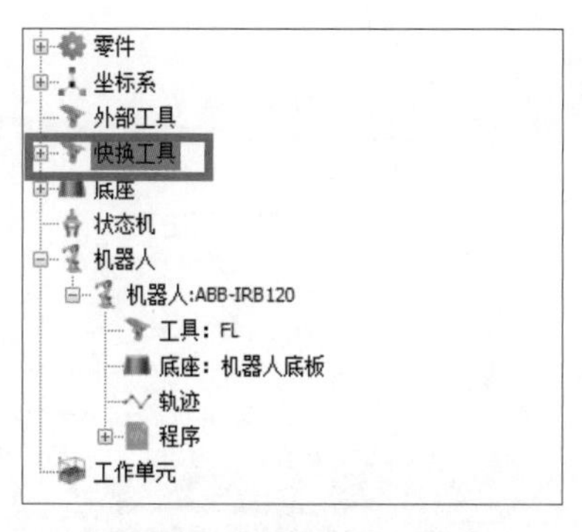

图 5-47　选择“快换工具”

② 在子菜单中右键单击“jiazhua_Tool”，然后单击“安装（生成轨迹）”，如图 5-48 所示。

③ 在弹出的窗口中将“入刀偏量”改成 180mm，最后单击“确定”，如图 5-49 所示。

2. 物料码垛（普通垛）

① 在“调试面板”窗口中，调整机器人六个关节的角度，如图 5-50 所示。

② 右键单击夹爪，然后在弹出的菜单栏中，单击“抓取（生成轨迹）”，如图 5-51 所示。

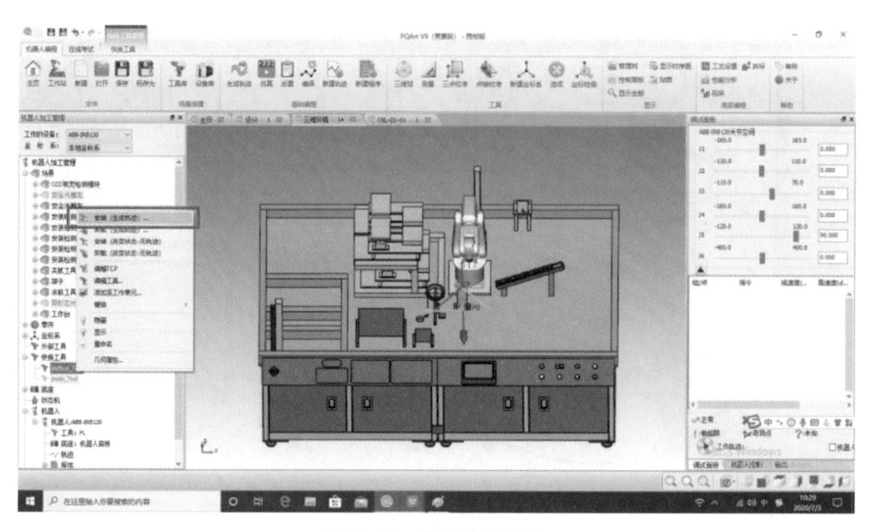

图 5-48　选择夹爪工具

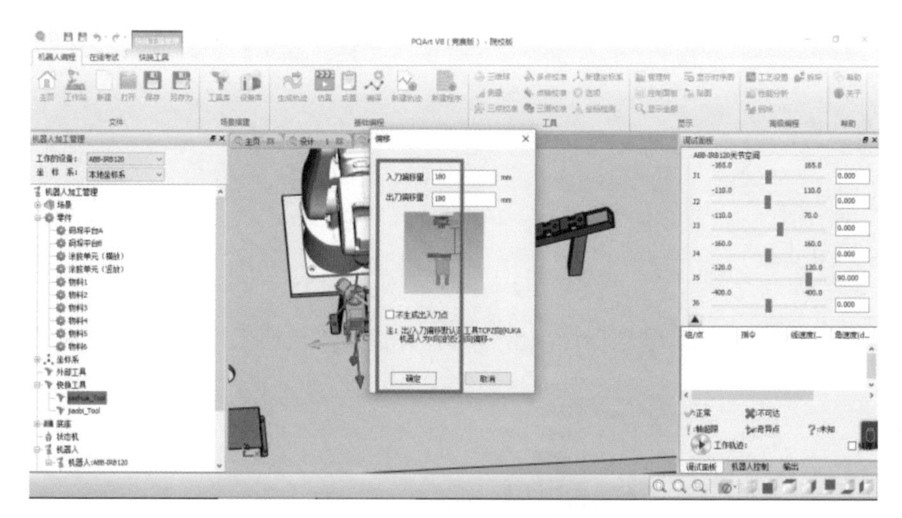

图 5-49　安装夹爪工具

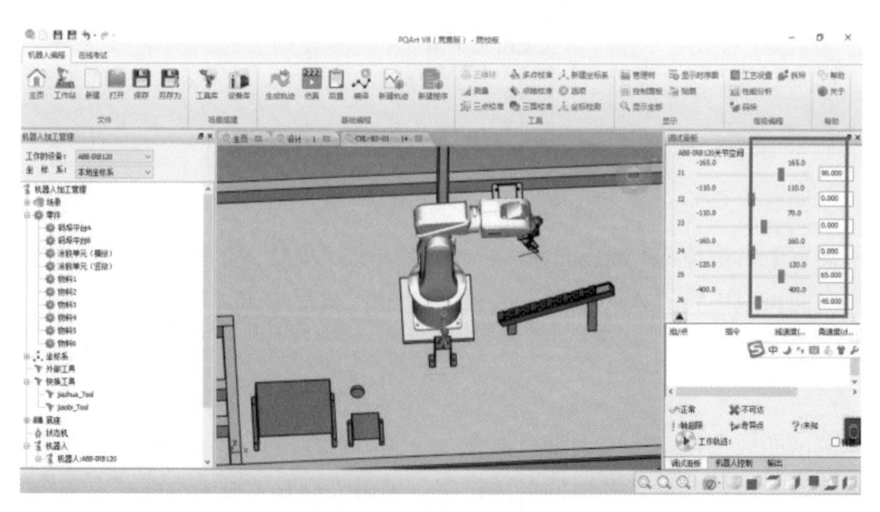

图 5-50　关节角度调整

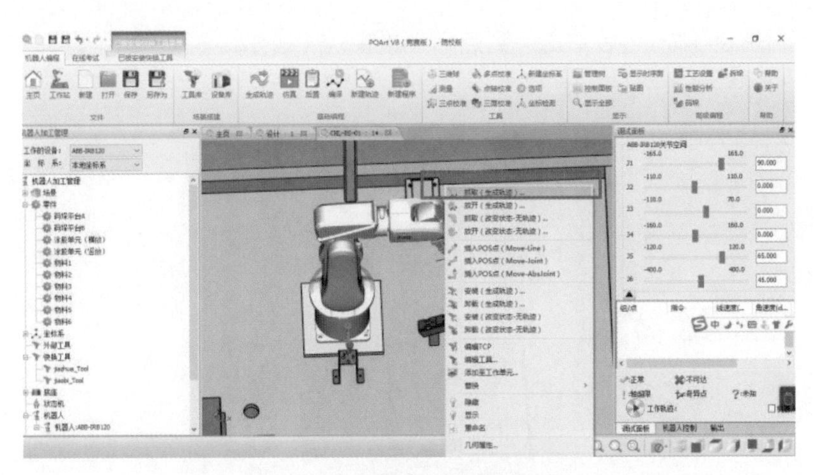

图 5-51　选择夹爪进行抓取准备

③ 单击“物料 1”，然后单击“增加”，最后单击“确定”，如图 5-52 所示。

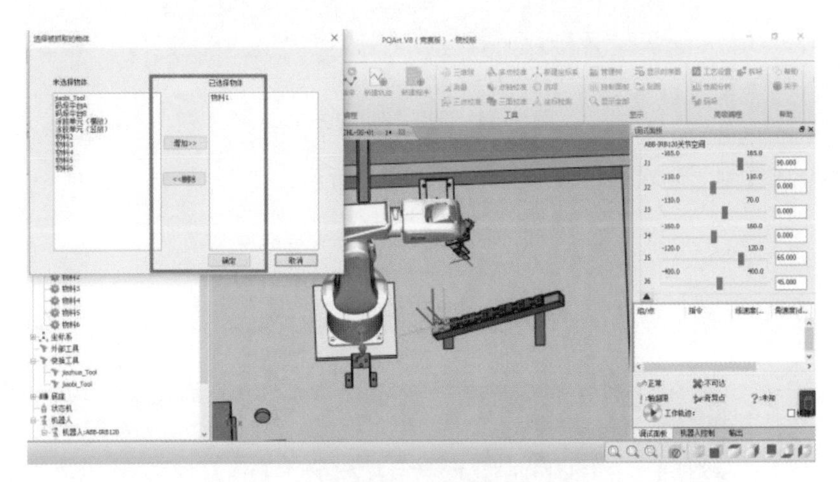

图 5-52　选择物料

④ 单击“CP1”，然后单击“增加”，最后单击“确定”，如图 5-53 所示。

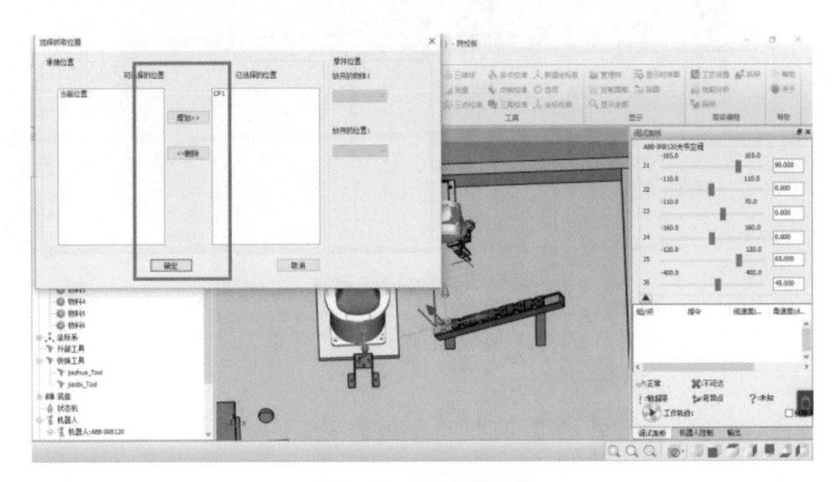

图 5-53　选择抓取位置

⑤ 右键单击三维球，然后单击“到点”，如图 5-54 所示。

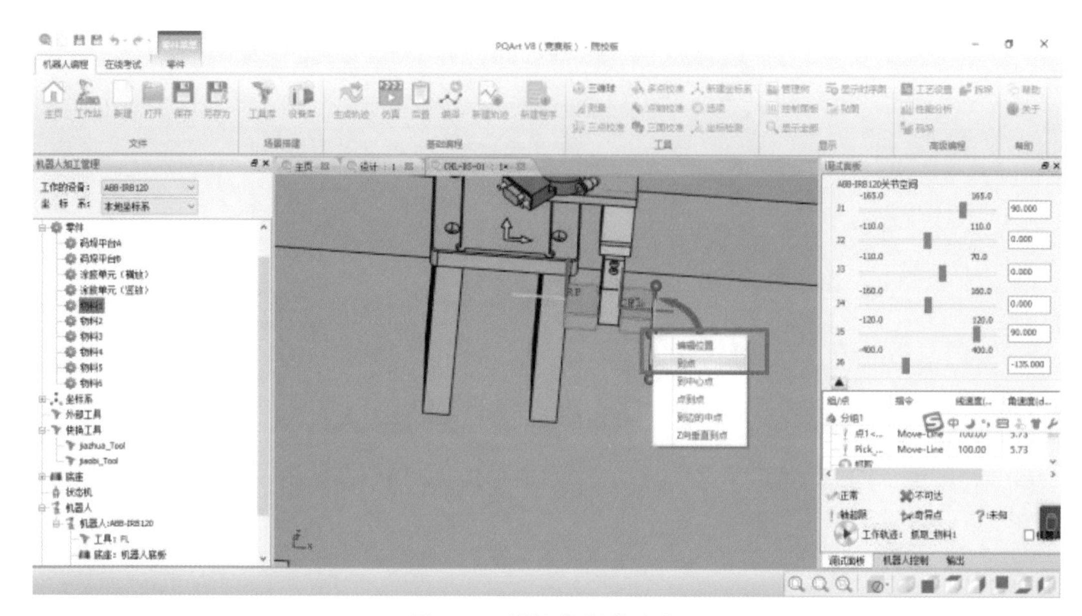

图 5-54　选择“到点”方式

⑥ 将物料放置到“码垛平台 B”上，如图 5-55 所示。

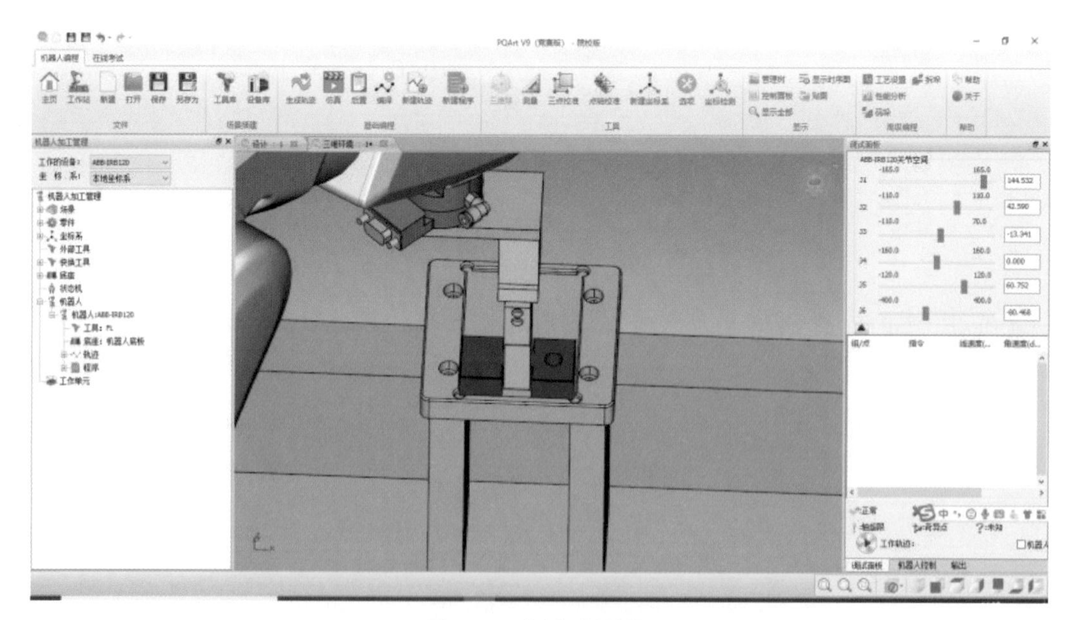

图 5-55　物料到达位置

⑦ 右键单击夹爪，后单击“放开（生成轨迹）”，然后单击“物料 1”，接着单击“增加”，最后单击“确定”，如图 5-56 所示。

⑧ 单击“当前位置”，然后单击“增加”，最后单击“确定”，如图 5-57 所示。同时入刀偏量改成 50mm。

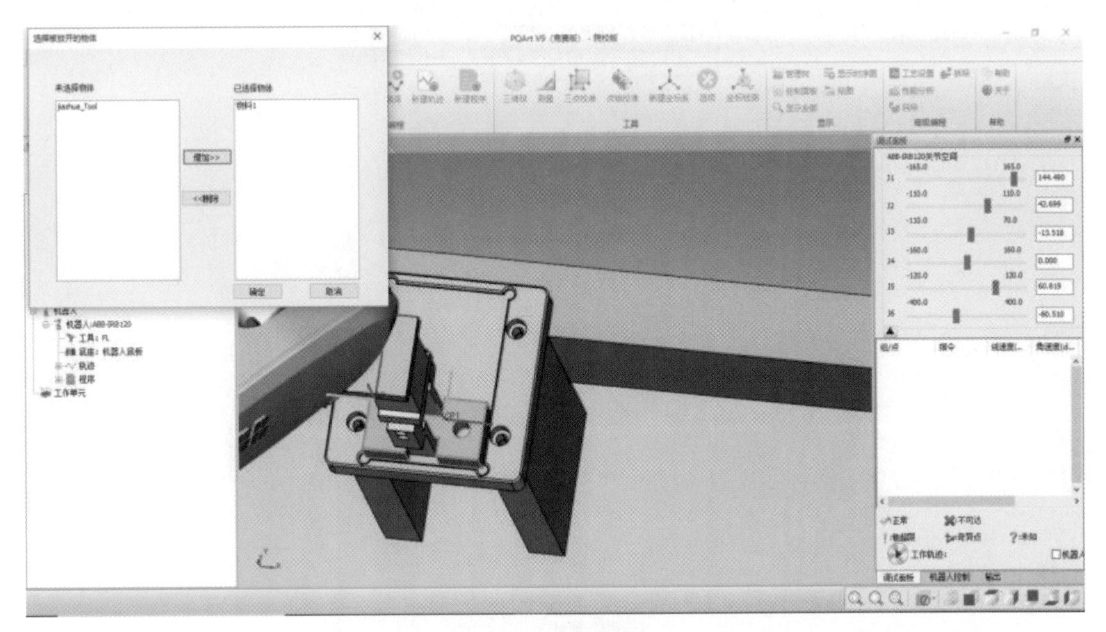

图 5-56　物料选择

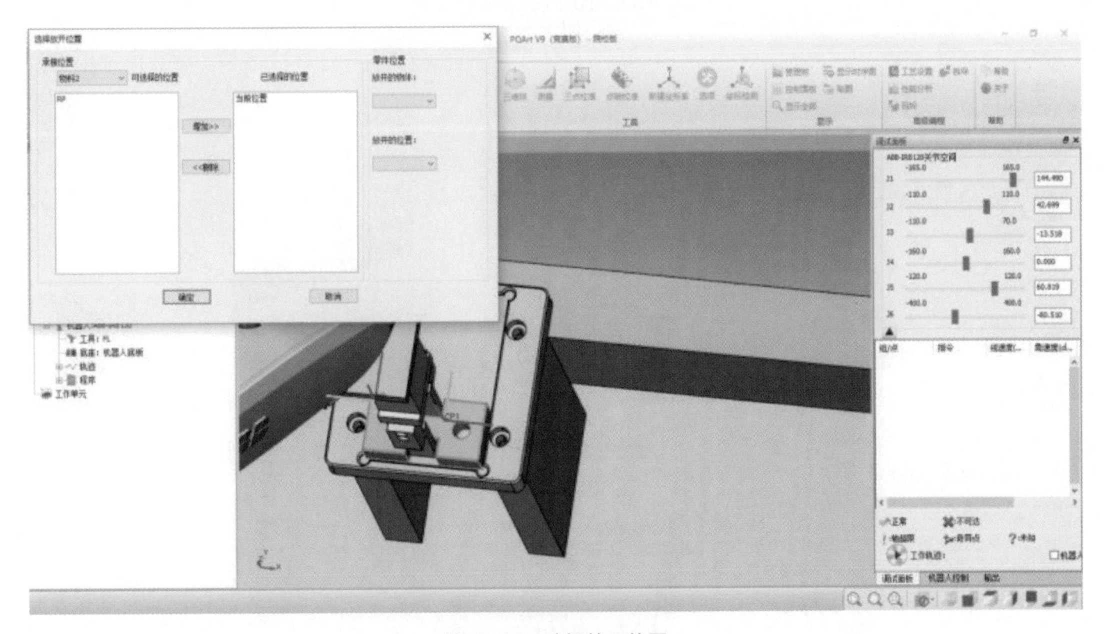

图 5-57　选择放开位置

⑨ 在“机器人加工管理”选项卡中，选中抓取轨迹和放开轨迹并单击右键，在弹出的界面中，选择“合并轨迹”，如图 5-58 所示。

⑩ 在“机器人编程”菜单中，单击“码垛”，然后单击抓取轨迹 1，接着将抓取速度改为 50，码垛类型改为“普通”，码垛数量设置中 *X* 轴数量改为 1，*Y* 轴数量改为 3，最后单击“确认”，如图 5-59 所示。

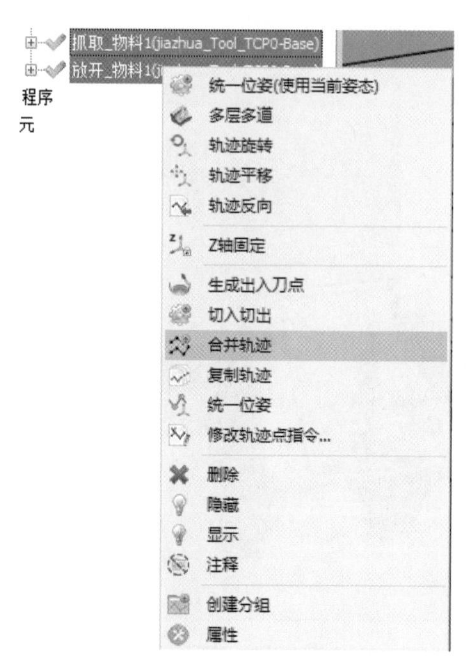

图 5-58　抓取与放开轨迹合并

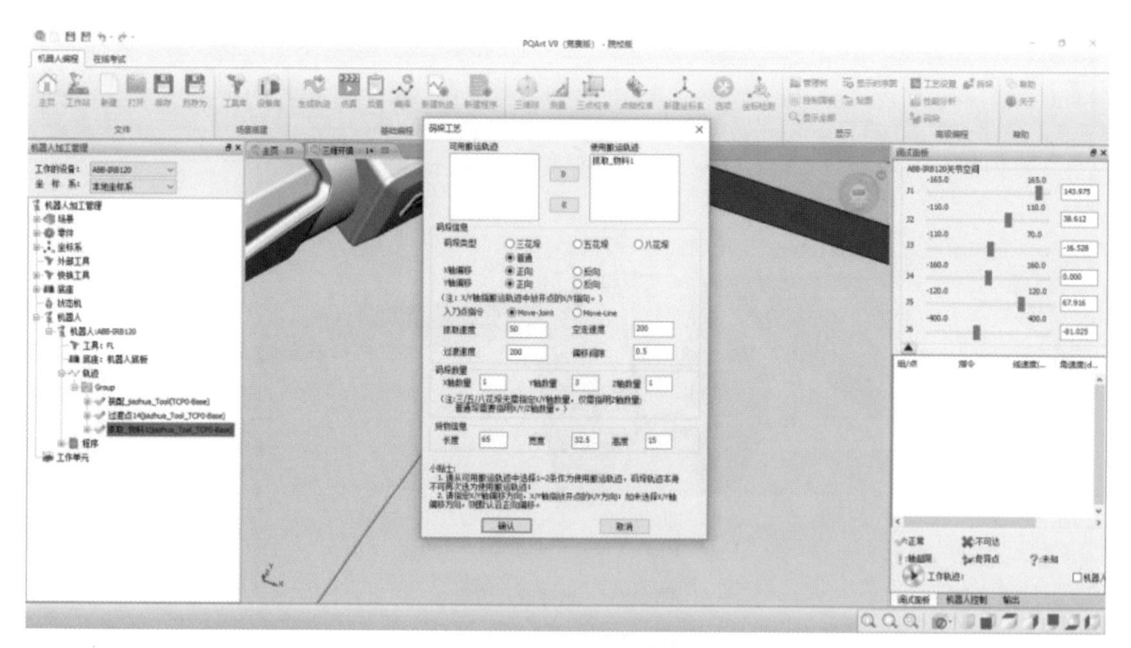

图 5-59　码垛工艺参数设置

3. 物料拆垛（普通垛）

① 单击“机器人编程”菜单栏中的“拆垛”，如图 5-60 所示。

② 在“所有轨迹”处选择要拆垛的轨迹，承接零件选择“码垛平台 A”，抓取速度改为 50，如图 5-61 所示。

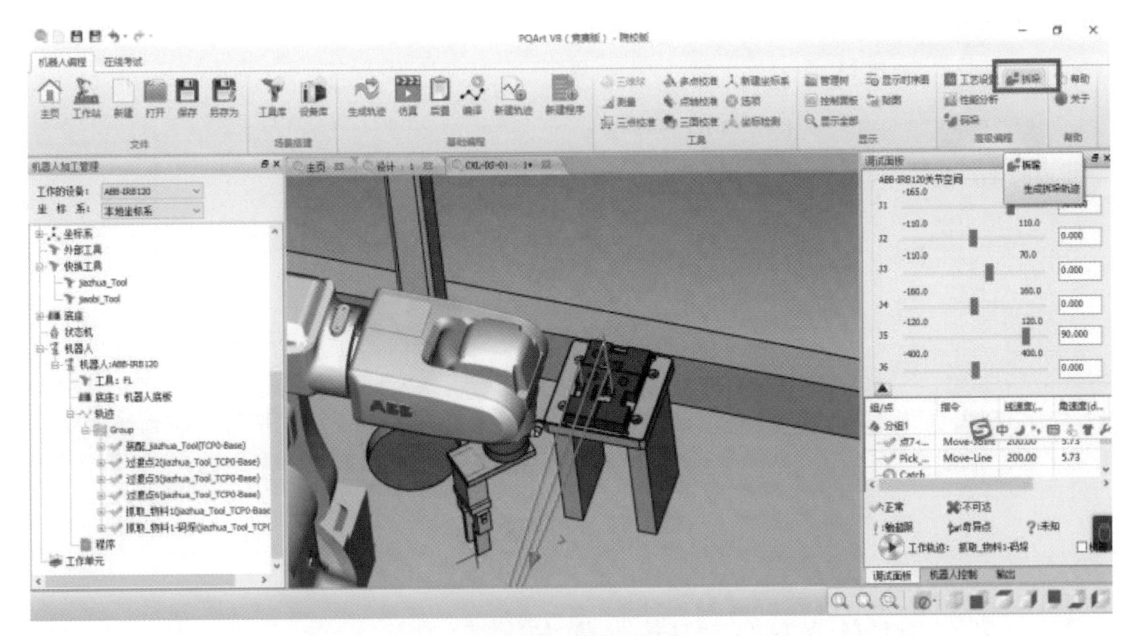

图 5-60　单击“拆垛”

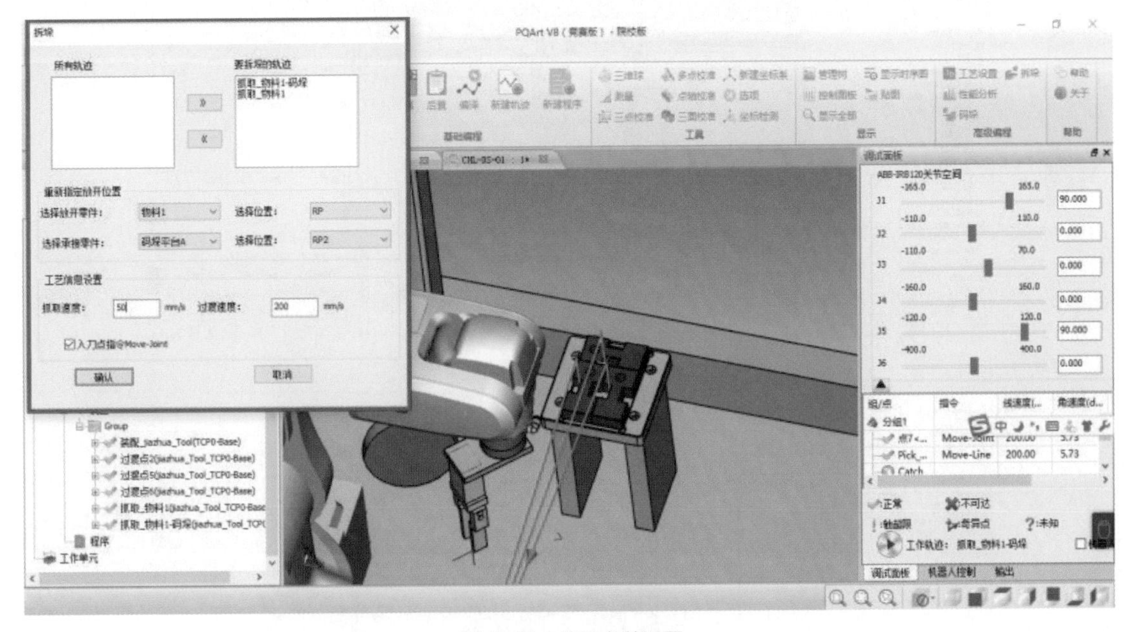

图 5-61　拆垛参数设置

4. 物料码垛（三花垛）

① 首先调整机器人六个关节的角度，如图 5-62 所示。

② 右键单击夹爪，然后在弹出的菜单栏中，单击“抓取（生成轨迹）”，如图 5-63 所示。

③ 单击“物料 1”，然后单击“增加”，最后单击“确定”，如图 5-64 所示。

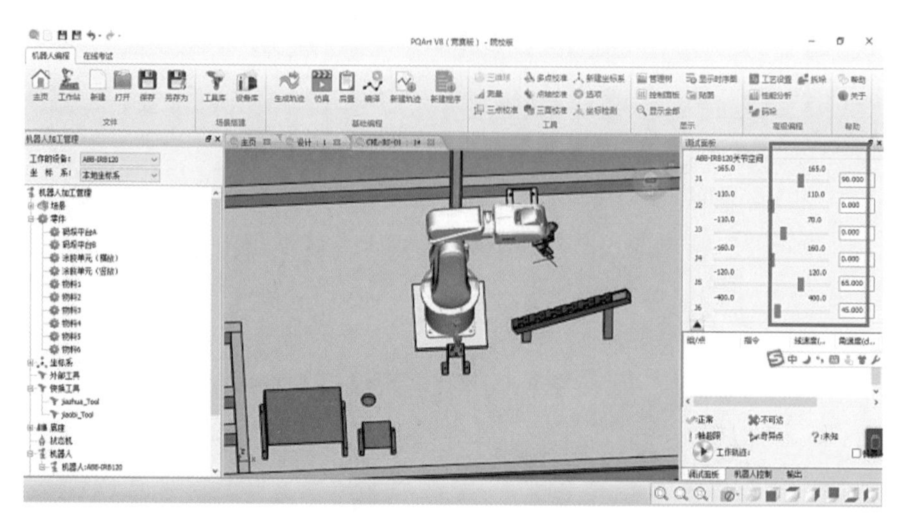

图 5-62　关节角度调整

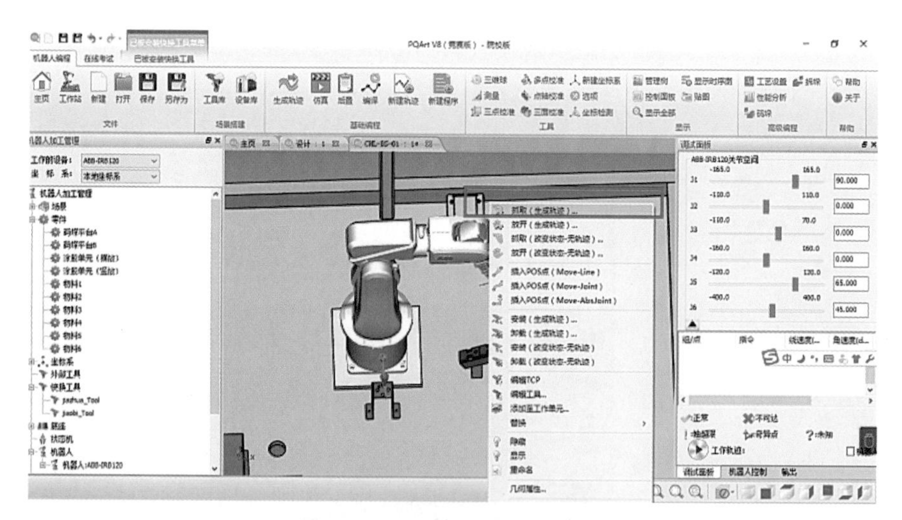

图 5-63　选择夹爪进行抓取准备

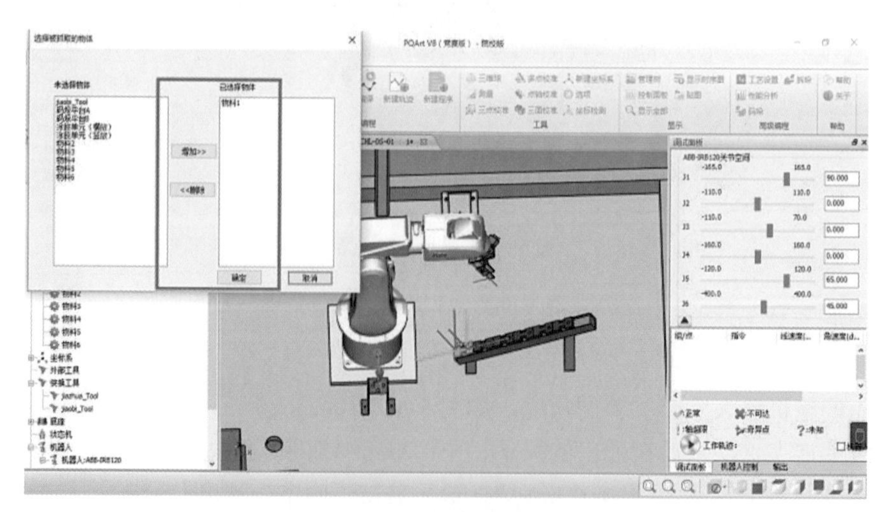

图 5-64　选择物料

④ 单击“CP1”，然后单击“增加”，最后单击“确定”，如图 5-65 所示。

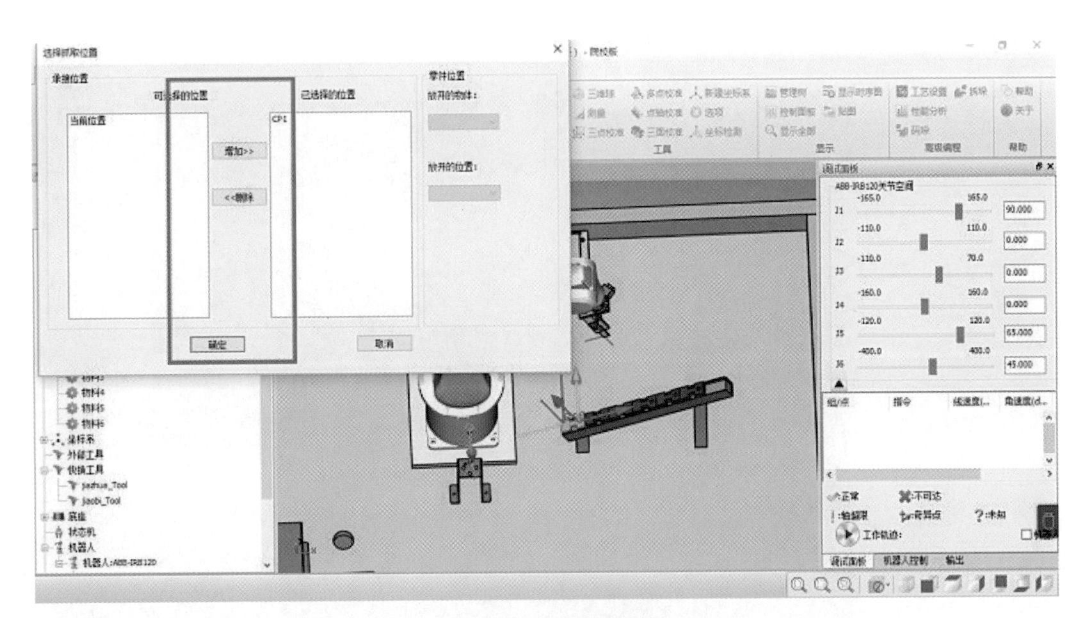

图 5-65　选择抓取位置

⑤ 右键单击三维球，然后单击“到点”，如图 5-66 所示。

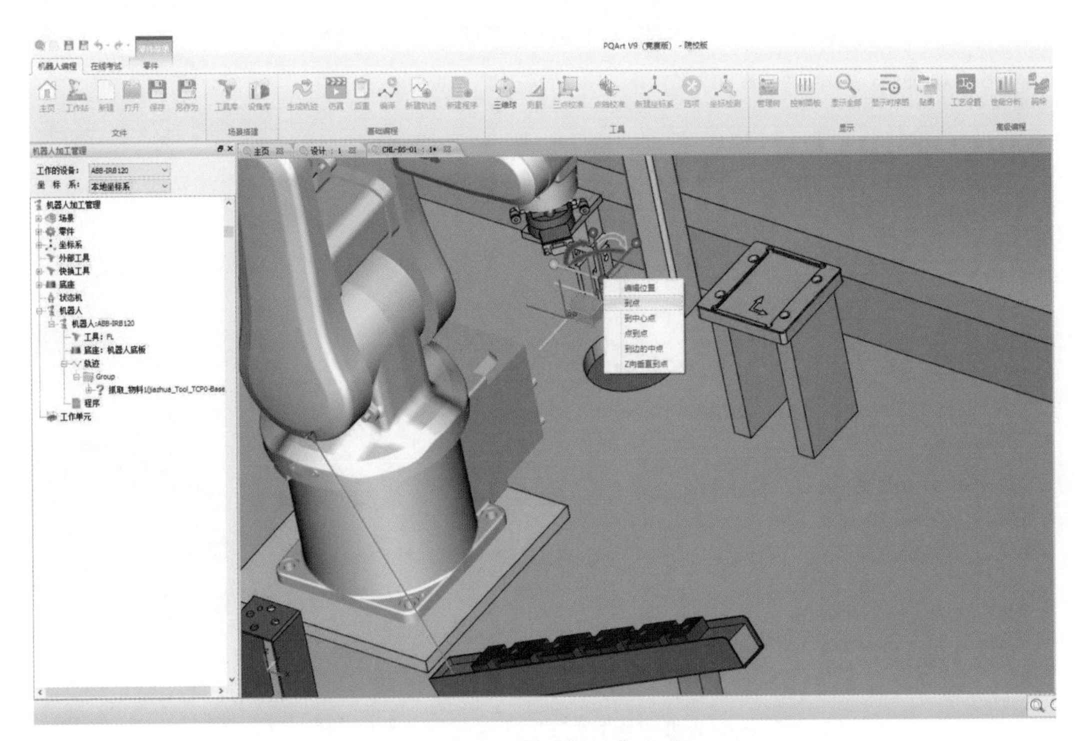

图 5-66　选择“到点”方式

⑥ 物料“到点”置码垛平台 B 上，如图 5-67 所示。

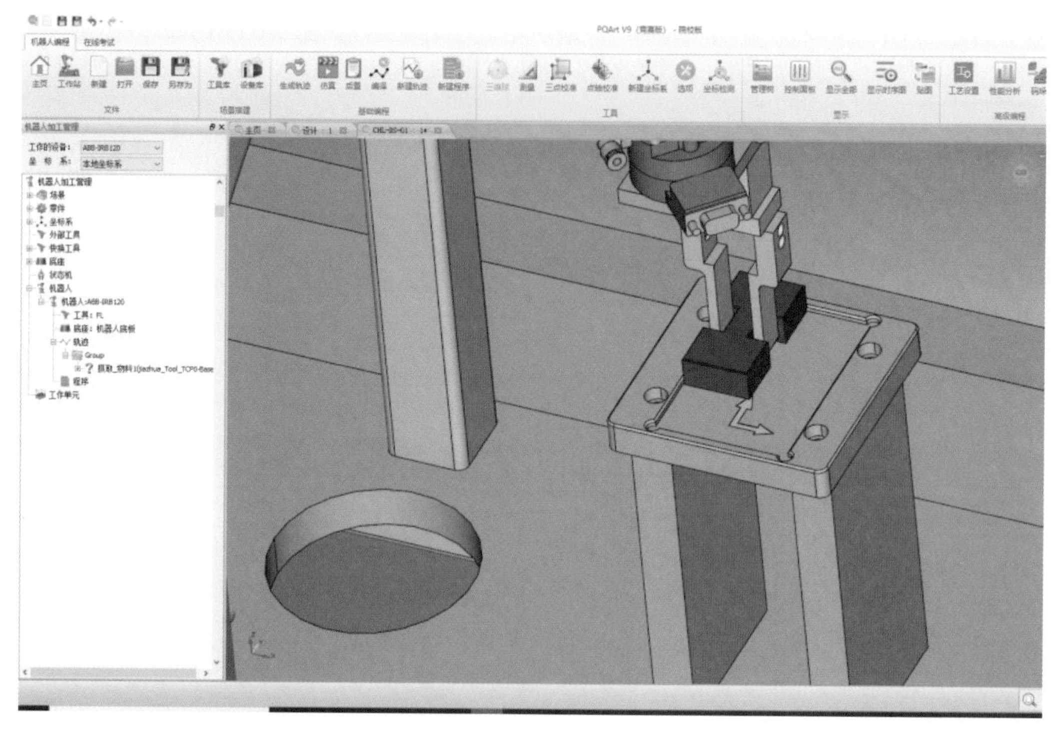

图 5-67　物料到达位置

⑦ 右键单击夹爪，后单击“放开（生成轨迹）”。单击“物料 1”，接着单击“增加”，最后单击“确定”，如图 5-68 所示。

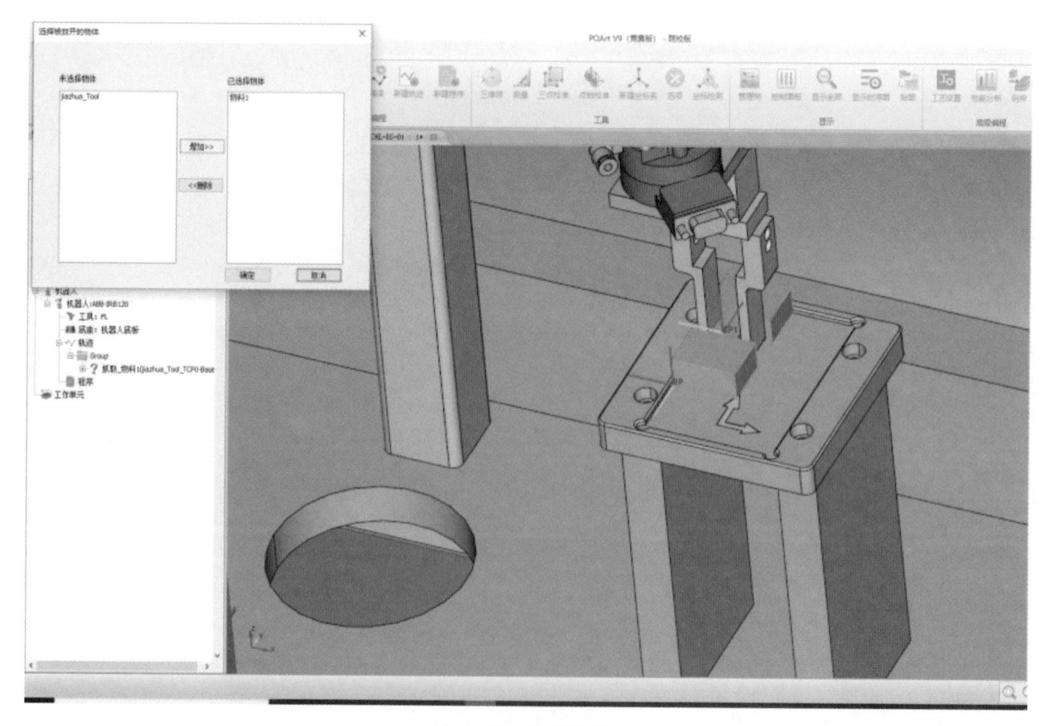

图 5-68　物料抓取

⑧ 单击“当前位置”，然后单击“增加”，最后单击“确定”，如图 5-69 所示。入刀偏量改成 50mm。

图 5-69　选择放开位置

⑨ 在“机器人加工管理”选项卡中，选中抓取轨迹和放开轨迹，然后单击右键，在弹出的菜单栏中单击“合并轨迹”，如图 5-70 所示。

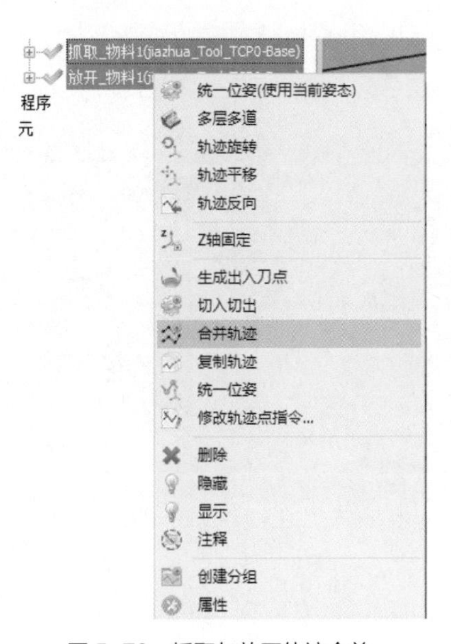

图 5-70　抓取与放开轨迹合并

⑩ 在“机器人编程”菜单中，单击“码垛”，然后单击抓取轨迹 1。接着将抓取速度改为 50，X 轴偏移和 Y 轴偏移改为“反向”，最后单击“确认”，如图 5-71 所示。

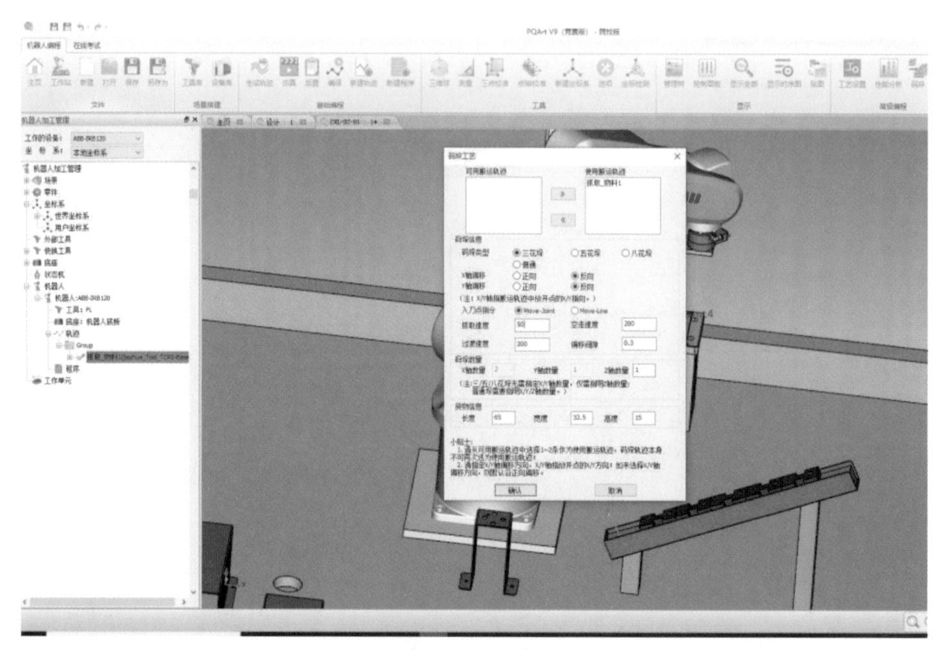

图 5-71　物料码垛

5. 物料拆垛（三花垛）

① 单击“机器人编程”菜单栏中的“拆垛”，如图 5-72 所示。

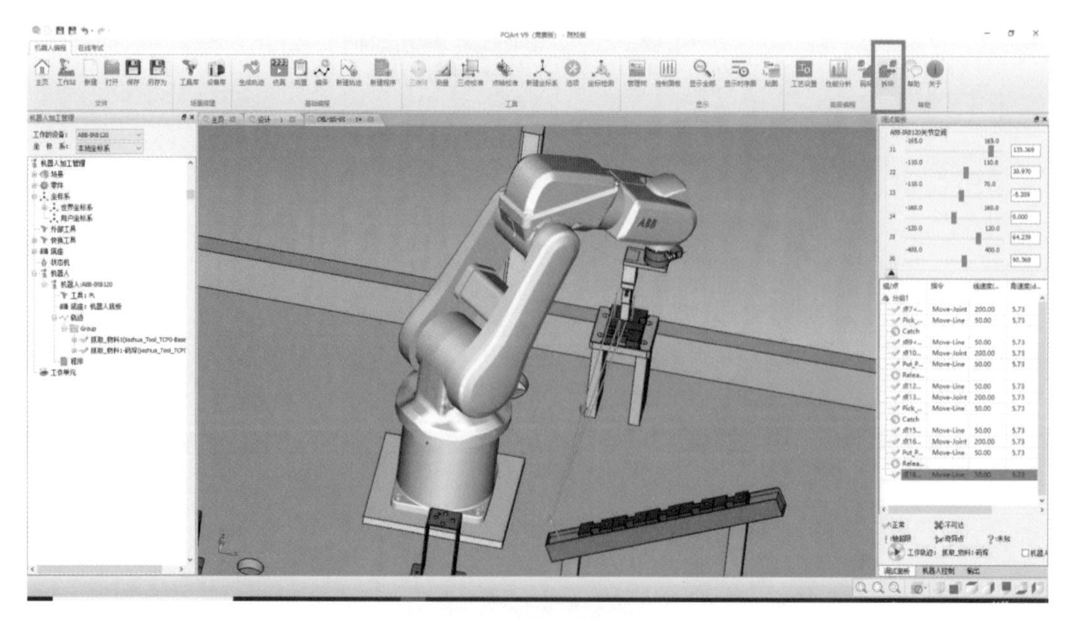

图 5-72　单击“拆垛”

② 在“所有轨迹”处选择要拆垛的轨迹，承接零件选择“码垛平台 A”，抓取速度改为 50，如图 5-73 所示。

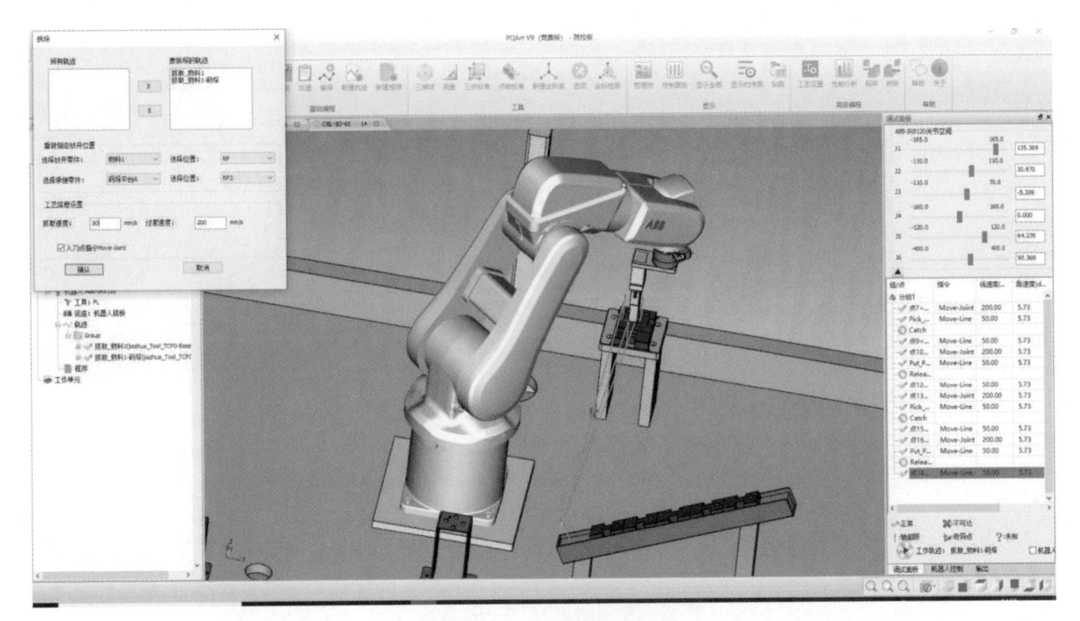

图 5-73　拆垛参数设置

6. 物料码垛（平行垛）

① 首先调整机器人六个关节的角度，如图 5-74 所示。

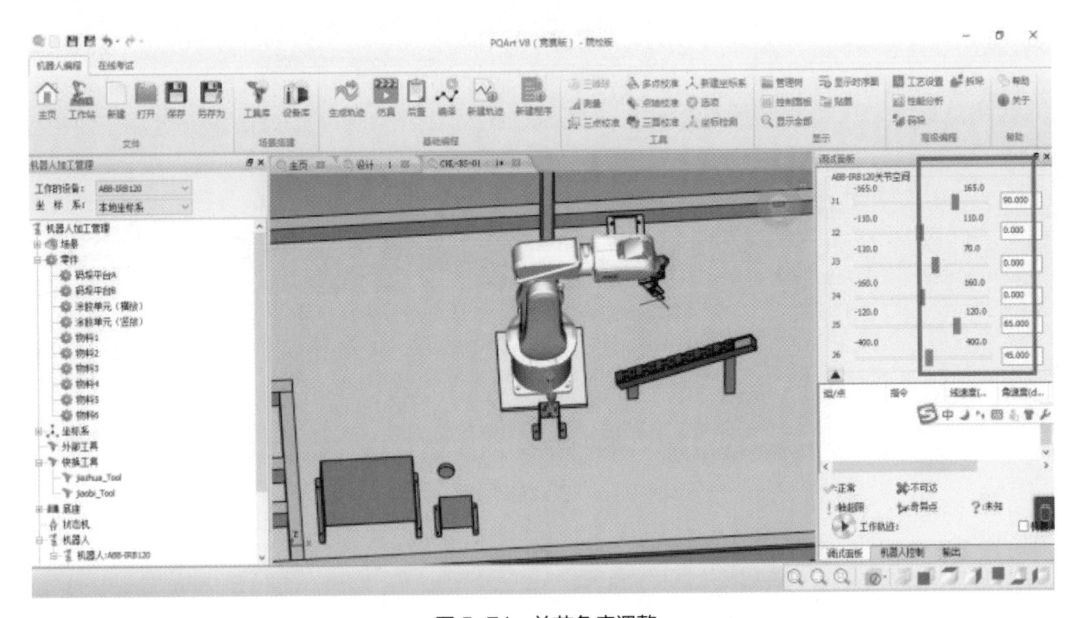

图 5-74　关节角度调整

② 右键单击夹爪，然后在弹出的菜单中，单击“抓取（生成轨迹）”，如图 5-75 所示。

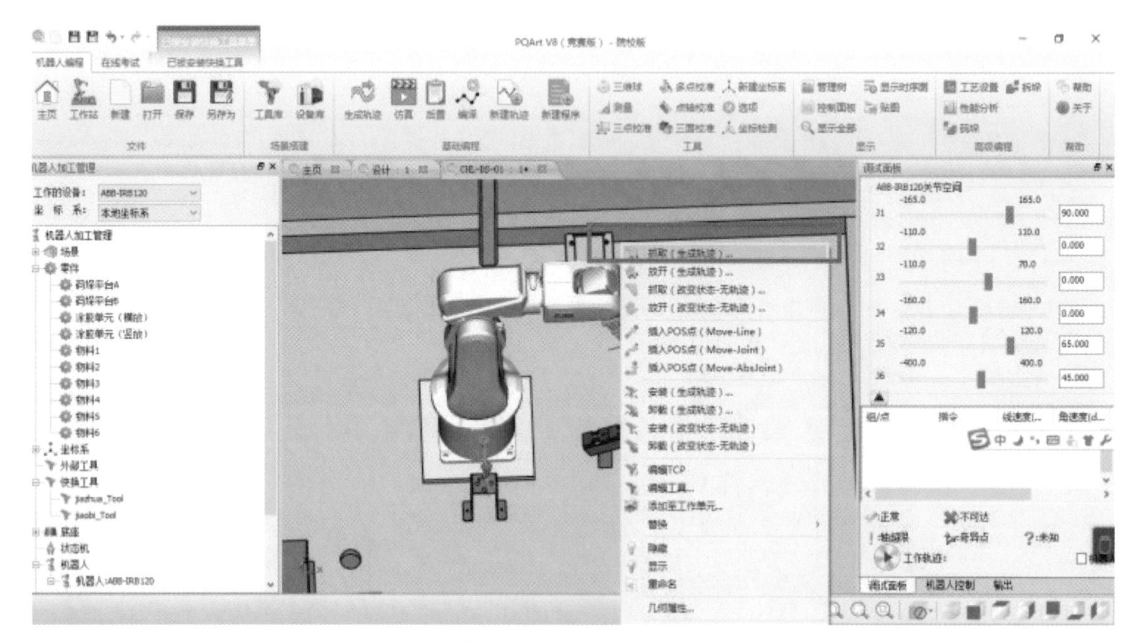

图 5-75　选择夹爪进行抓取准备

③ 单击“物料 1”，然后单击“增加”，最后单击“确定”，如图 5-76 所示。

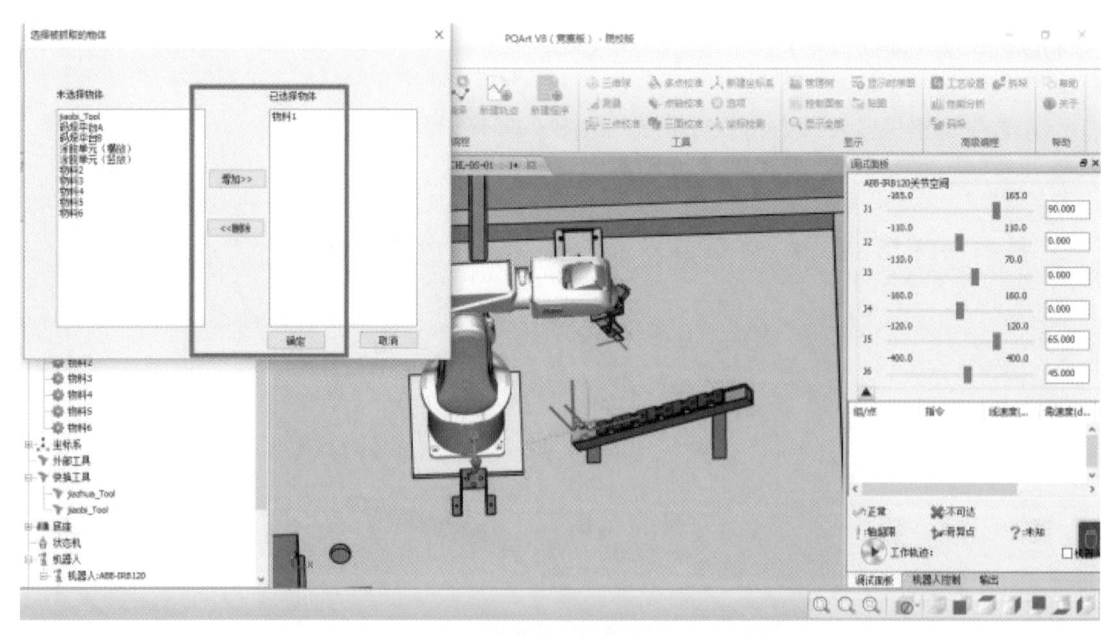

图 5-76　选择物料

④ 单击“CP1”，然后单击“增加”，最后单击“确定”，如图 5-77 所示。

⑤ 右键单击三维球，然后单击“到点”，如图 5-78 所示。

⑥ 物料“到点”置于“码垛平台 B”上，如图 5-79 所示。

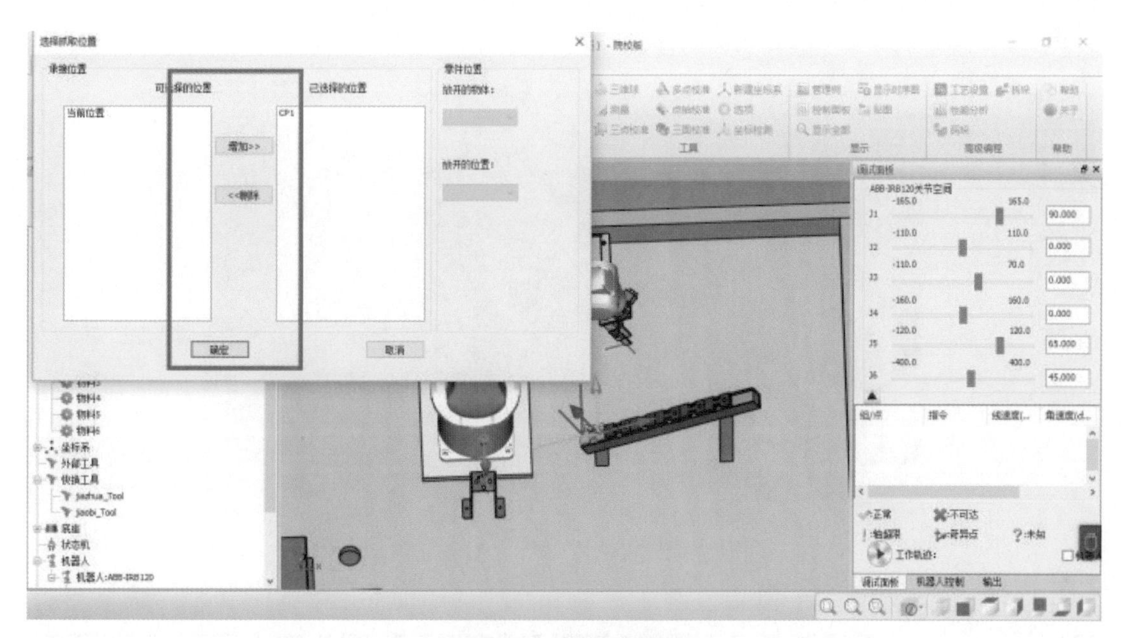

图 5-77　选择抓取位置

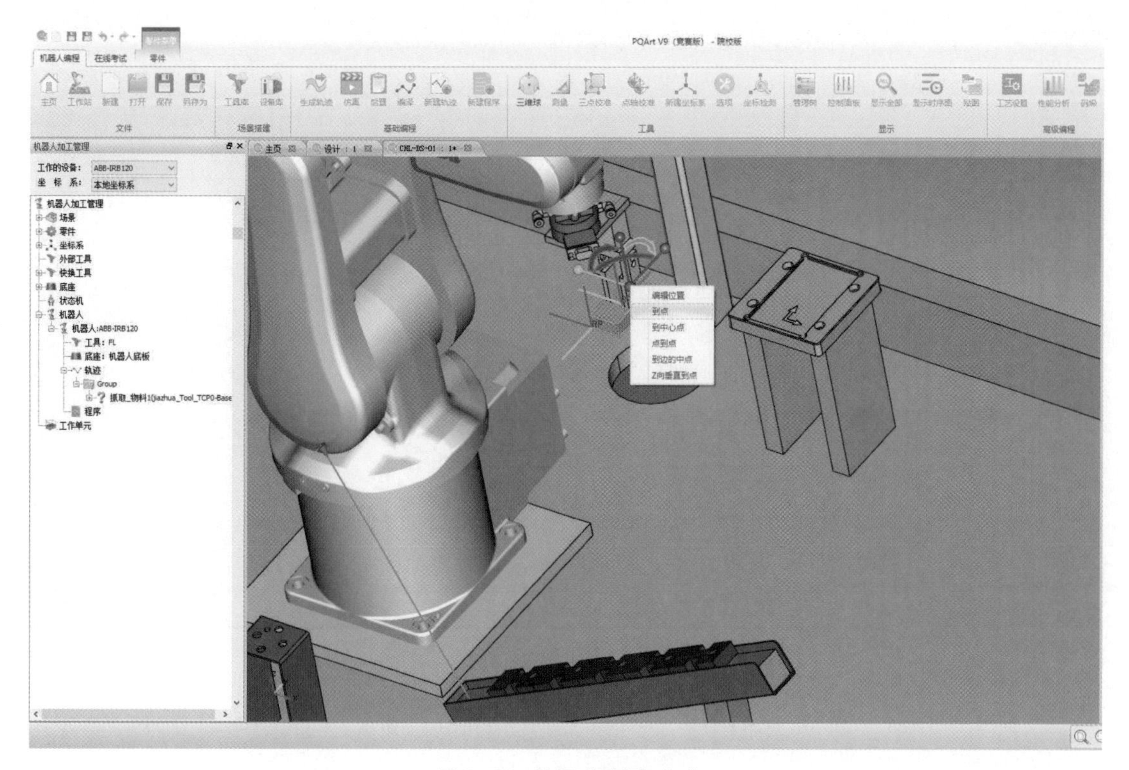

图 5-78　选择“到点”方式

⑦ 右键单击夹爪，后单击“放开（生成轨迹）”。单击“物料 1”，接着单击“增加”，最后单击“确定”，如图 5-80 所示。

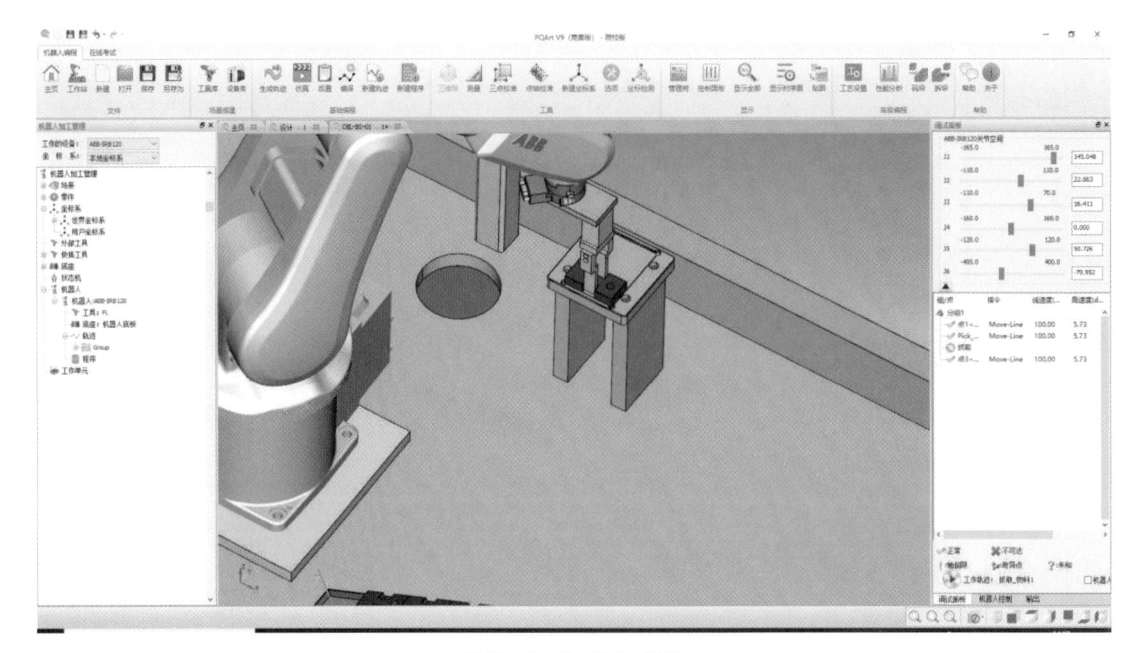

图 5-79　物料到达位置

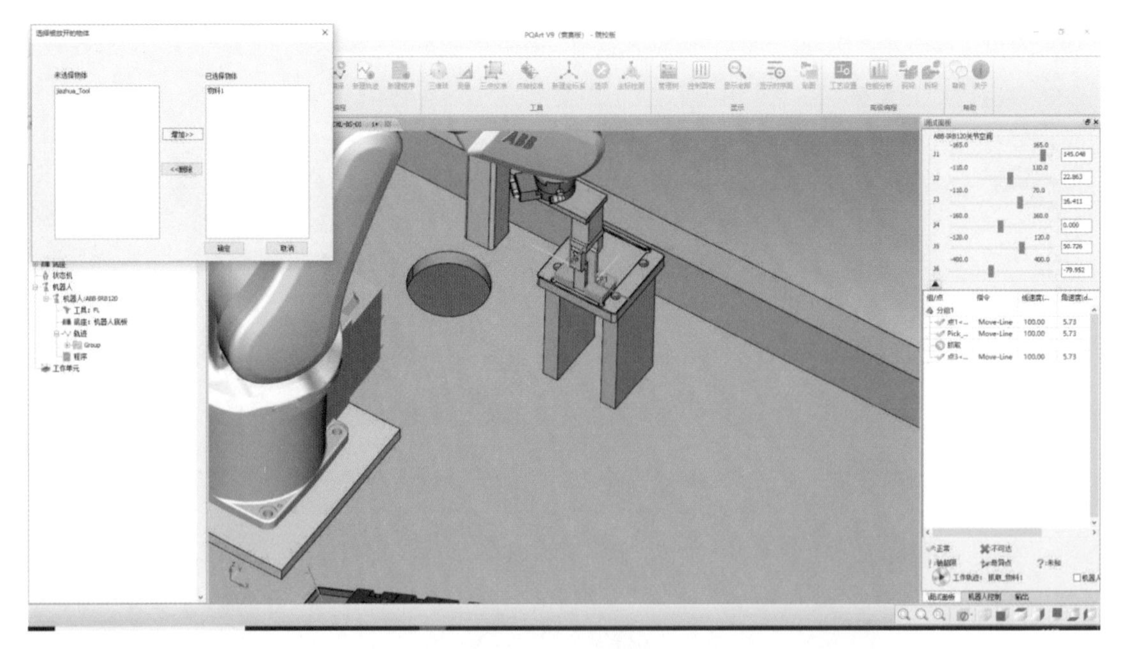

图 5-80　物料抓取

⑧ 单击“当前位置”，然后单击“增加”，最后单击“确定”，如图 5-81 所示。入刀偏量改成 50mm。

⑨ 在“机器人加工管理”选项卡中，选中抓取轨迹和放开轨迹，然后单击右键，在弹出的菜单栏中单击“合并轨迹”，如图 5-82 所示。

⑩ 在“机器人编程”菜单中，单击“码垛”，然后单击抓取轨迹 1。接着将码垛类型改为“普通”，抓取速度改为 50，码垛数量设置中 X 轴数量改为 1，Y 轴数量改为 3，最后单

击“确认”，如图 5-83 所示。

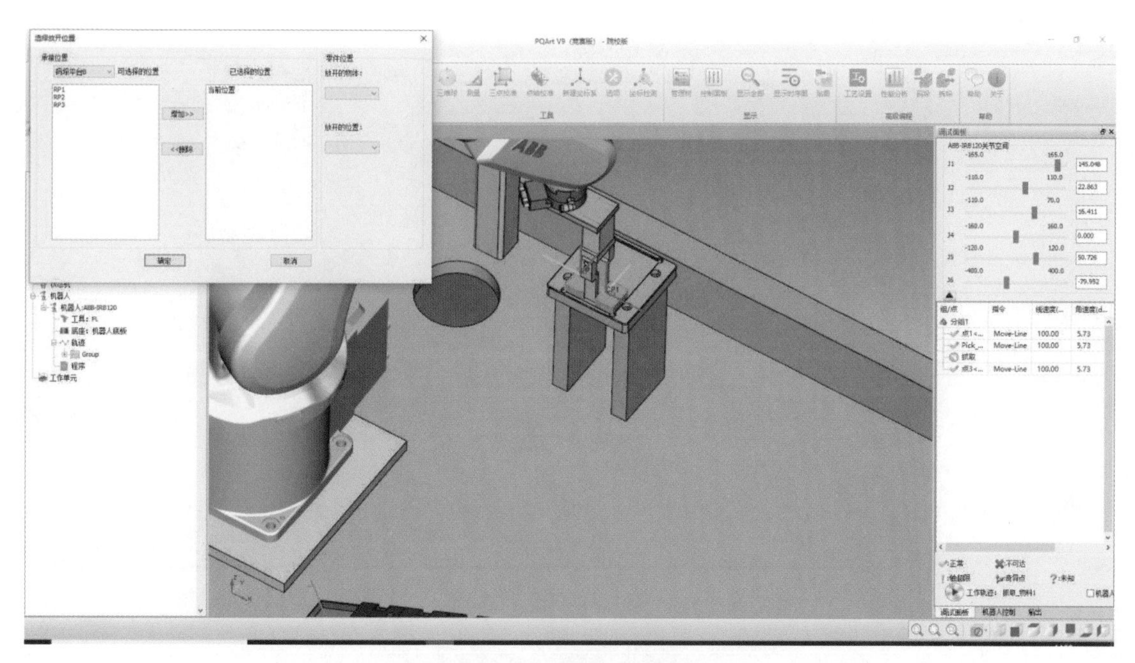

图 5-81　选择放开位置

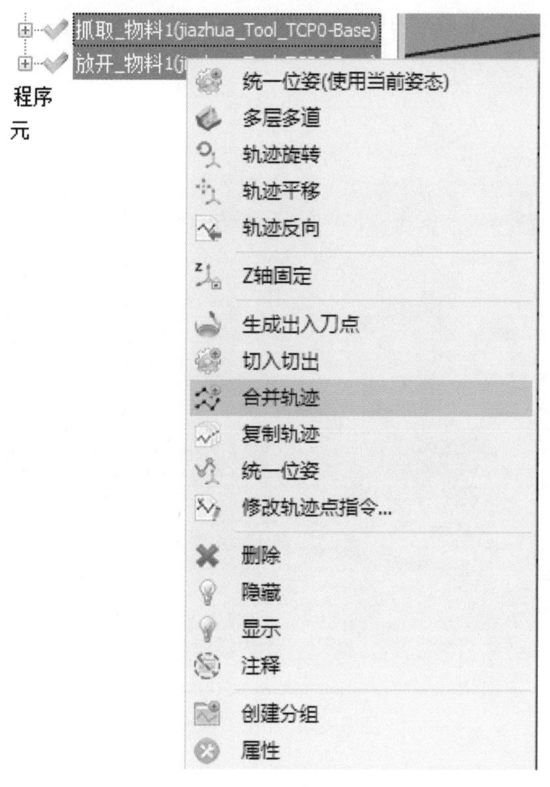

图 5-82　物料码垛

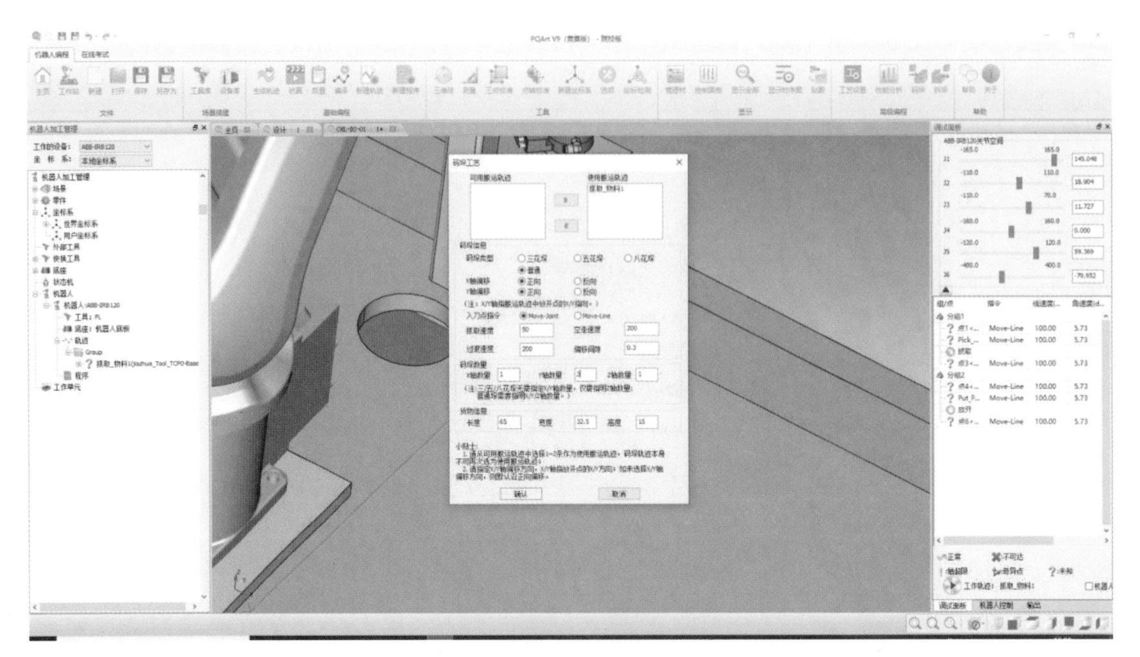

图 5-83　码垛工艺参数设置

7. 物料拆垛（平行垛）

① 单击“机器人编程”菜单栏中的“拆垛”，如图 5-84 所示。

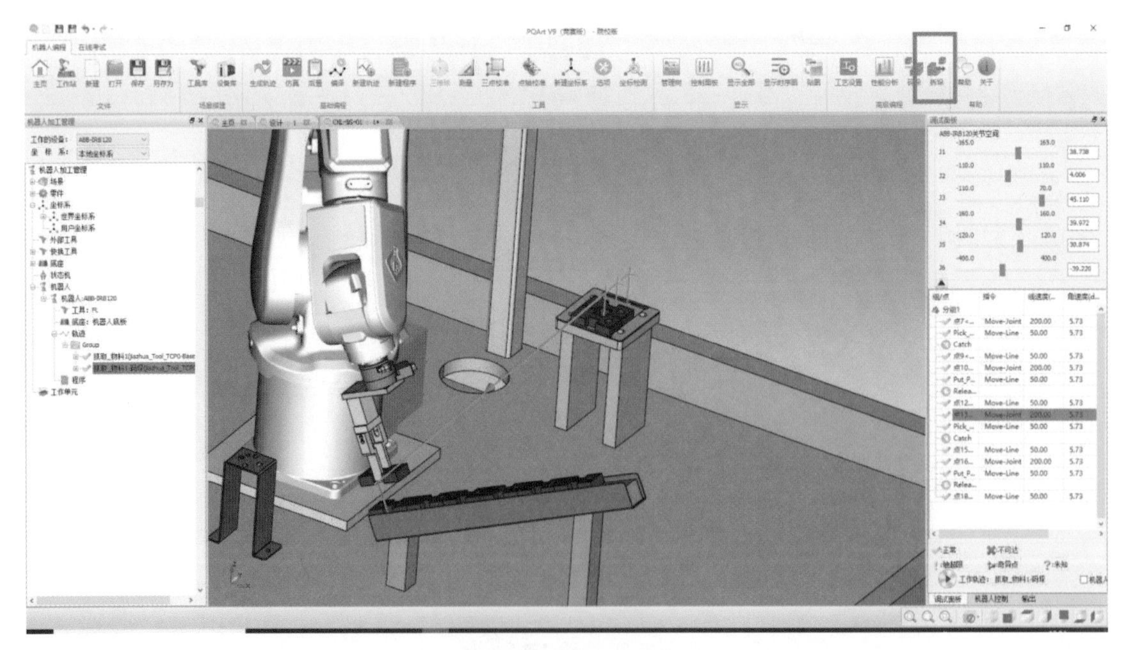

图 5-84　单击“拆垛”

② 在“所有轨迹”处选择要拆垛的轨迹，然后承接零件选择“码垛平台 A”，抓取速度改为 50，如图 5-85 所示。

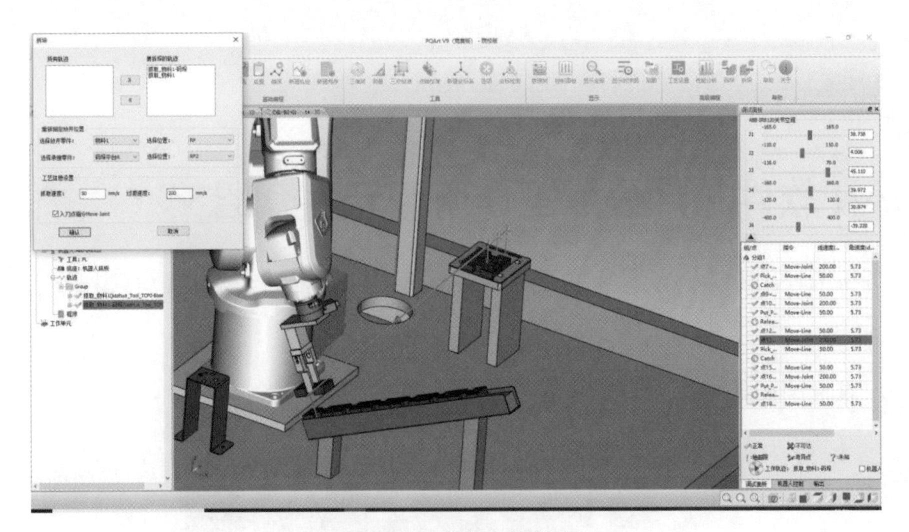

图 5-85　拆垛参数设置

任务 3 / 芯片分拣工作站仿真

任务描述

本任务采用 CHL-KH01 设备，介绍利用 PQArt 软件进行吸盘工具的安装，按照任务要求安装 PCB 板的芯片，并进行气缸检测。最终效果如图 5-86 所示。

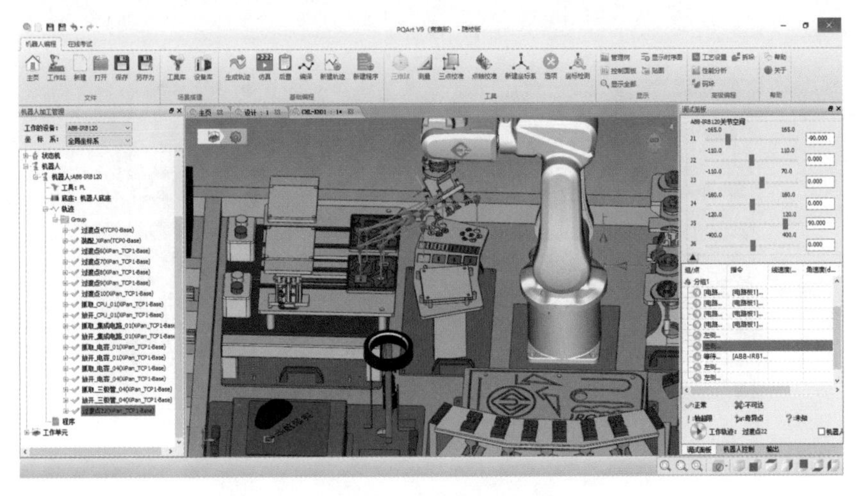

图 5-86　芯片分拣效果图

PQArt 软件芯片分拣工作所用元件介绍

本任务中需使用 PQArt 软件中的吸盘工具、PCB 板、芯片。具体说明如下。

（1）吸盘工具

吸盘工具如图 5-87 所示。

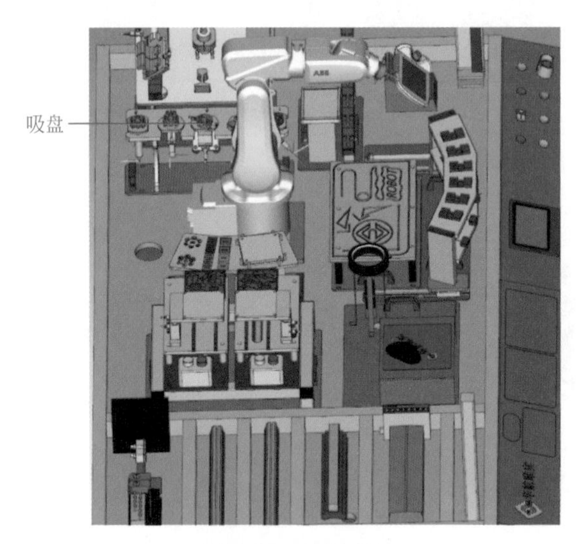

图 5-87　吸盘工具

（2）PCB 板

PCB 板可以模拟真实电路板并安装或卸载芯片，如图 5-88 所示。

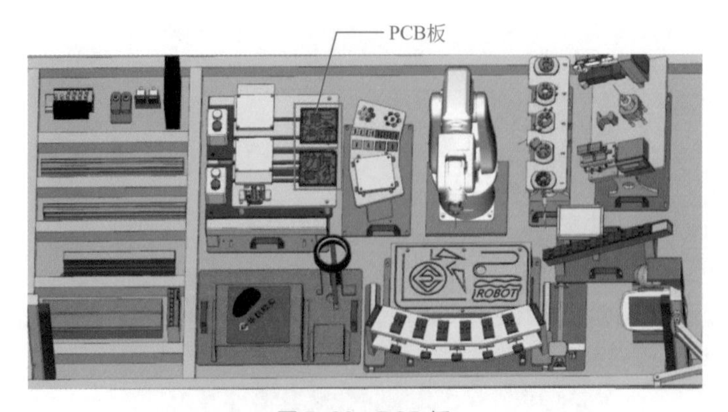

图 5-88　PCB 板

（3）芯片

完成分拣所需要的各类芯片，芯片类型颜色各不相同，如图 5-89 所示。

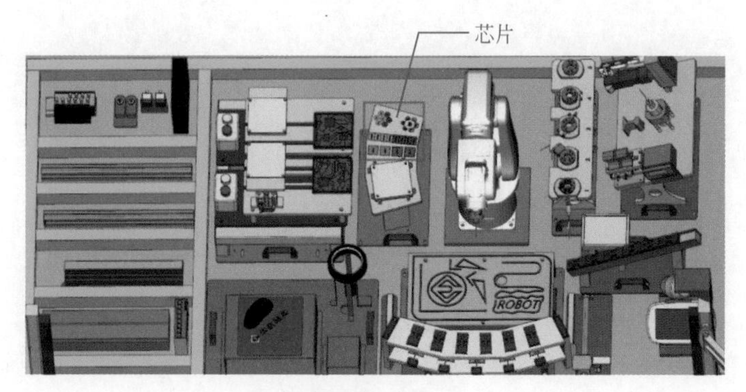

图 5-89 芯片

芯片分拣
工作站仿真

1. 插入 CHL-KH01 工作站

① 单击“工作站”，如图 5-90 所示。

② 在弹出的窗口中，找到 CHL-KH01 工作站，并单击“插入”，如图 5-91 所示。

机器人编程 在线考试
主页 工作站 新建 打开 保存 另存为
文件

图 5-90 单击工作站

图 5-91 选择并插入 CHL-KH01 工作站

③ 导入 CHL-KH01 的工作站，如图 5-92 所示。

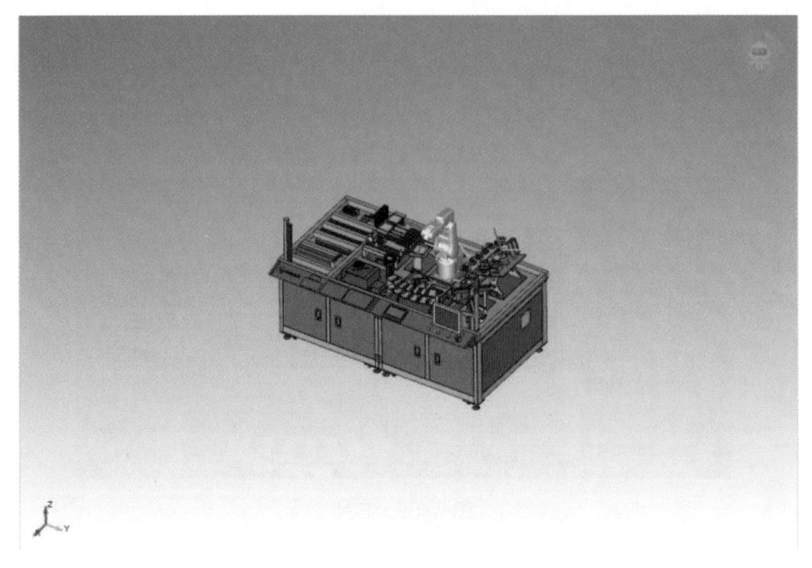

图 5-92　CHL-KH01 工作站视图

2. 安装吸盘工具

① 修改机器人 1 轴和 5 轴关节角度，如图 5-93 所示。

② 插入一个 POS 点，如图 5-94 所示。

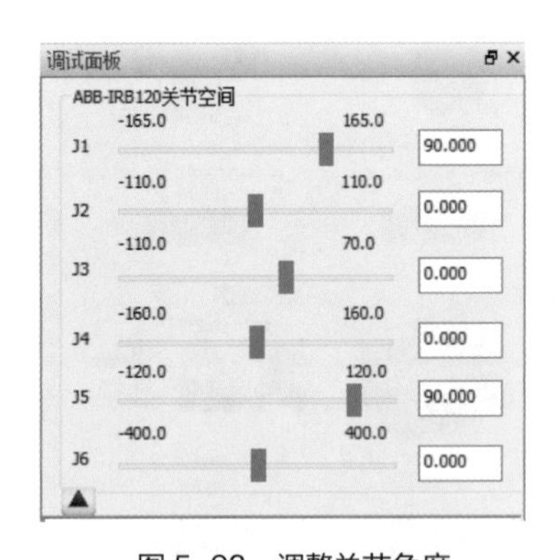

图 5-93　调整关节角度

图 5-94　插入 POS 点操作

③ 找到并右击吸盘工具，选择“安装（生成轨迹）...”，如图 5-95 所示。

④ 入刀、出刀偏移量均为 7mm，并单击“确定”如图 5-96 所示。

⑤ 将坐标系改为“全局坐标系”，如图 5-97 所示。

⑥ 选中吸盘工具并单击三维球，如图 5-98 所示。

⑦ 将 *Y* 轴向左偏移 110mm，如图 5-99 所示。插入 POS 点，如图 5-100 所示。

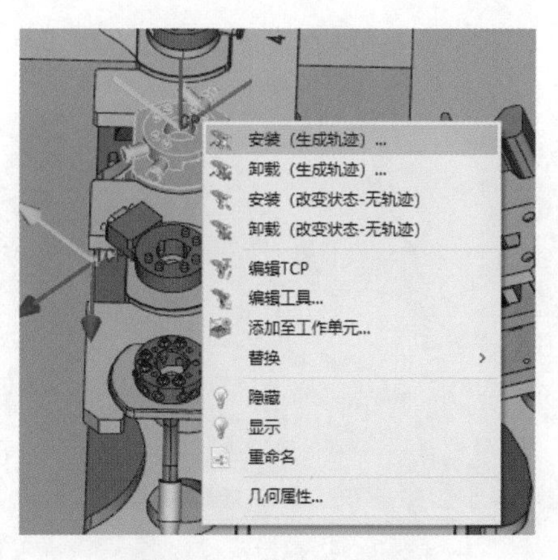

图 5-95　安装吸盘工具

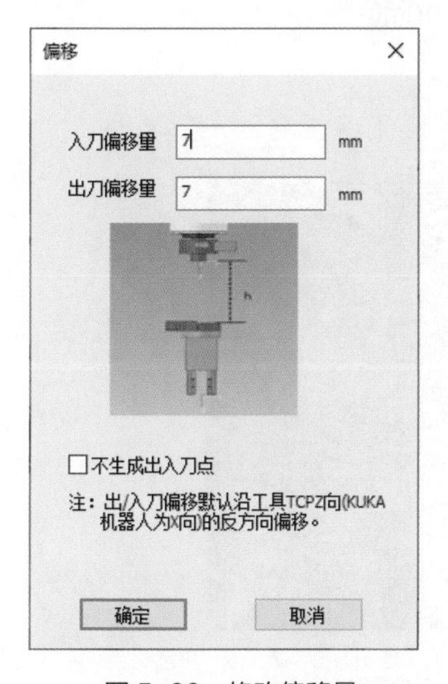

图 5-96　修改偏移量

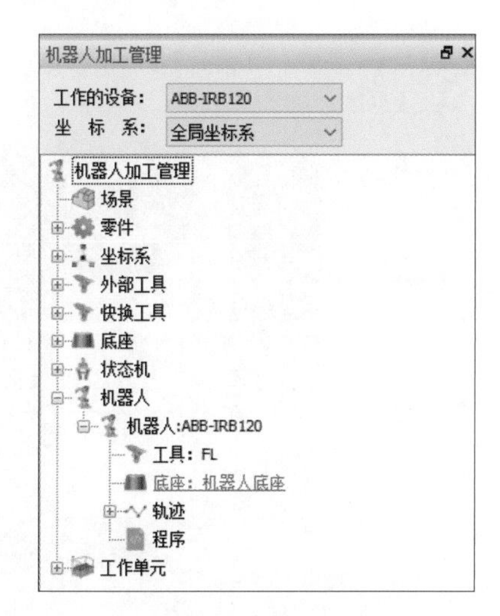

图 5-97　坐标系设置

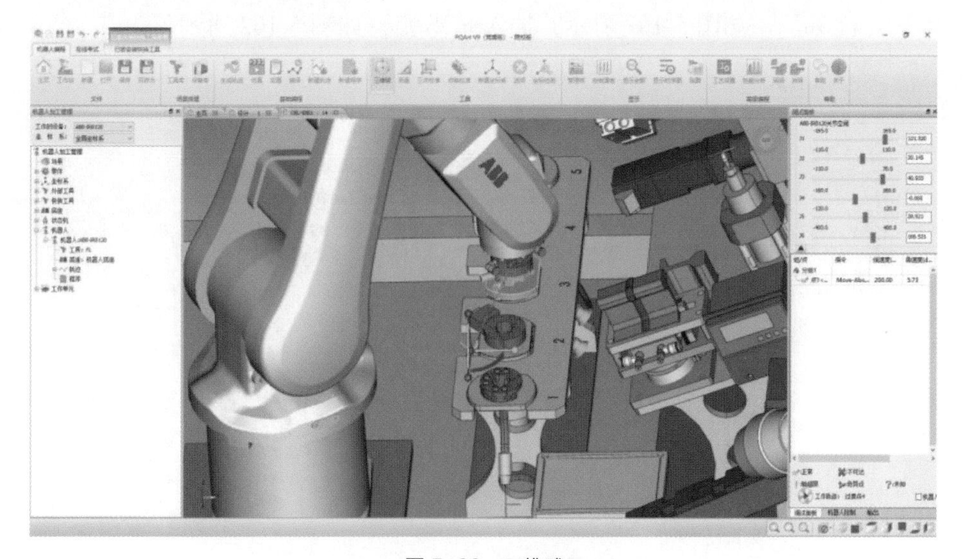

图 5-98　三维球

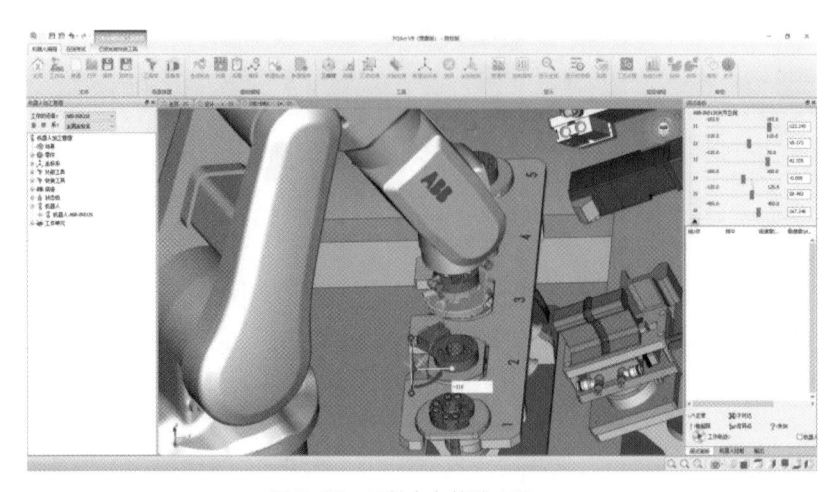

图 5-99　*Y* 轴向左偏移 110mm

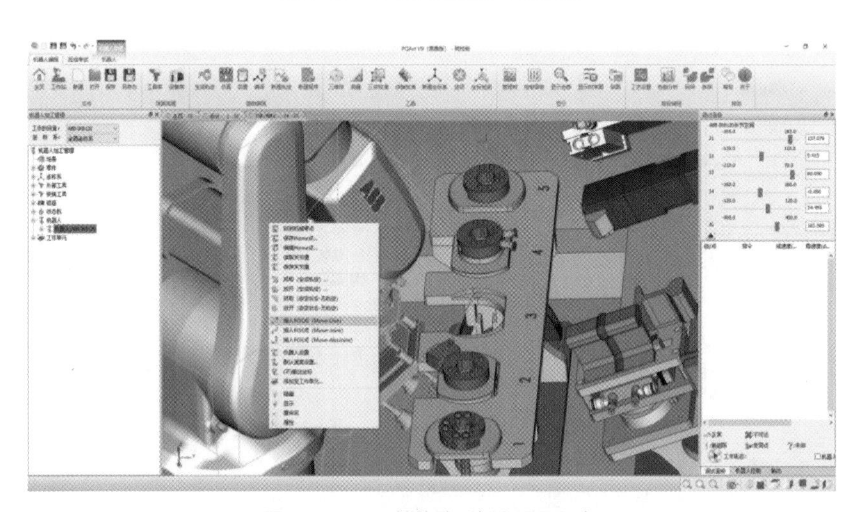

图 5-100　*Y* 轴偏移后插入 POS 点

⑧ 水平旋转 90°，如图 5-101 所示。插入 POS 点，如图 5-102 所示。

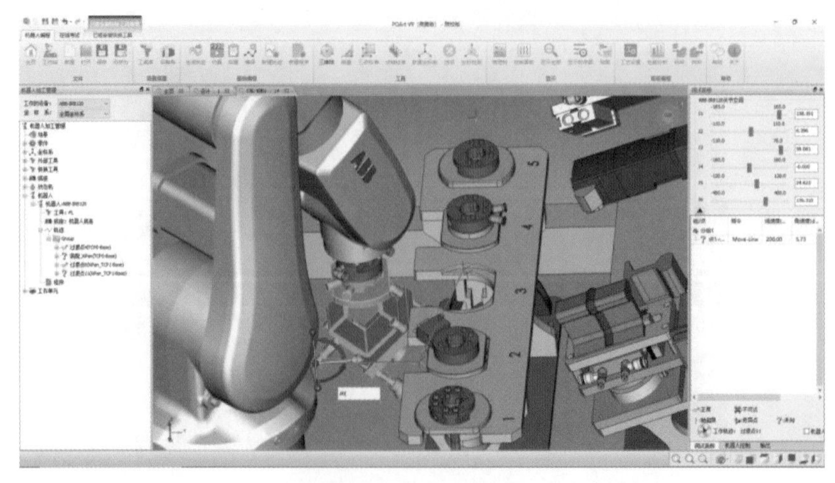

图 5-101　水平旋转

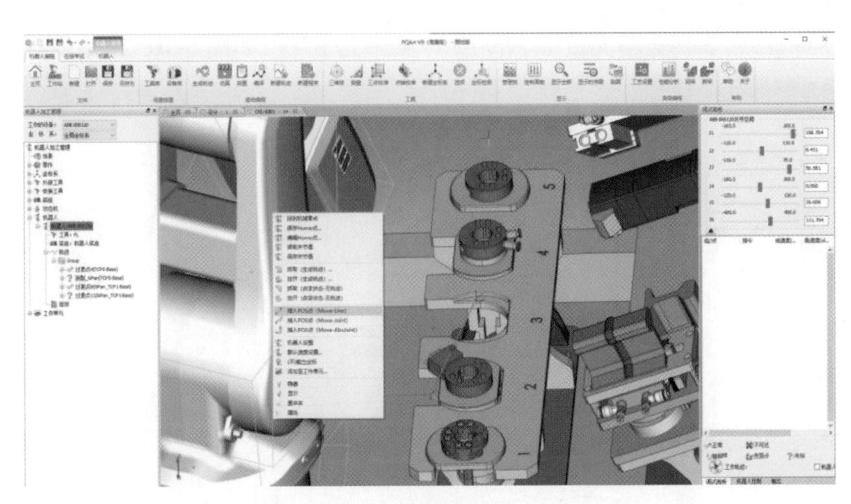

图 5-102　水平旋转后插入 POS 点

⑨ 将 Z 轴向上偏移 150mm，如图 5-103 所示。插入 POS 点，如图 5-104 所示。

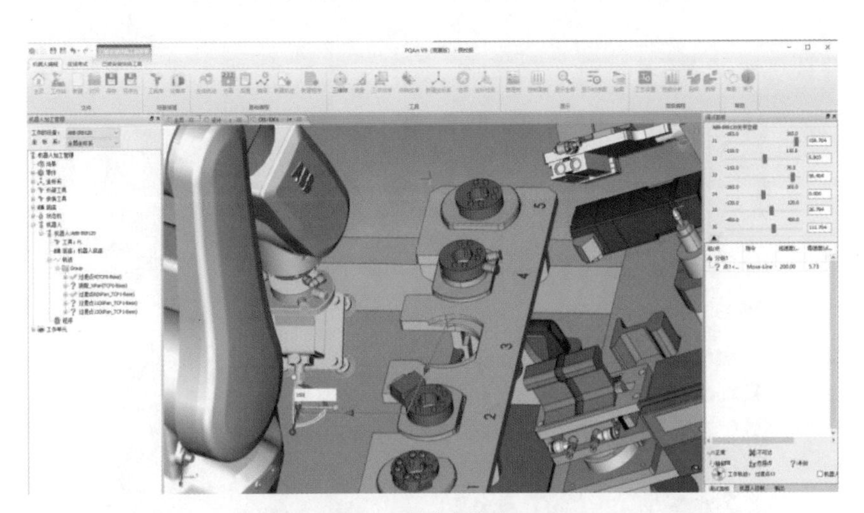

图 5-103　Z 轴向上偏移 150mm

图 5-104　Z 轴偏移后插入 POS 点

⑩ 将工业机器人 5 轴关节角度改为 90°，其余为 0°，如图 5-105 所示。插入 POS 点，如图 5-106 所示。

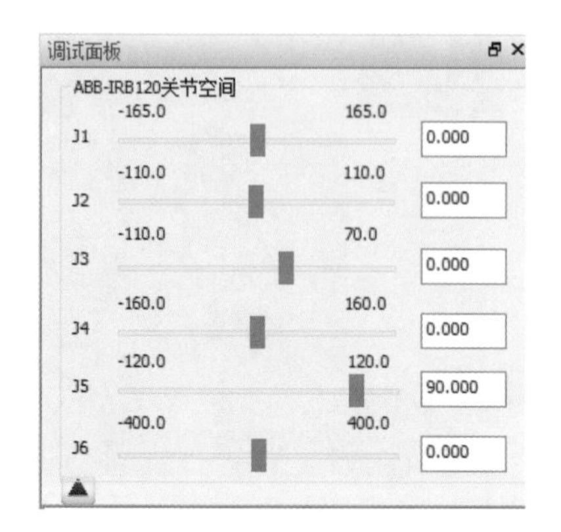

图 5-105　调整机器人与轴关节角度

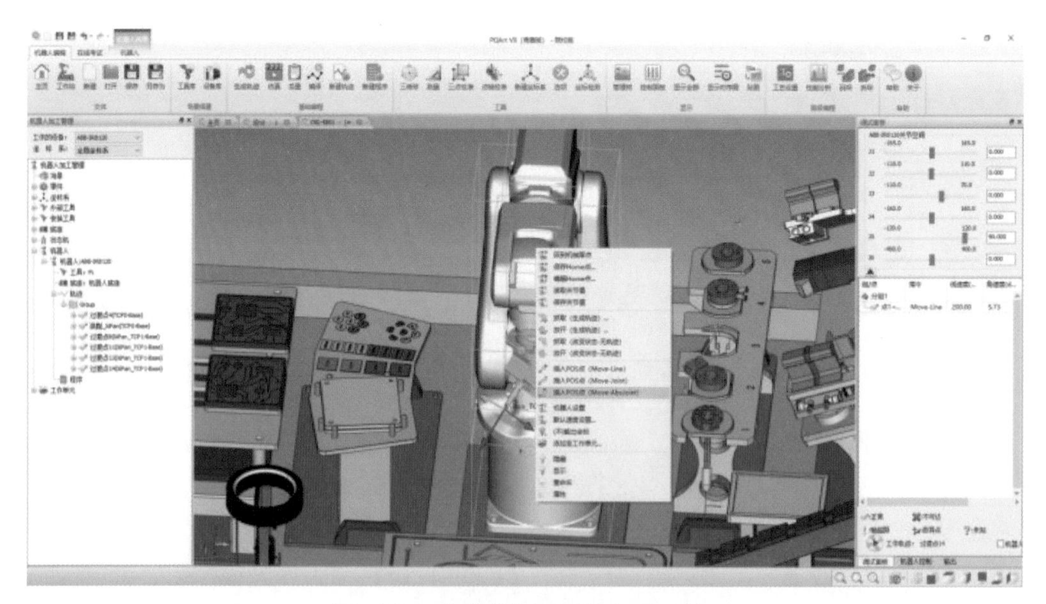

图 5-106　调整关节角度后插入 POS 点

3. 创建芯片安装轨迹

按照任务要求安装芯片，颜色要求如表 5-1 所示。

表 5-1　芯片颜色要求

芯片	颜色	芯片	颜色
CPU	蓝色	电容 2	红色
集成电路	灰色	三极管	黄色
电容 1	黄色		

（1）创建 CPU 安装轨迹

① 右击机器人，点击“抓取（生成轨迹）…”，如图 5-107 所示。

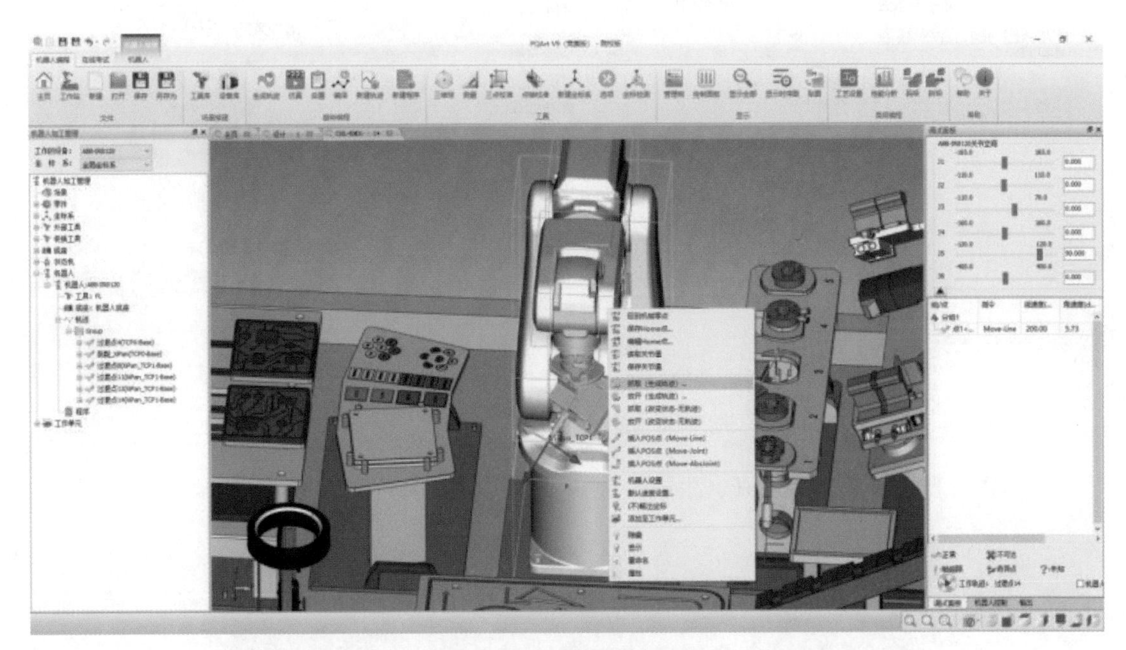

图 5-107 抓取并生成轨迹

② 选择被抓取的物体为“CPU_01”，点击“增加”，并单击“确定”，如图 5-108 所示。

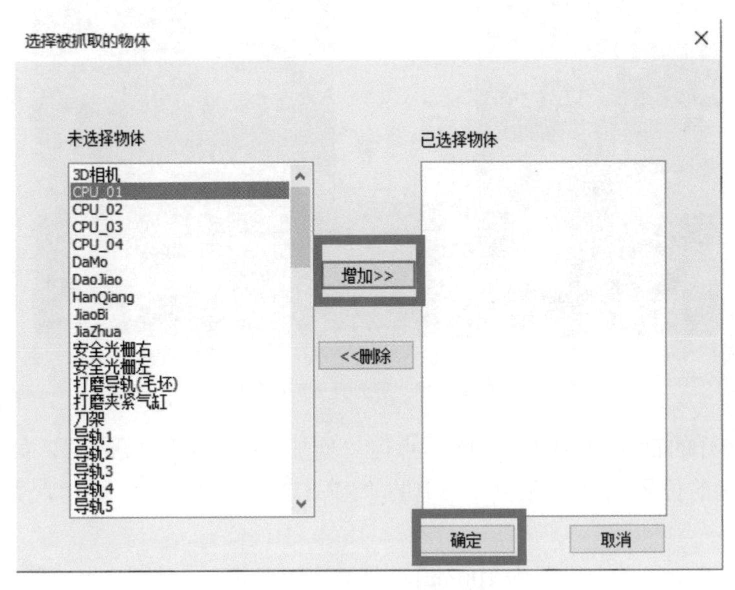

图 5-108 选择被抓取的物体

③ 选择抓取的位置为“CP”，点击“增加”，并单击“确定”，如图 5-109 所示。

④ 入刀、出刀偏移量均设置为 100mm，并单击“确定”，如图 5-110 所示。

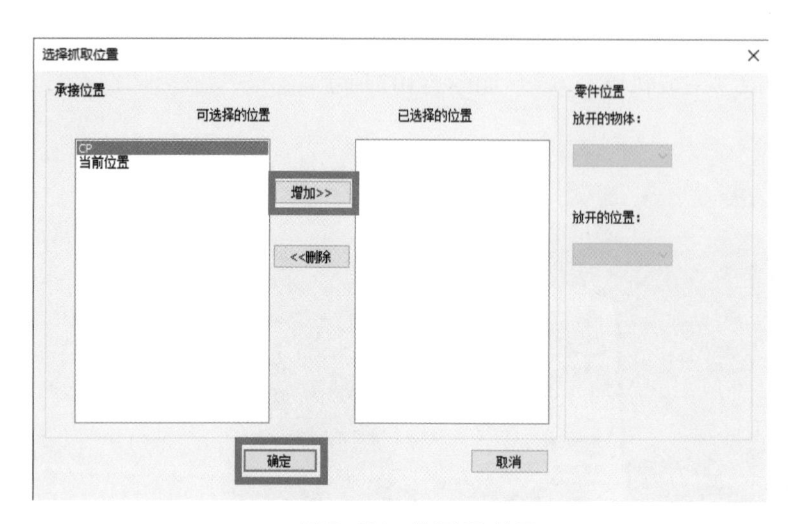

图 5-109　选择抓取位置

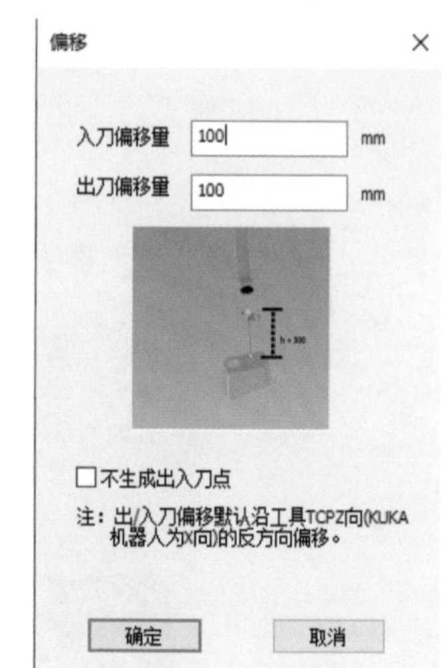

图 5-110　修改入刀、出刀偏移量

⑤ 右击机器人，点击“放开（生成轨迹）…”，如图 5-111 所示。

图 5-111　放开并生成轨迹

⑥ 选择被放开的物体为“CPU_01”，点击“增加”，并单击“确定”，如图 5-112 所示。

⑦ 选择承接的位置为“电路板 1”中的“RP_CPU”，点击“增加”，并单击“确定”，如图 5-113 所示。

⑧ 入刀、出刀偏移量均设置为 100mm，并单击“确定”，如图 5-114 所示。

（2）创建集成电路安装轨迹

① 右击机器人，点击“抓取（生成轨迹）…”，如图 5-115 所示。

② 选择被抓取物体为“集成电路 _01”，点击“增加”，并单击“确定”，如图 5-116 所示。

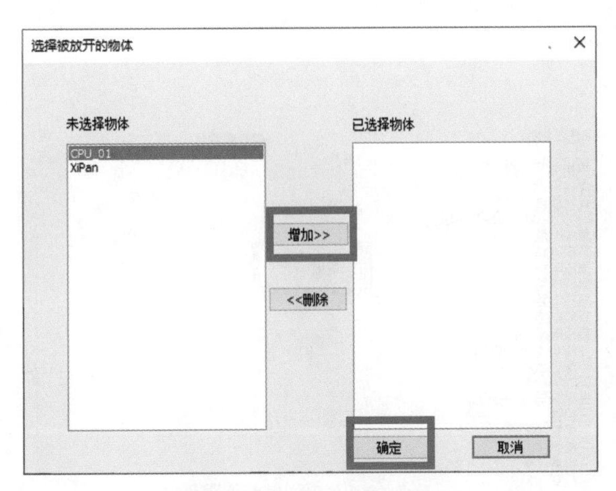

图 5-112　选择被放开的物体

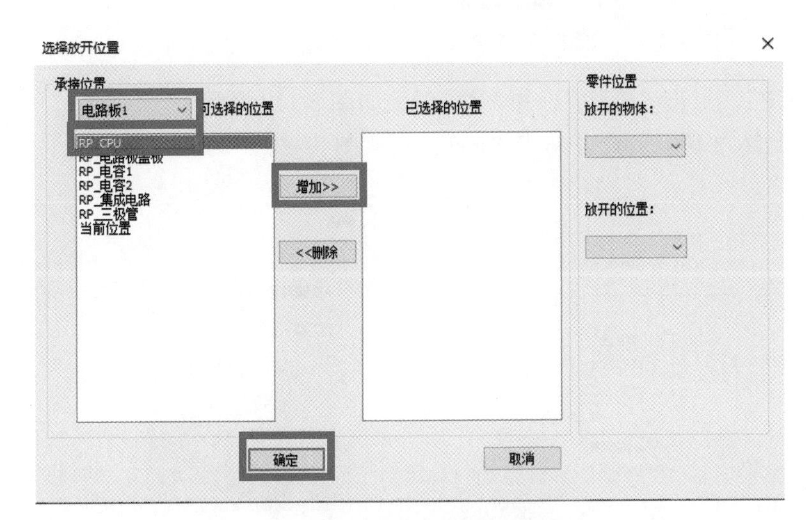

图 5-113　选择放开位置

偏移

入刀偏移量　100　mm

出刀偏移量　100　mm

☐不生成出入刀点

注：出/入刀偏移默认沿工具TCPZ向(KUKA机器人为X向)的反方向偏移。

确定　取消

图 5-114　修改入刀、出刀偏移量

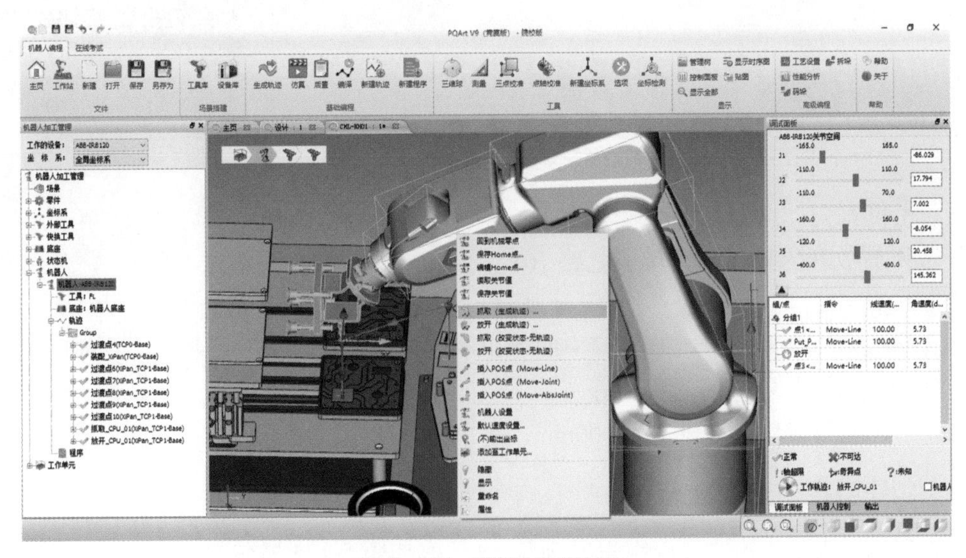

图 5-115　抓取并生成轨迹

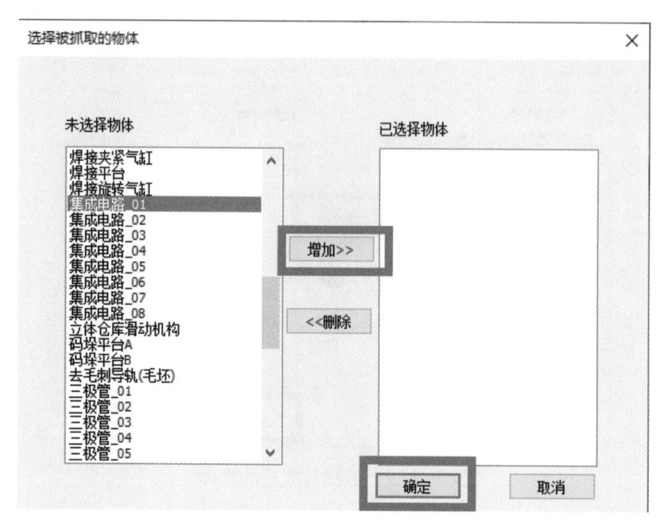

图 5-116　选择被抓取的物体

③ 选择抓取的位置为“CP”，点击“增加”，并“确定”，如图 5-117 所示。

④ 入刀、出刀偏移量均设置为 100mm，并单击“确定”，如图 5-118 所示。

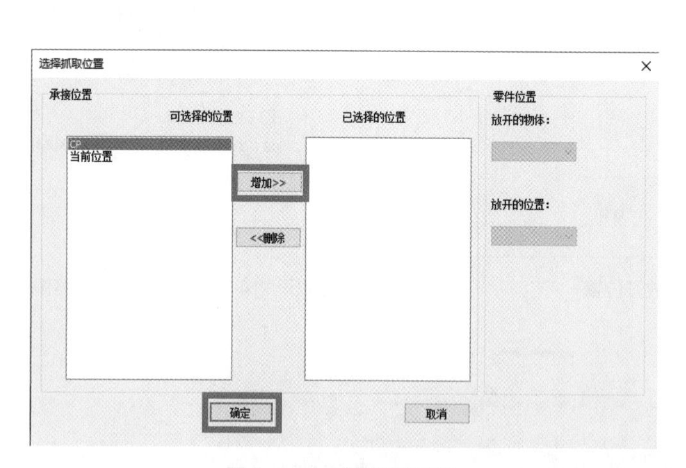

图 5-117　选择抓取位置

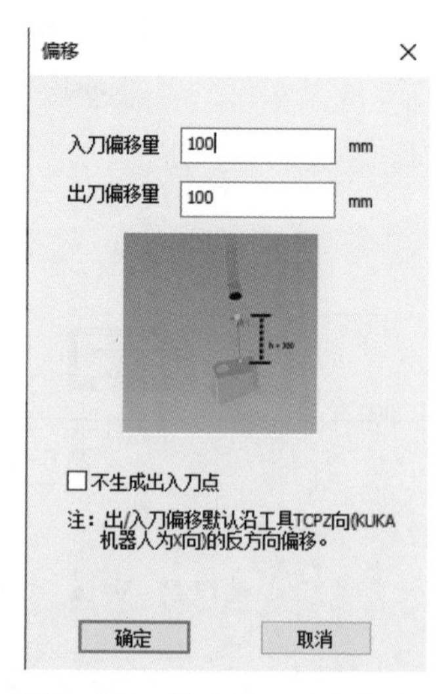

图 5-118　修改入刀、出刀偏移量

⑤ 右击机器人，点击“放开（生成轨迹）…”，如图 5-119 所示。

⑥ 选择被放开的物体为“集成电路 _01”，点击“增加”，并单击“确定”，如图 5-120 所示。

⑦ 选择承接的位置为“电路板 1”中的“RP_ 集成电路”，点击“增加”，并单击“确定”，如图 5-121 所示。

⑧ 入刀、出刀偏移量均设置为 100mm，并单击“确定”，如图 5-122 所示。

（3）创建电容 1 安装轨迹

① 右击机器人，点击“抓取（生成轨迹）…”，如图 5-123 所示。

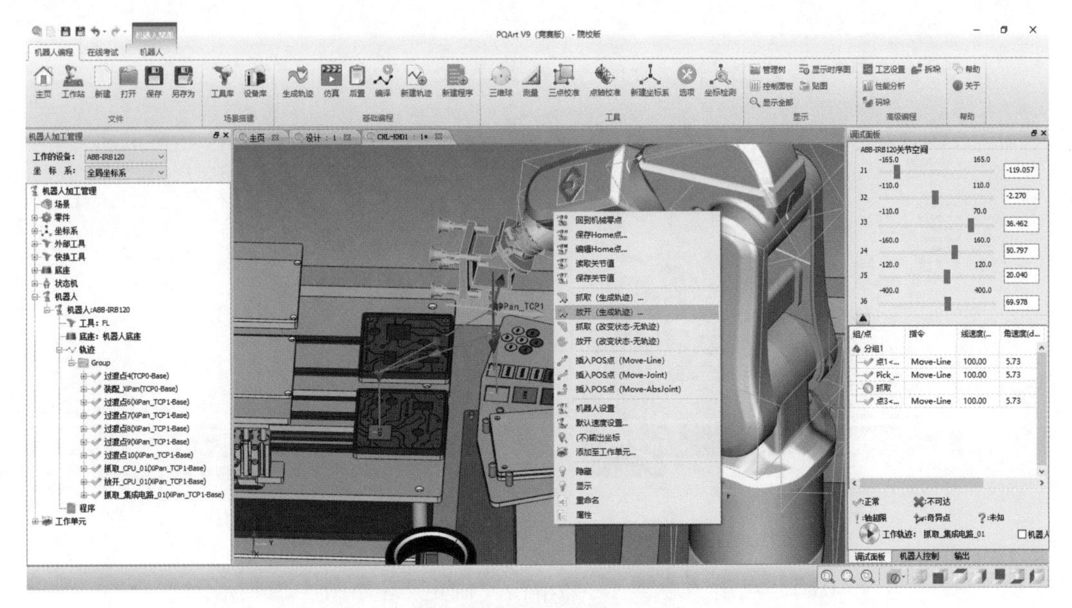

图 5-119 放开并生成轨迹

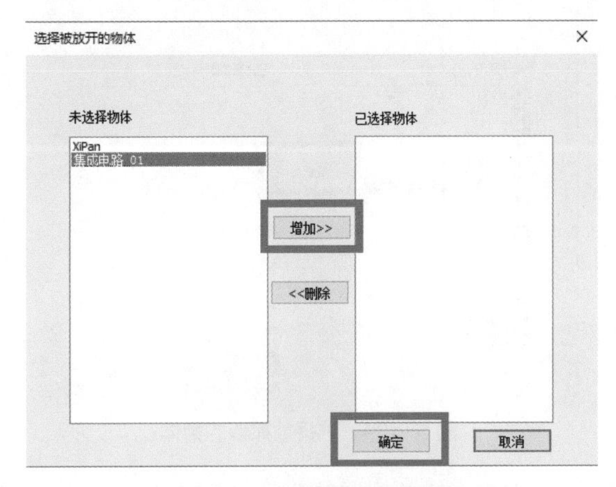

图 5-120 选择被放开的物体

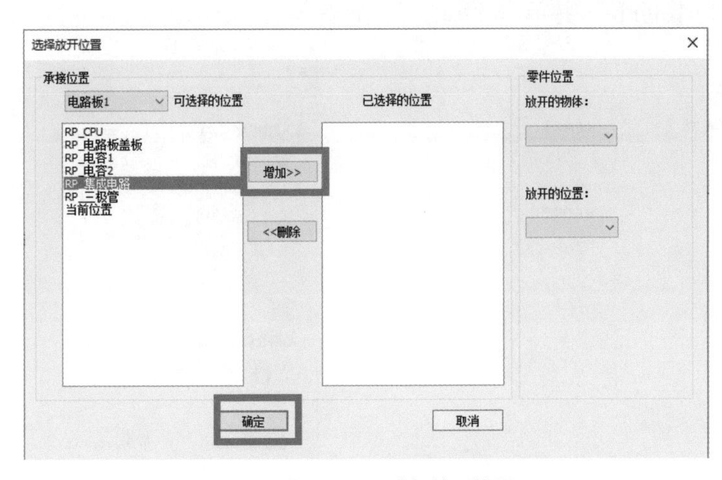

图 5-121 选择放开位置

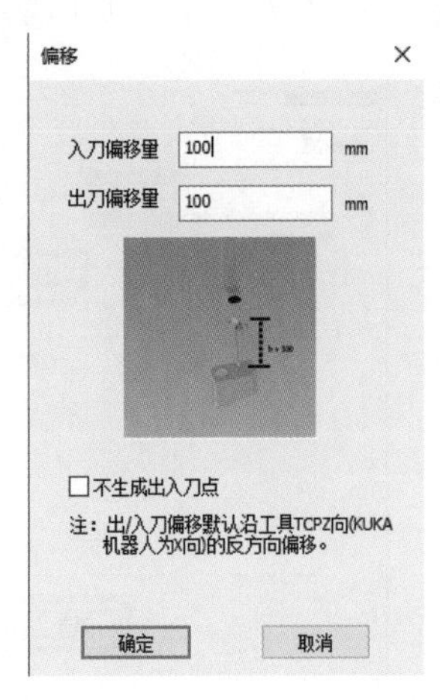

图 5-122 修改入刀、出刀偏移量

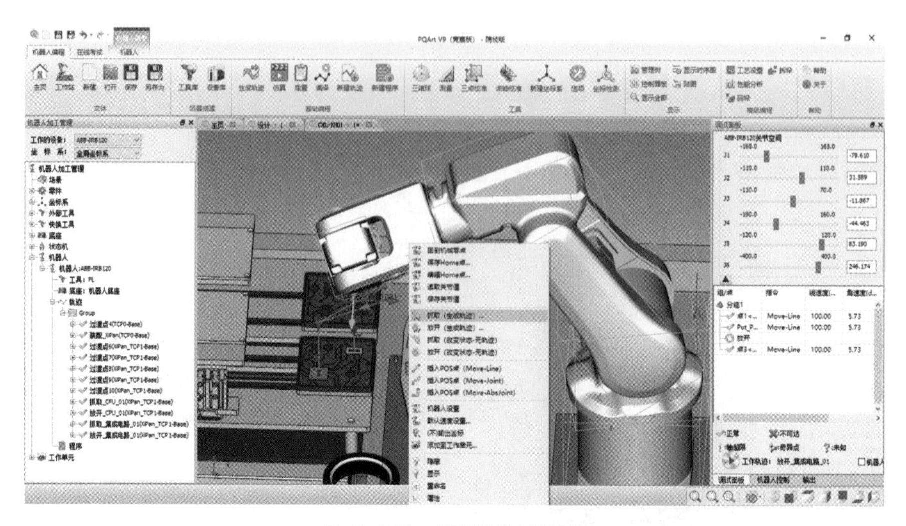

图 5-123　抓取并生成轨迹

② 选择“电容 _01”，点击“增加”，并单击“确定”，如图 5-124 所示。

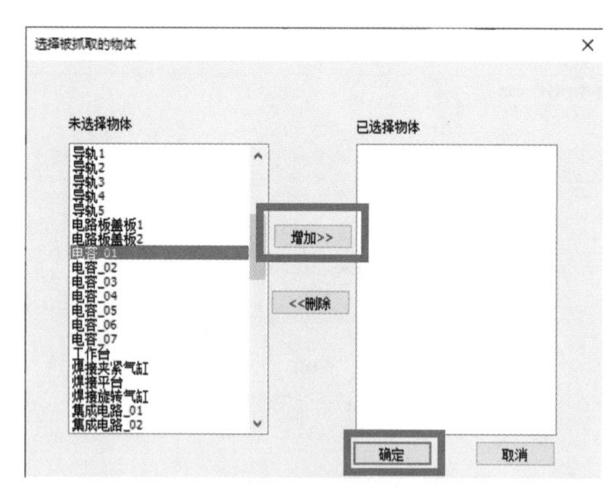

图 5-124　选择被抓取的物体

③ 选择抓取的位置为“CP”，点击“增加”，并单击“确定”，如图 5-125 所示。

④ 入刀、出刀偏移量均设置为 100mm，并单击“确定”，如图 5-126 所示。

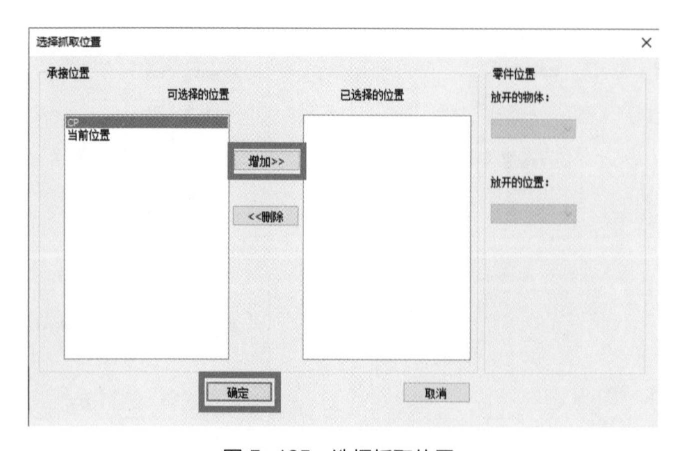

图 5-125　选择抓取位置

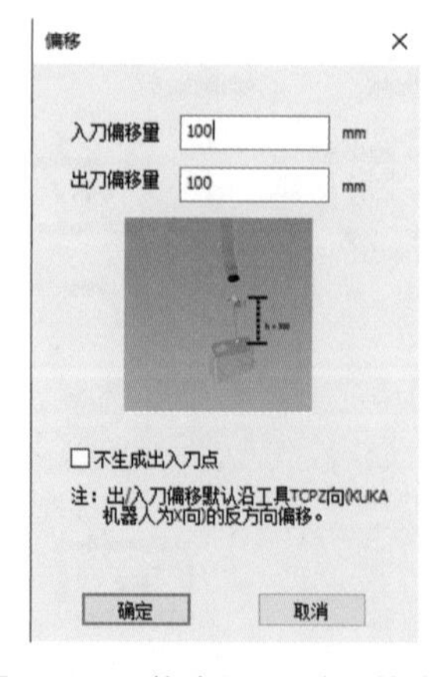

图 5-126　修改入刀、出刀偏移量

⑤ 右击机器人，点击“放开（生成轨迹）…”，如图 5-127 所示。

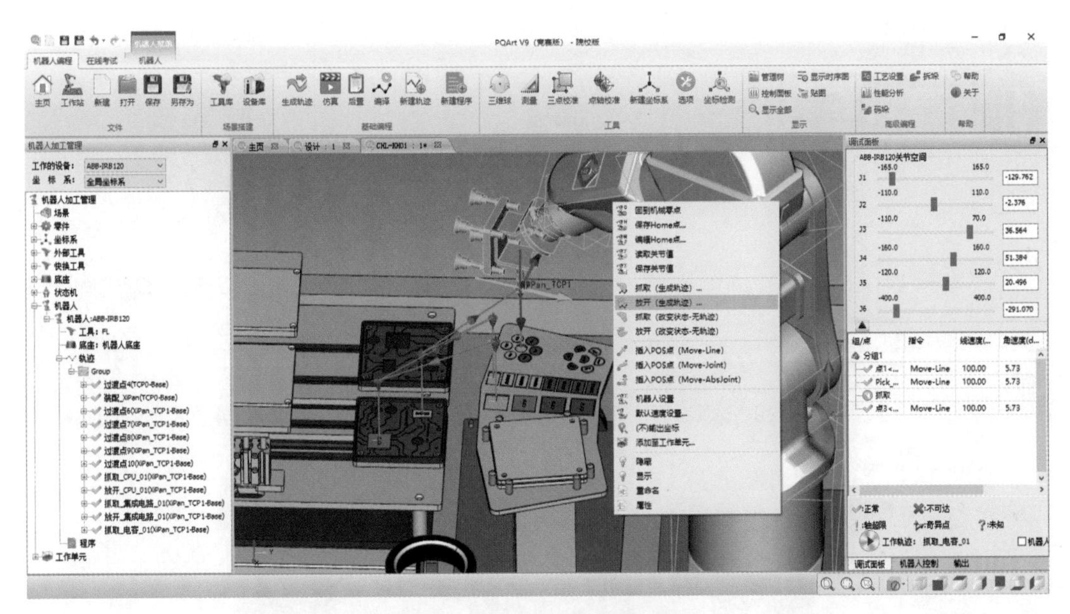

图 5-127　放开并生成轨迹

⑥ 选择被放开的物体为“电容 _01”，点击“增加”，并单击“确定”，如图 5-128 所示。

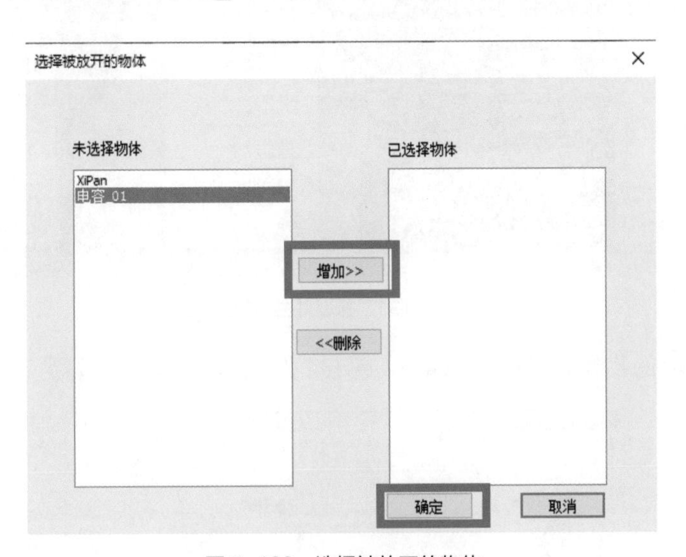

图 5-128　选择被放开的物体

⑦ 选择承接的位置为“电路板 1”中的“RP_ 电容 1”，点击“增加”，并“确定”，如图 5-129 所示。

⑧ 入刀、出刀偏移量均设置为 100mm，并单击“确定”，如图 5-130 所示。

（4）创建电容 2 安装轨迹

① 右击机器人，点击“抓取（生成轨迹）…”，如图 5-131 所示。

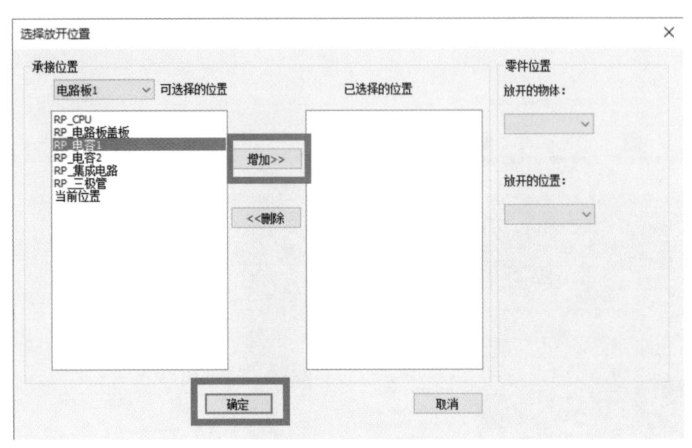

图 5-129　选择放开位置

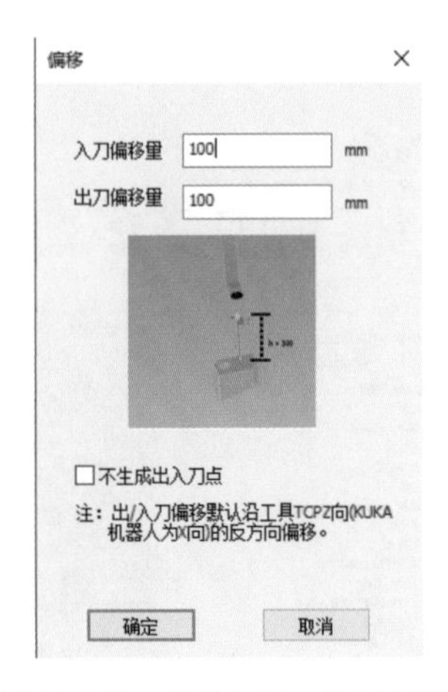

图 5-130　修改入刀、出刀偏移量

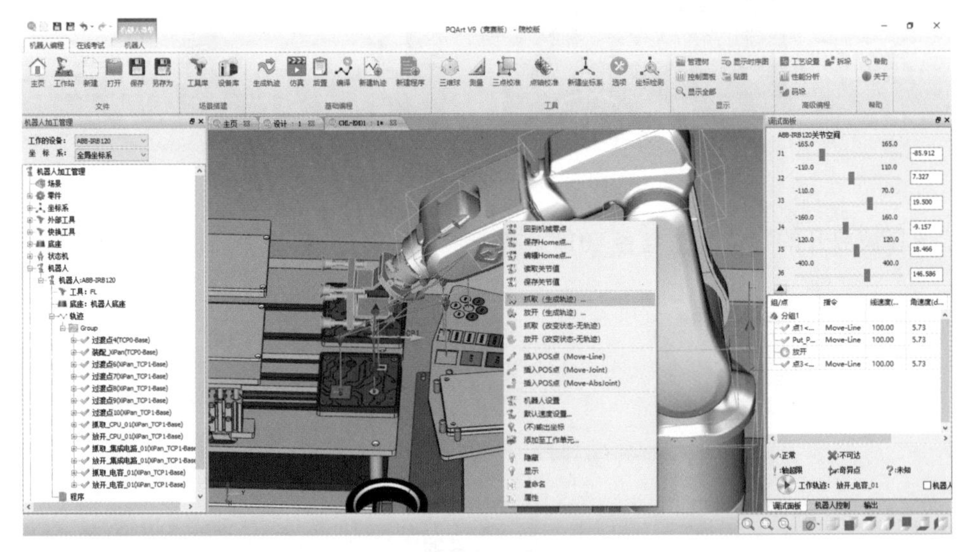

图 5-131　抓取并生成轨迹

② 选择被抓取的物体为“电容_04”，点击“增加”，并单击“确定”，如图 5-132 所示。

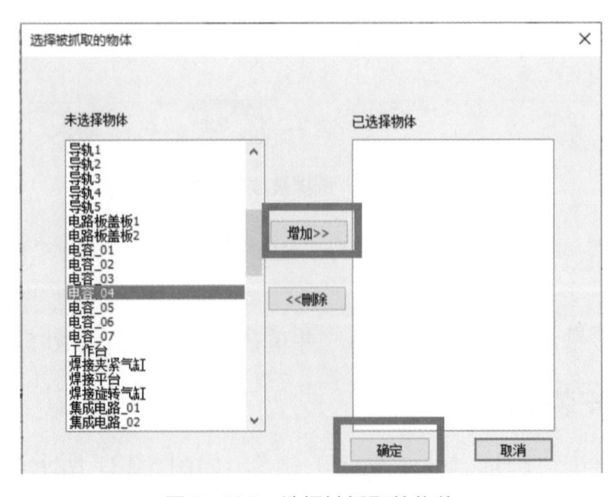

图 5-132　选择被抓取的物体

③ 选择抓取的位置为“CP”，点击“增加”，并单击“确定”，如图 5-133 所示。

④ 入刀、出刀偏移量均设置为 100mm，并单击“确定”，如图 5-134 所示。

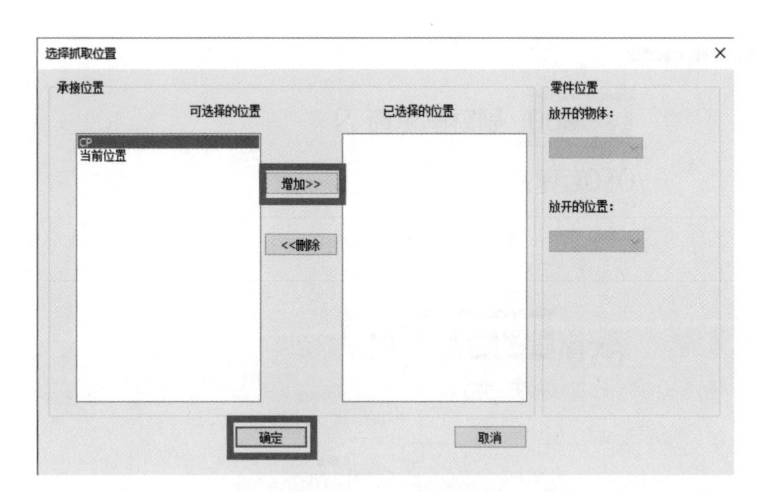

图 5-133　选择抓取位置

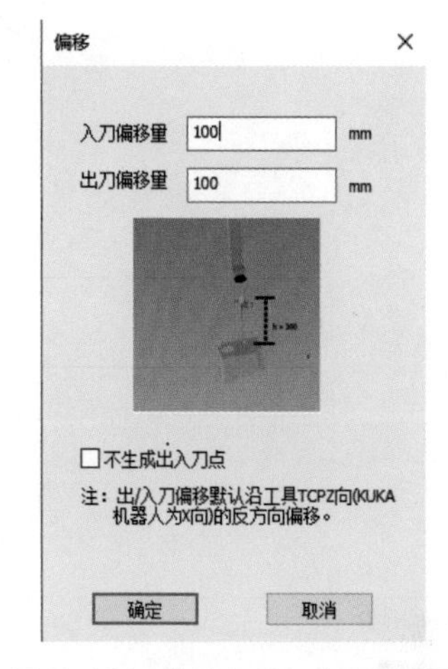

图 5-134　修改入刀、出刀偏移量

⑤ 右击机器人，点击“放开（生成轨迹）...”，如图 5-135 所示。

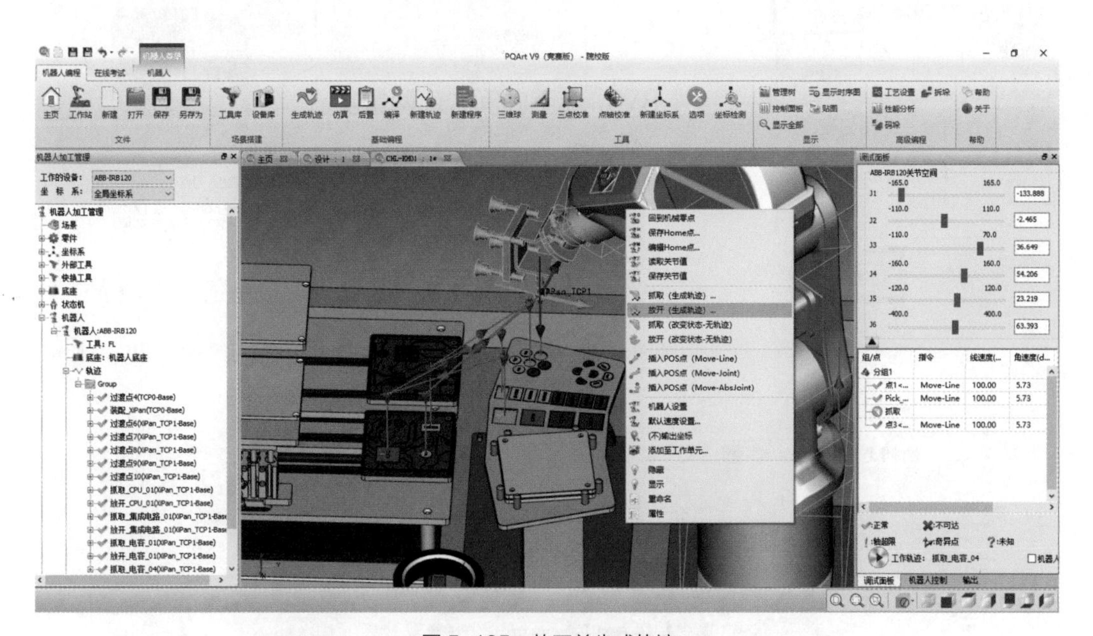

图 5-135　放开并生成轨迹

⑥ 选择被放开的物体为“电容 _04”，点击“增加”，并单击“确定”，如图 5-136 所示。

⑦ 选择承接的位置为“电路板 1”中的“RP_ 电容 2”，点击“增加”，并单击“确定”，如图 5-137 所示。

⑧ 入刀、出刀偏移量均设置为 100mm，并单击“确定”，如图 5-138 所示。

（5）创建三极管安装轨迹

① 右击机器人，点击“抓取（生成轨迹）...”，如图 5-139 所示。

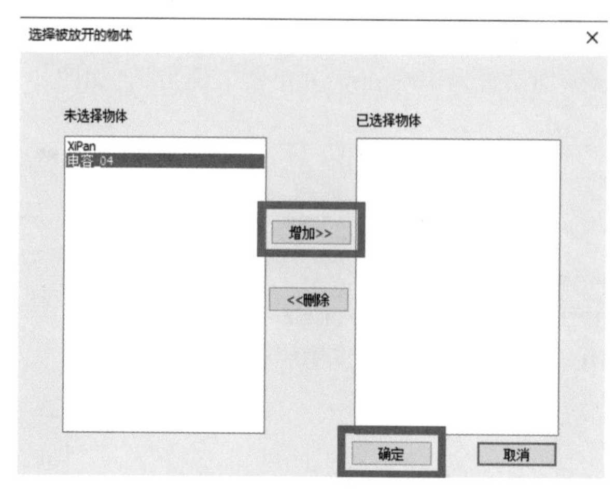

图 5-136　选择被放开的物体

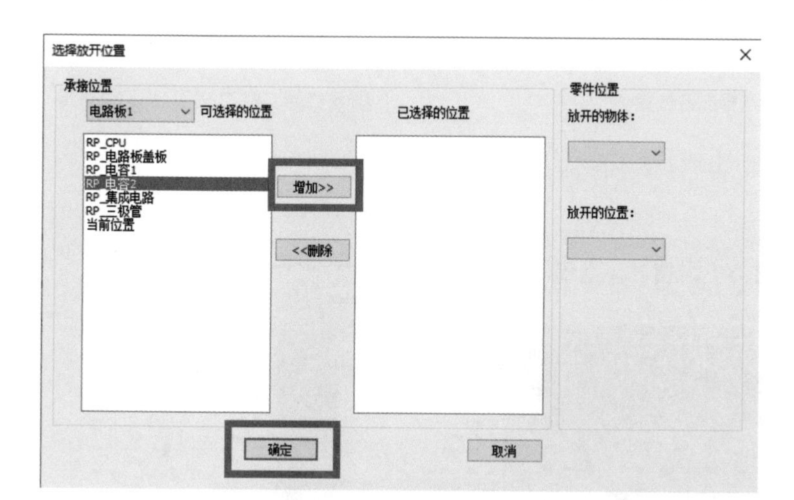

图 5-137　选择放开位置

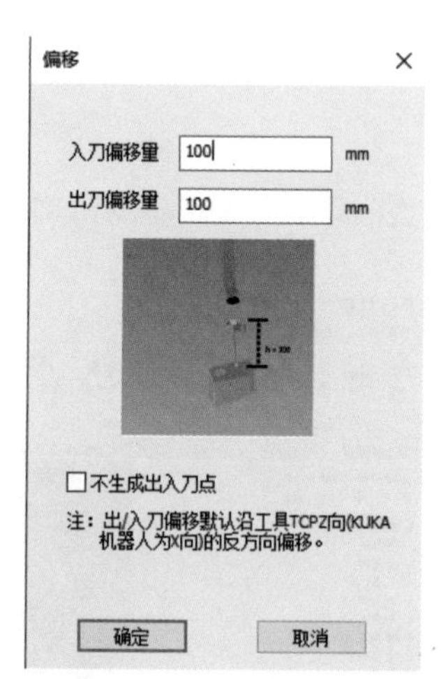

图 5-138　修改入刀、出刀偏移量

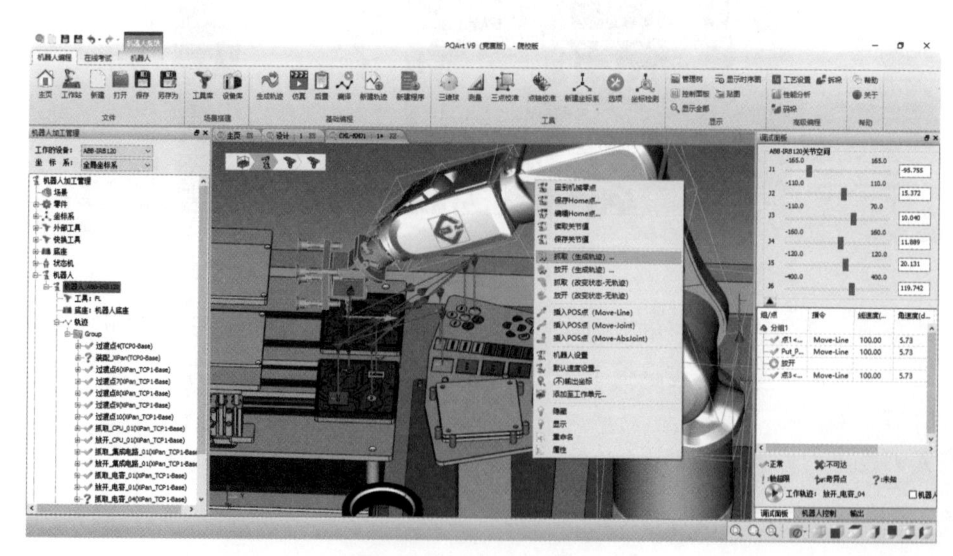

图 5-139　抓取并生成轨迹

② 选择被抓取的物体为“三极管 _04”，点击“增加”，并单击“确定”，如图 5-140 所示。

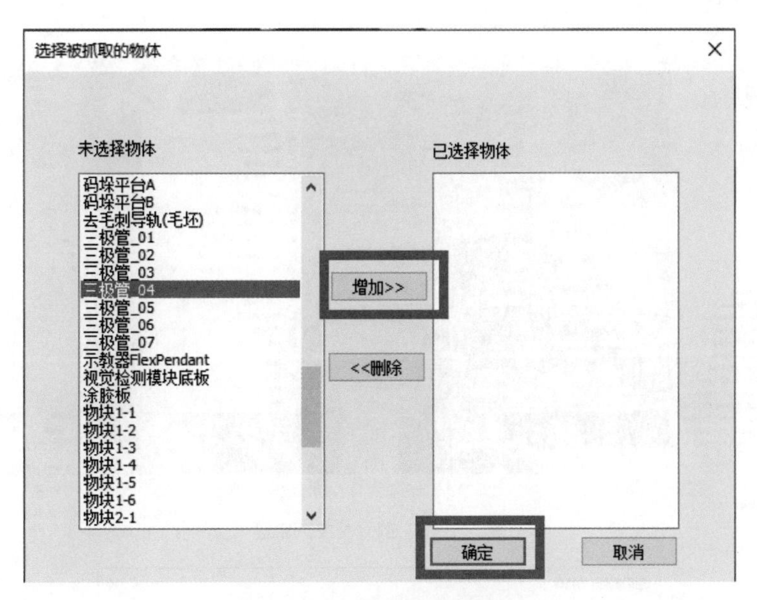

图 5-140　选择被抓取的物体

③ 选择抓取的位置为“CP”，点击“增加”，并单击“确定”，如图 5-141 所示。

④ 入刀、出刀偏移量均设置为 100mm，并单击“确定”，如图 5-142 所示。

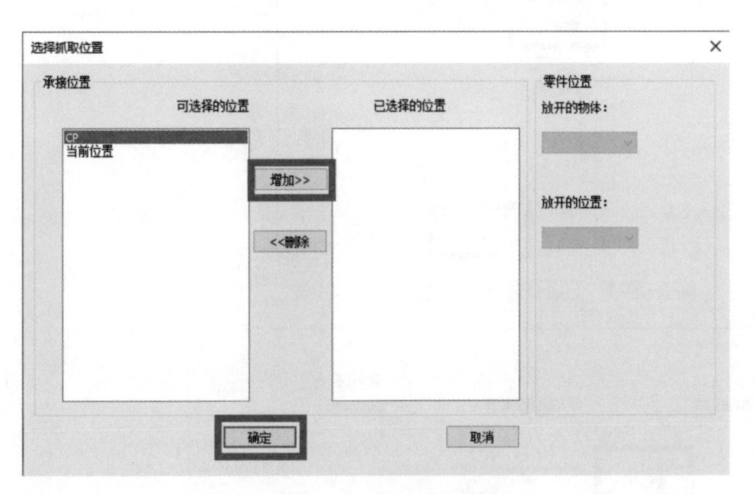

图 5-141　选择抓取位置

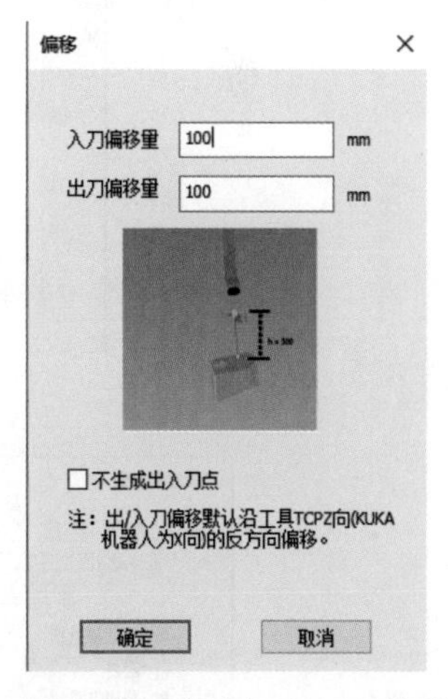

图 5-142　修改入刀、出刀偏移量

⑤ 右击机器人，点击“放开（生成轨迹）…”，如图 5-143 所示。

⑥ 选择被放开的物体为“三极管 _04”，点击“增加”，并单击“确定”，如图 5-144 所示。

⑦ 选择承接的位置为“电路板 1”中的“RP_ 三极管”，点击“增加”，并单击“确定”，如图 5-145 所示。

⑧ 入刀、出刀偏移量均设置为 100mm，并单击“确定”，如图 5-146 所示。

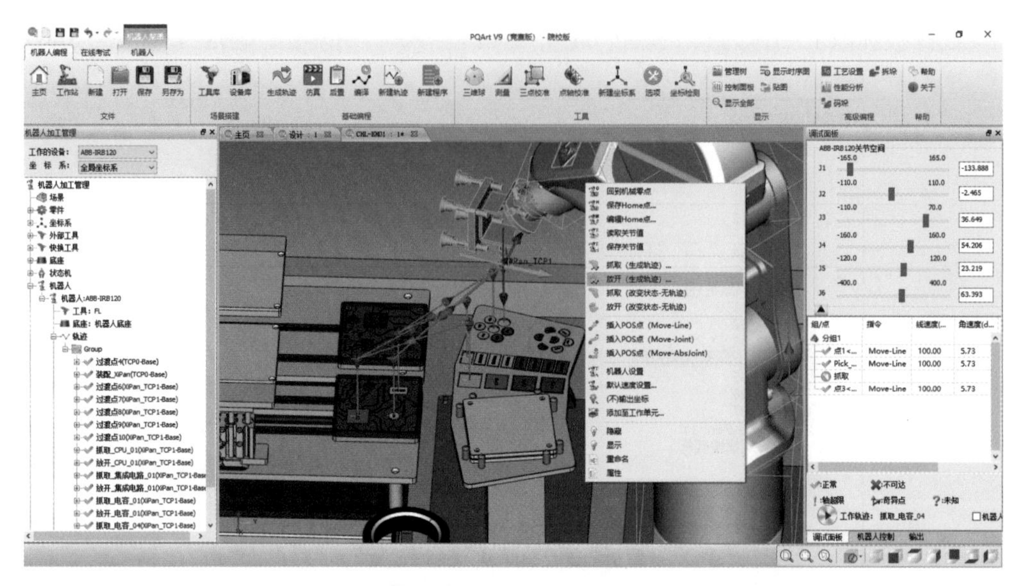

图 5-143　放开并生成轨迹

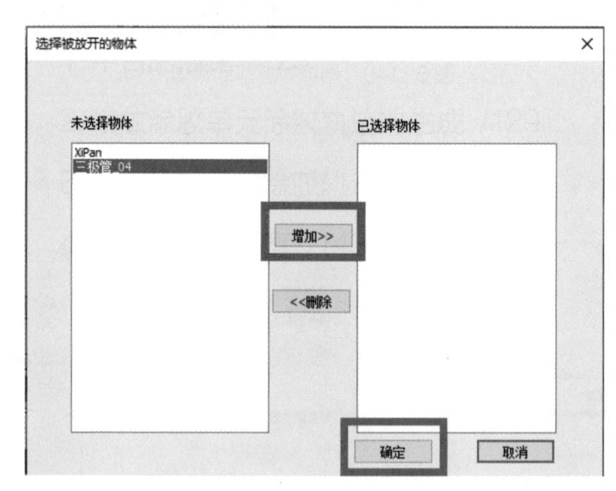

图 5-144　选择被放开的物体

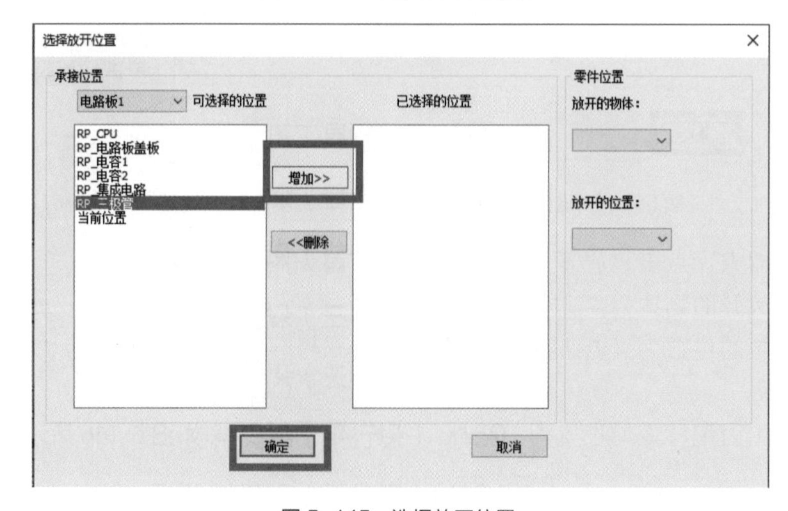

图 5-145　选择放开位置

4. 气缸检测

推动气缸滑入，升降气缸下压，检测 3s。3s 后推动气缸回位，升降气缸回位。

① 将工业机器人 1 轴角度改为 −90°，5 轴角度改为 90°，其余为 0°，如图 5-147 所示。插入 POS 点，如图 5-148 所示。

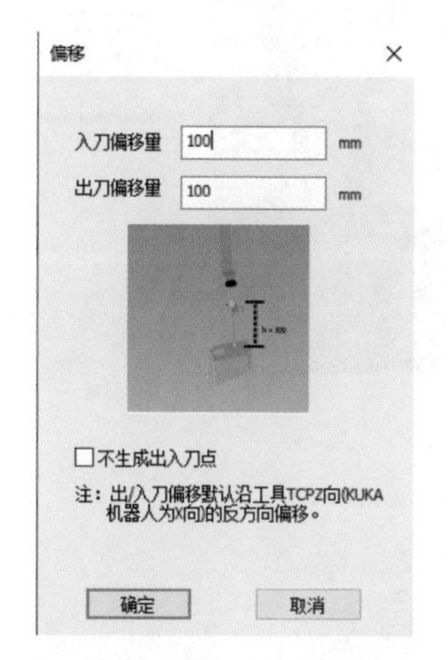

图 5-146　修改入刀、出刀偏移量

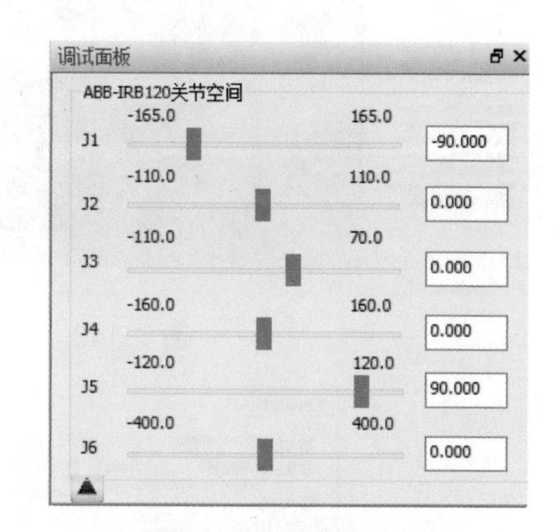

图 5-147　调整关节角度

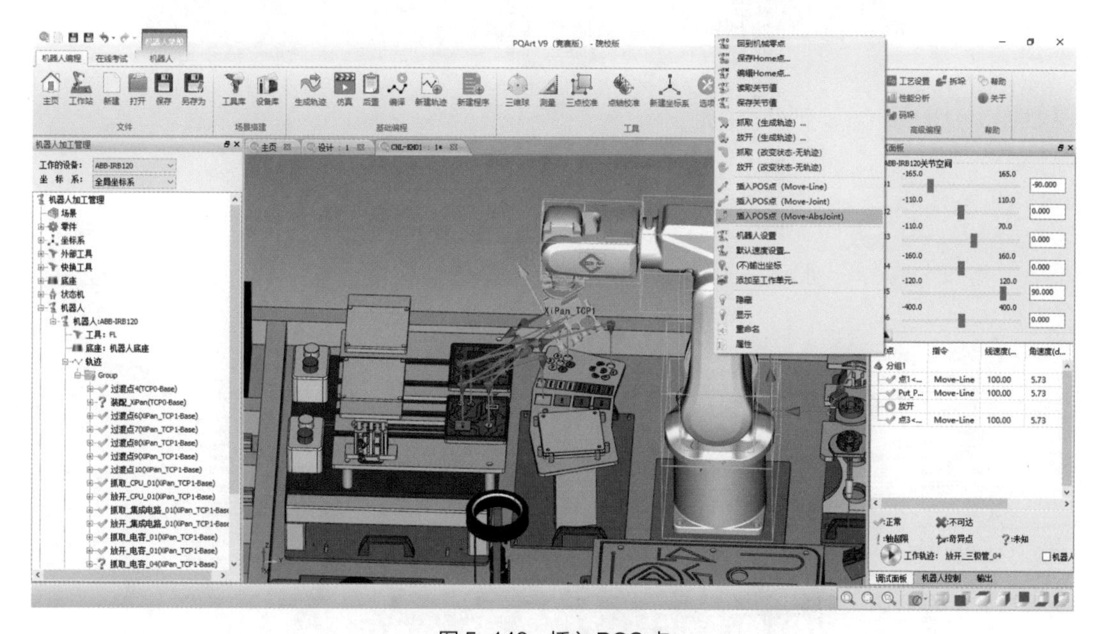

图 5-148　插入 POS 点

② 右击 1 轴 −90°、5 轴 90°、其余轴 0°的 POS 点，单击“批量添加抓放事件”，如图 5-149 所示。

③ 按如图 5-150 所示批量添加事件，使电路板 1 抓取安装的芯片。

④ 右击 POS 点，选择“添加仿真事件 ...”，如图 5-151 所示。

⑤ 气缸检测 3s 仿真事件的参数设置，如图 5-152 ～图 5-154 所示。

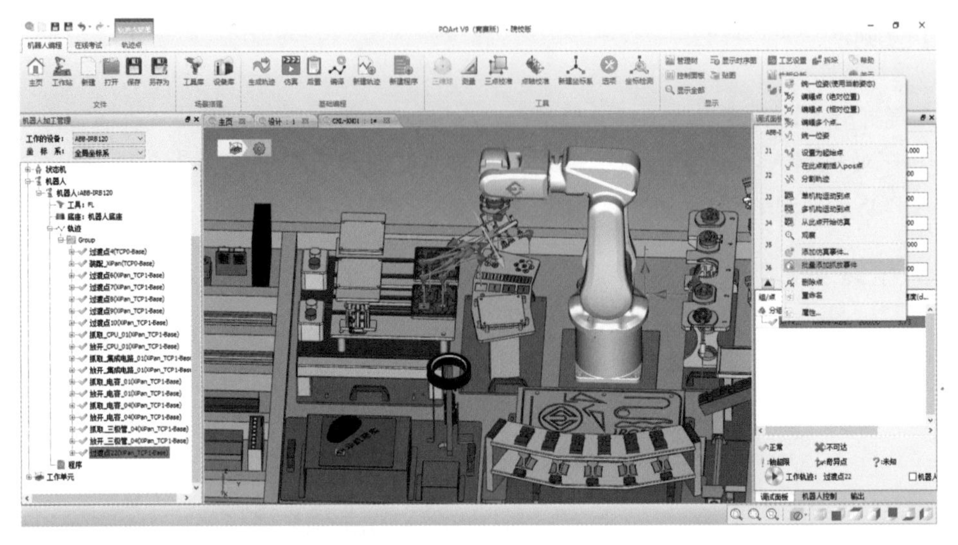

图 5-149　批量添加抓放事件

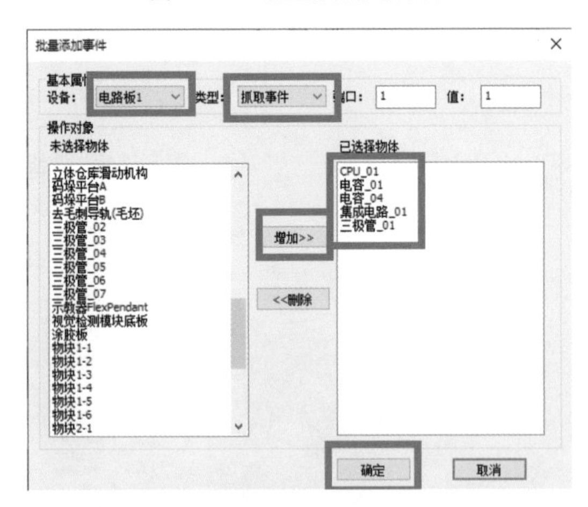

图 5-150　设置抓放基本属性与物体选择

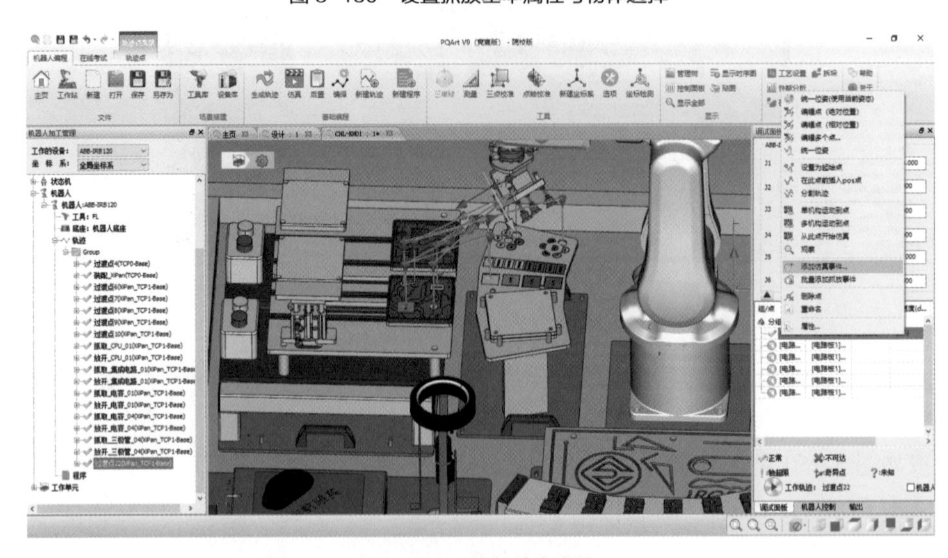

图 5-151　添加仿真事件

⑥ 气缸检测结束仿真事件的参数设置，如图 5-155、图 5-156 所示。

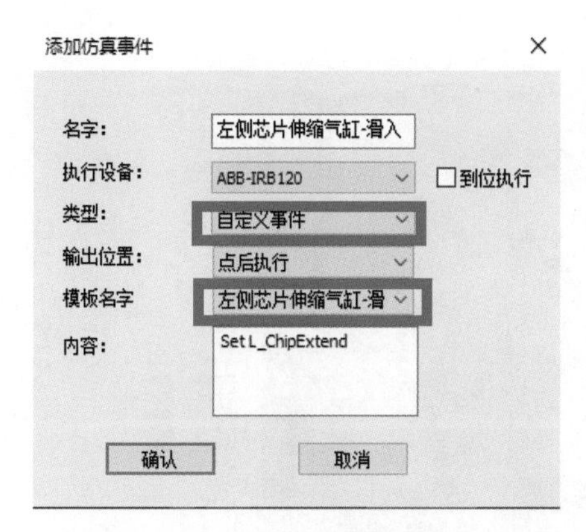

图 5-152　推动气缸滑入仿真设置

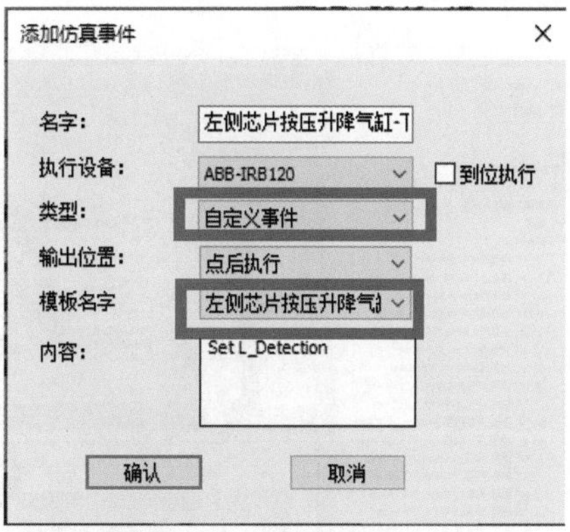

图 5-153　升降气缸下压仿真设置

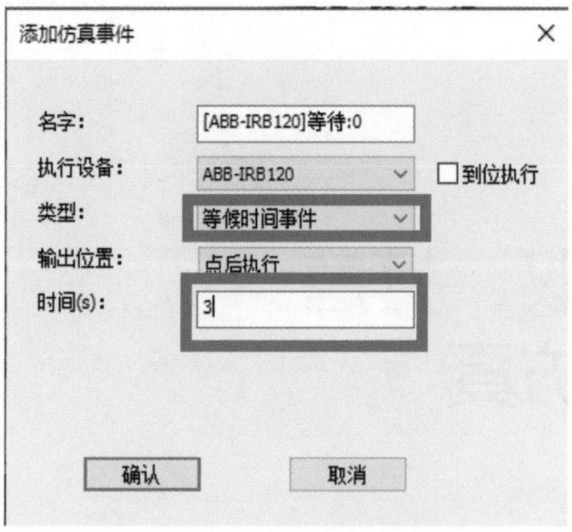

图 5-154　等待时间设置

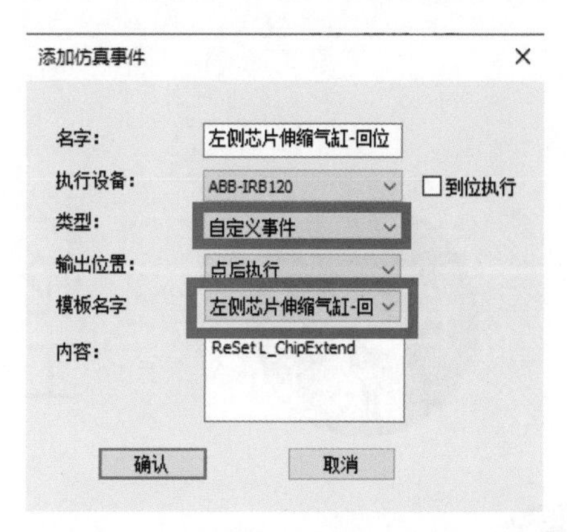

图 5-155　推动气缸回位仿真设置

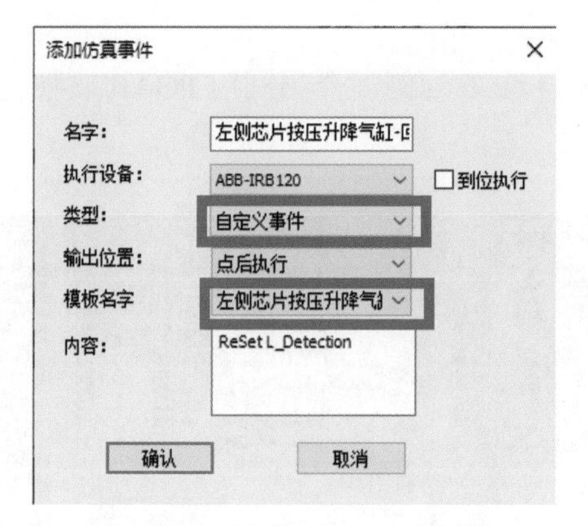

图 5-156　升降气缸回位仿真设置

⑦ 点击“仿真”，运行轨迹，如图 5-157 所示。

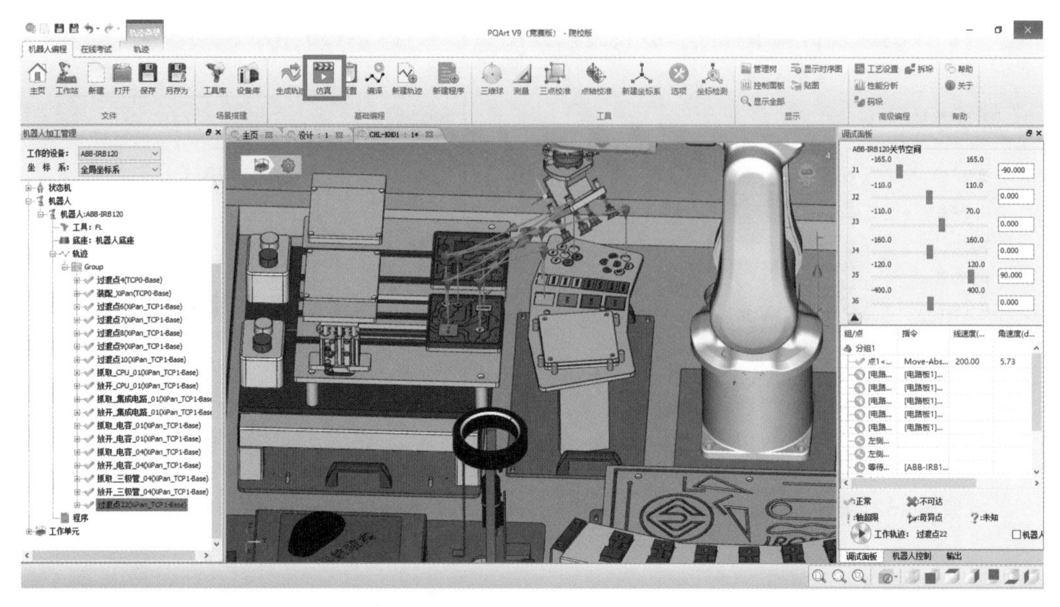

图 5-157　仿真运行

轮毂抓取、打磨工作站仿真

通过本任务以 CHL-DS-11 设备为例，介绍利用 PQArt 软件进行轮毂抓取仿真方法，如图 5-158 所示。

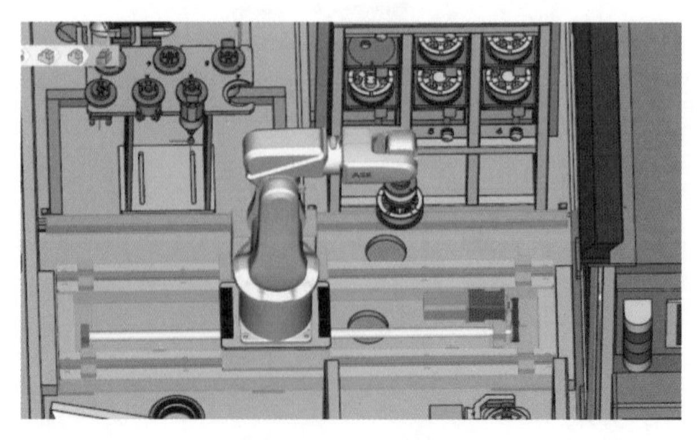

图 5-158　效果图

PQArt 软件轮毂抓取、打磨工作所用元件介绍

本任务中需使用 PQArt 软件中的吸盘工具、轮毂、打磨工具。

(1) 吸盘工具

吸盘工具如图 5-159 所示。

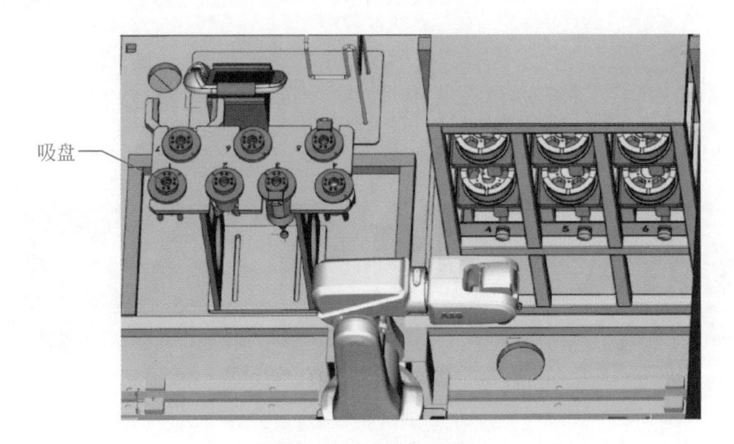

图 5-159 吸盘工具

(2) 轮毂

轮毂可用于加工打磨，完成抓取所需的六个轮毂，如图 5-160 所示。

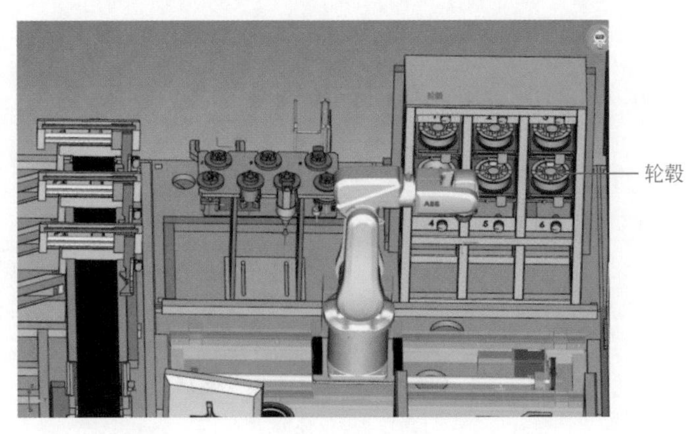

图 5-160 轮毂

(3) 打磨工具

轮毂打磨需用到打磨工具，如图 5-161 所示。

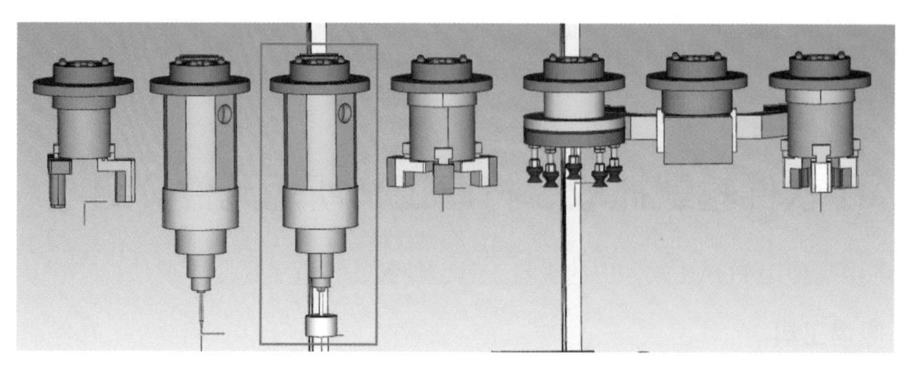

图 5-161　打磨工具

（4）导轨

导轨在机器人的下方，起移动机器人的作用，当机器人手臂要将物料放到打磨工位上时就需要先移动导轨到一个合适的位置再操作机器人。导轨初始位置如图 5-162 所示。

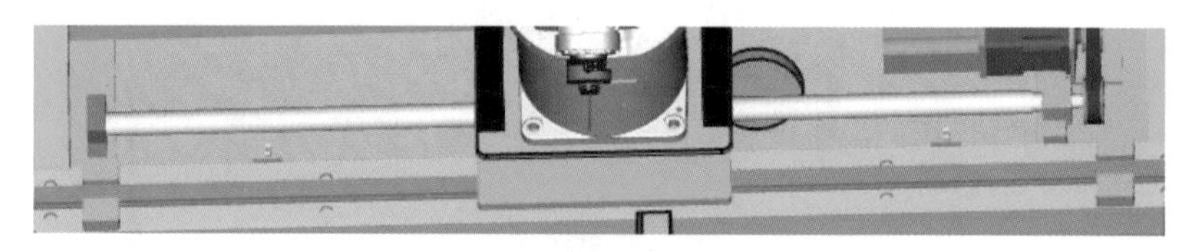

图 5-162　导轨

轮毂抓取、打磨工作站仿真

1. 轮毂的抓取

① 选择并导入 CHL-DS-11 工作站，如图 5-163 和图 5-164 所示。

图 5-163　打开“工作站”

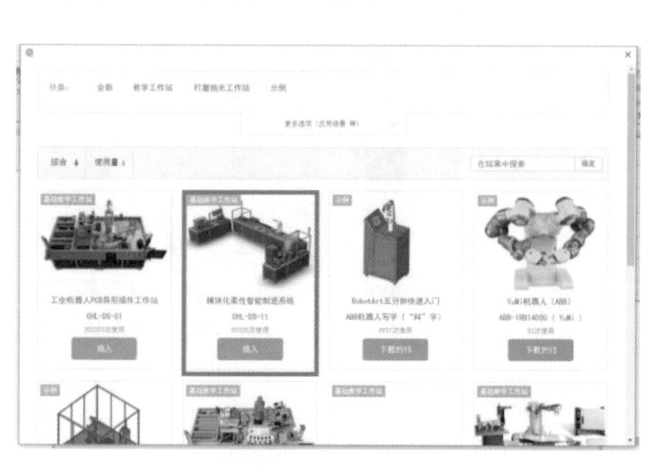

图 5-164　插入工作站

② 平台的搭建如图 5-165 所示。

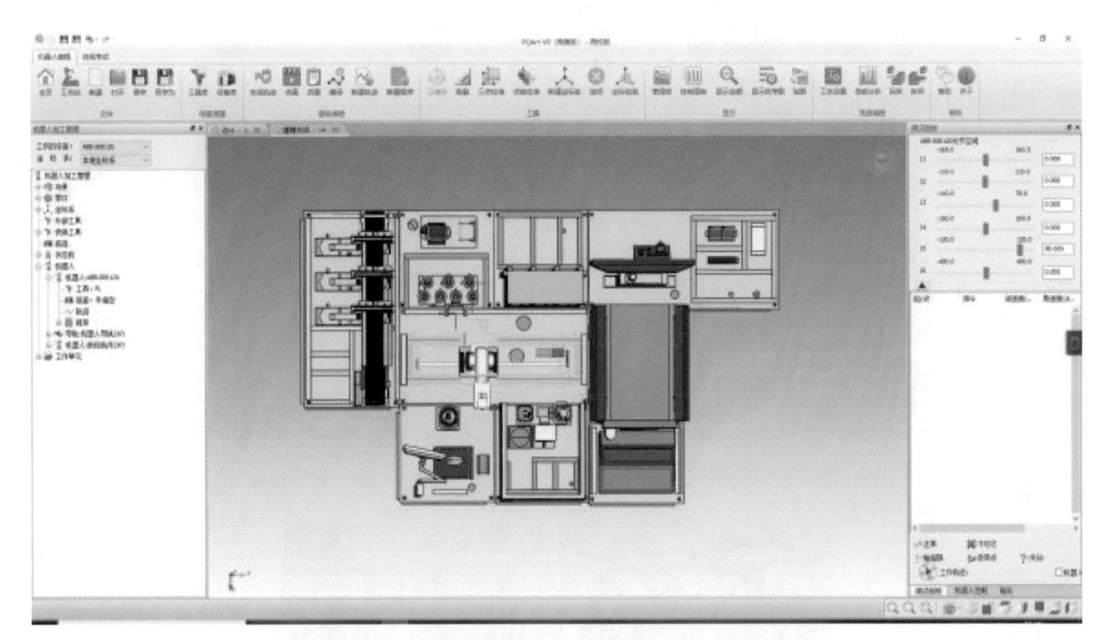

图 5-165　平台的搭建

③ 选中吸盘工具，如图 5-166 所示。

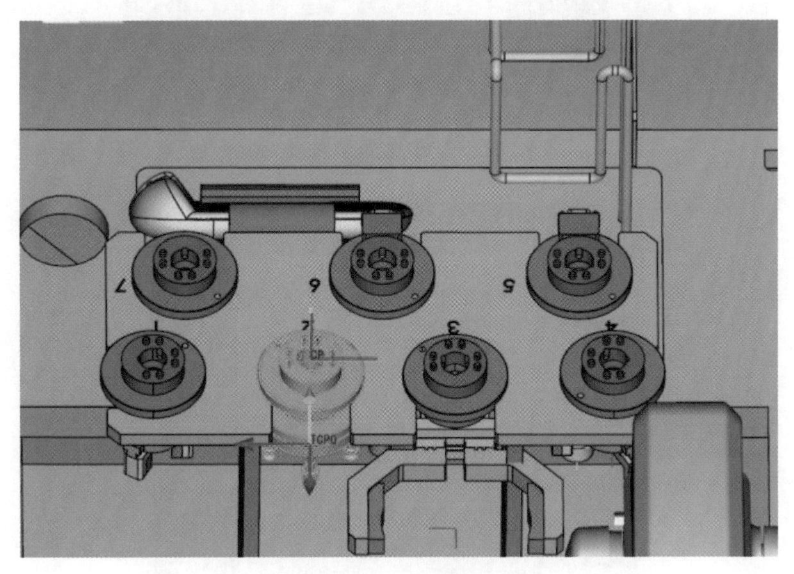

图 5-166　选中吸盘工具

④ 右击吸盘工具，点击“安装（改变状态 - 无轨迹）”，如图 5-167 所示。

⑤ 单击三维球，设置机器人旋转 90°，如图 5-168 所示。

⑥ 右击机器人，插入 POS 点，如图 5-169 所示。

⑦ 右击刚才插入的 POS 点，并选择插入“添加仿真事件”，如图 5-170 所示。

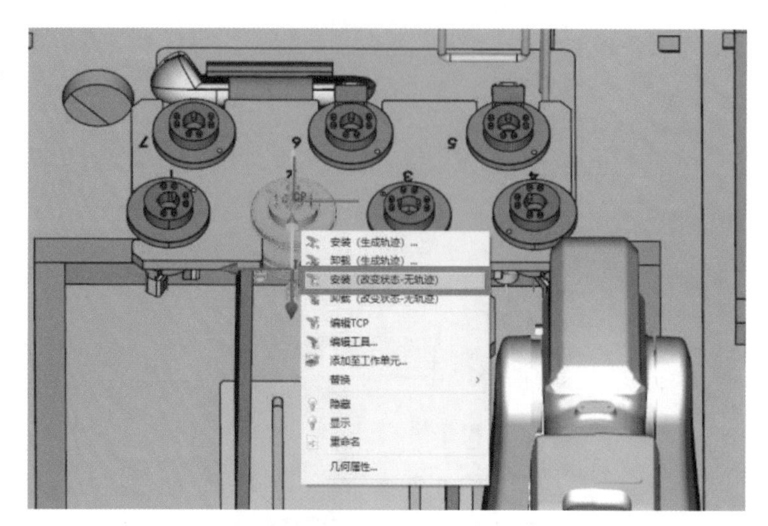

图 5-167 安装吸盘工具

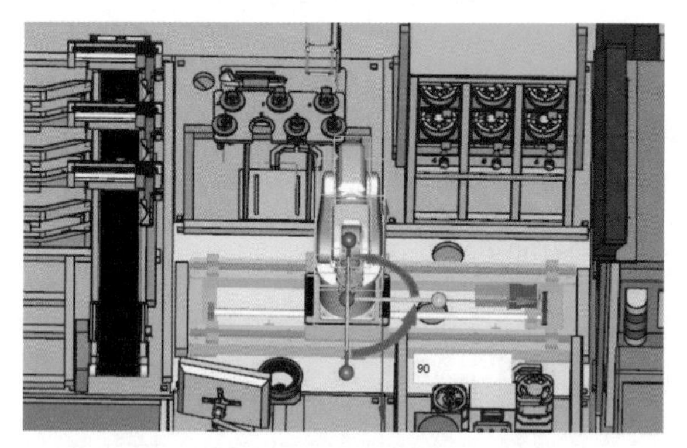

图 5-168 旋转机器人

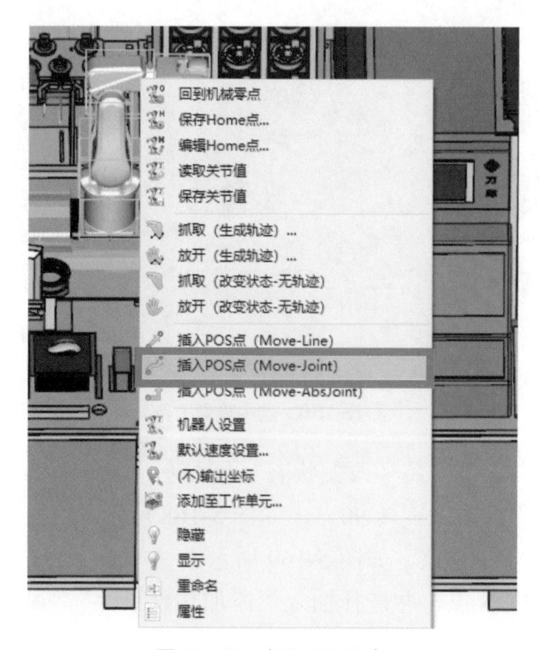

图 5-169 插入 POS 点

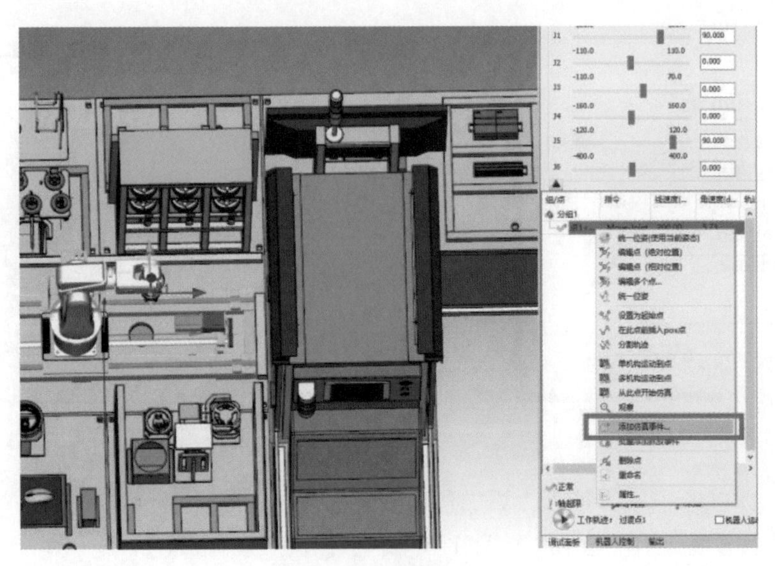

图 5-170　添加仿真事件

⑧ 点击执行设备选择“仓储 - 托盘 1”，类型选择“抓取事件”，输出位置选择“点后执行”，关联设备选择“轮毂 1”，如图 5-171 所示。

⑨ 继续右击插入的 POS 点，并选择插入“添加仿真事件 ...”，如图 5-172 所示。

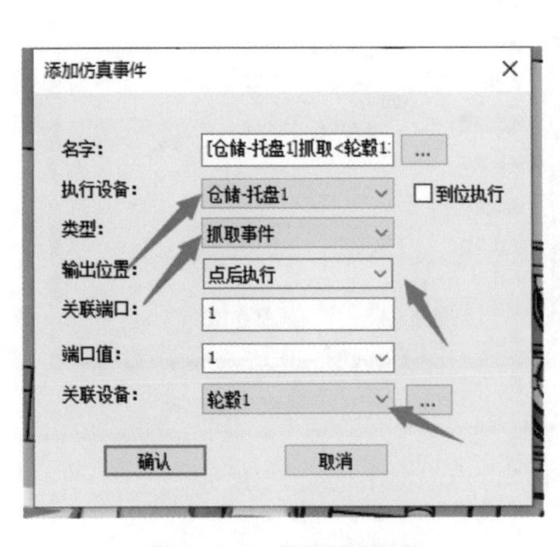

图 5-171　选择仿真事件

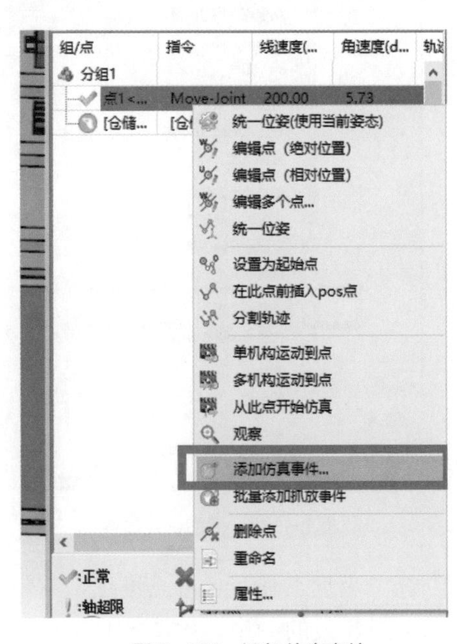

图 5-172　添加仿真事件

⑩ 点击执行设备选择“仓储 - 托盘 1”，类型选择“自定义事件”，输出位置选择“点后执行”，模板名字选择“仓储 - 托盘 1：伸出”，如图 5-173 所示。

⑪“托盘 1”抓取“轮毂 1”，如图 5-174 所示。

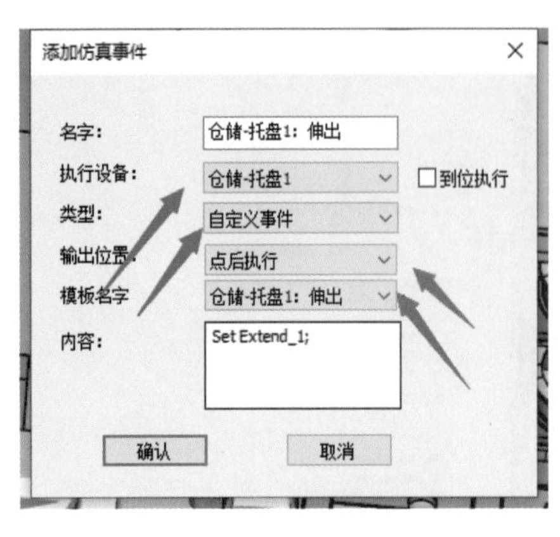

图 5-173　选择仿真事件

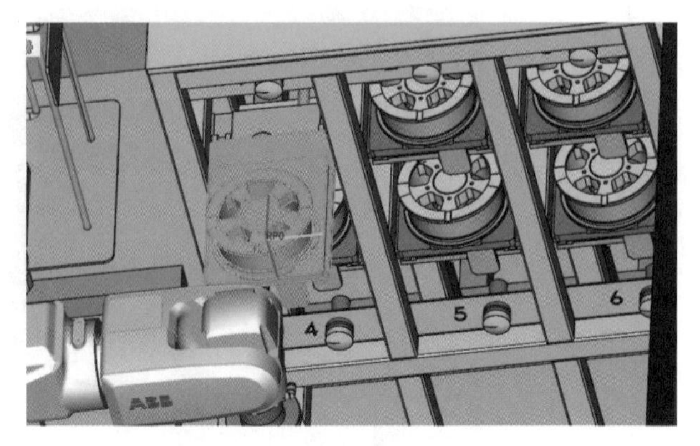

图 5-174　“托盘 1”抓取“轮毂 1”

⑫ 在插入的 POS 点下方插入“添加仿真事件”，如图 5-175 所示。

⑬ 点击执行设备选择“仓储 - 托盘 1”，类型选择“放开事件”，输出位置选择“点后执行”，关联设备选择“轮毂 1”，如图 5-176 所示。

图 5-175　添加仿真事件

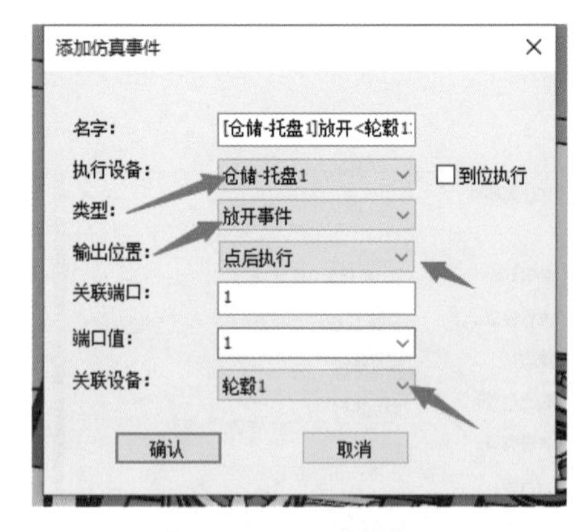

图 5-176　选择仿真事件

⑭ 选中吸盘工具，点击三维球，右击并选择到中心点，如图 5-177 所示。

⑮ 选择轮毂的一边，如图 5-178 所示。

⑯ 旋转三维球，使吸盘对准轮毂，如图 5-179 所示。

⑰ 右击吸盘工具，选择“抓取（生成轨迹）...”，如图 5-180 所示。

⑱ 选择“轮毂 1”，点击“增加”并点击“确定”，如图 5-181 所示。

⑲ 设置偏移量 20mm，并单击“确定”，如图 5-182 所示。

⑳ 拖动三维球，使机器人回到安全点，如图 5-183 所示。安全点的位置是 1 轴 116°，2 轴 −5°，3 轴 18°，4 轴 0°，5 轴 76°，6 轴 16°。

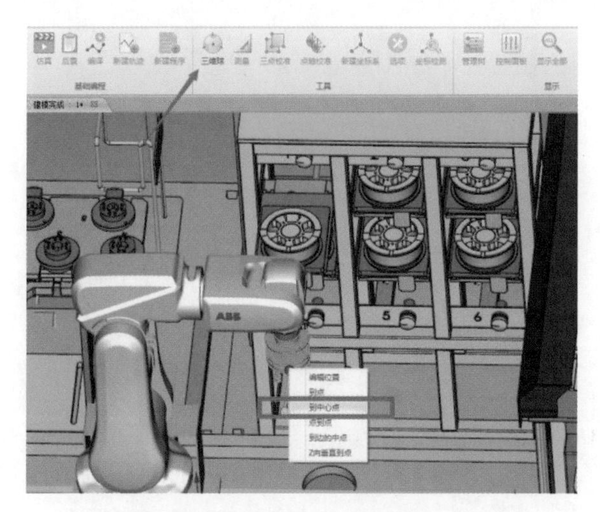

图 5-177　选择“到中心点”

图 5-178　选择轮毂的一边

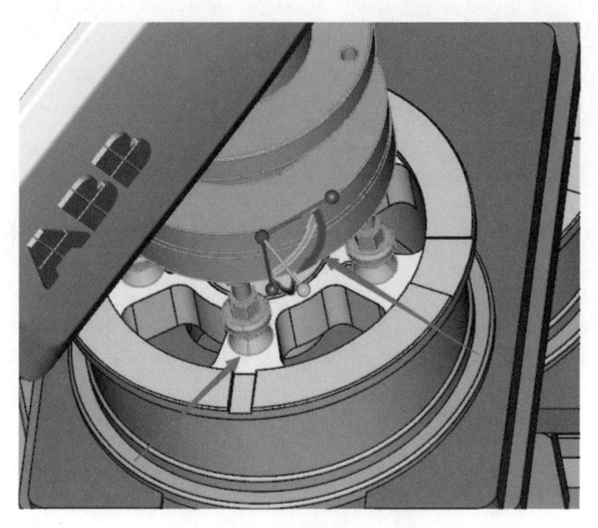

图 5-179　调整机器人角度

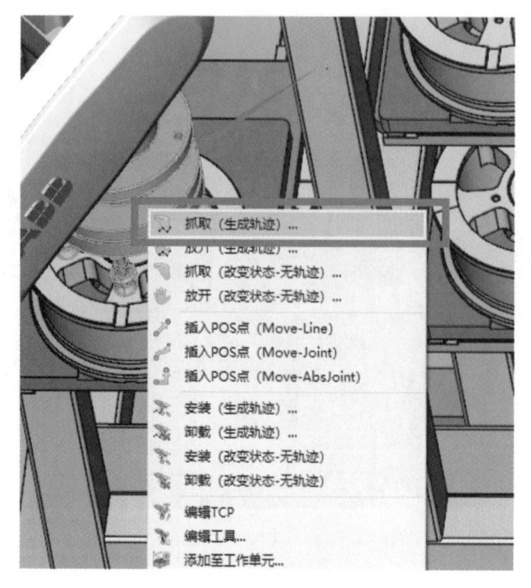

图 5-180　抓取轮毂

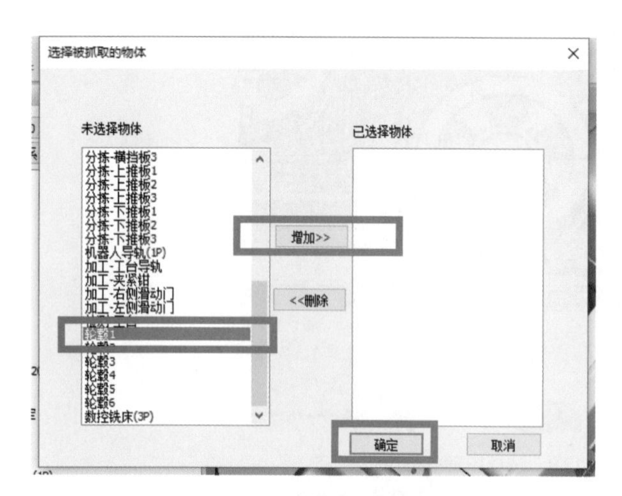

图 5-181　选择被抓取的物体

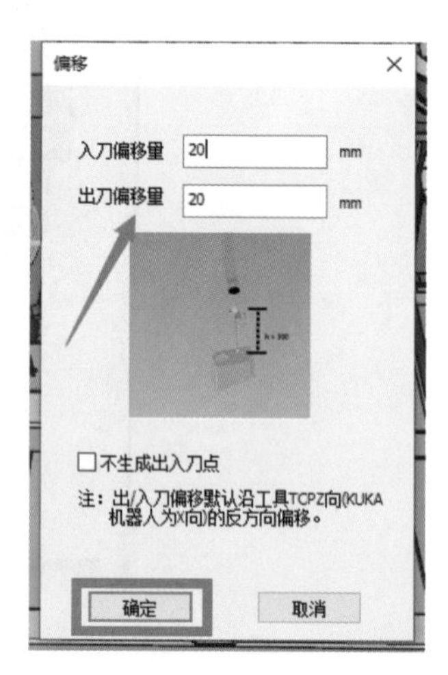

图 5-182　设置入刀、出刀偏移量

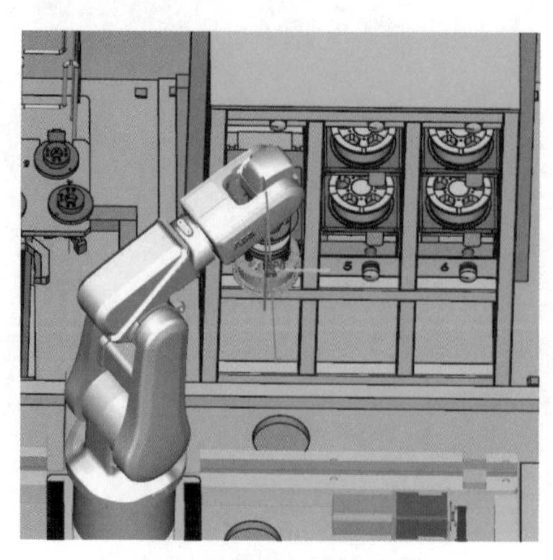

图 5-183　机器人回到安全点

㉑ 插入 POS 点，回到机器人原点，如图 5-184 所示。原点的位置是 1 轴 90°，5 轴 90°，其他轴均为 0°。

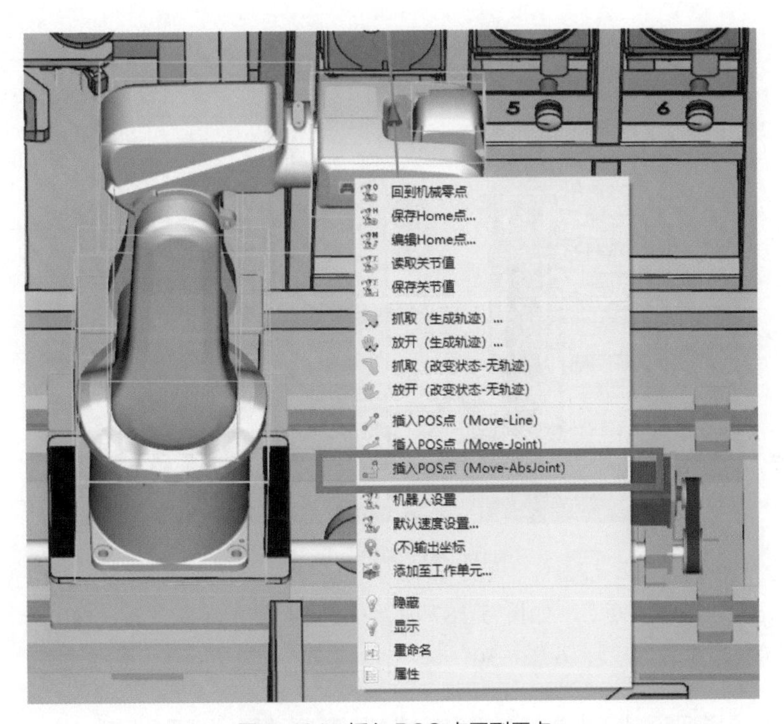

图 5-184 插入 POS 点回到原点

2. 轮毂的打磨

① 打磨是使用打磨工具来完成的，采用生成轨迹的方式，生成的轨迹就是打磨的区域。机器人到达“过渡点”位置，如图 5-185 所示。过渡点位置是工具位置上方 30mm 处。

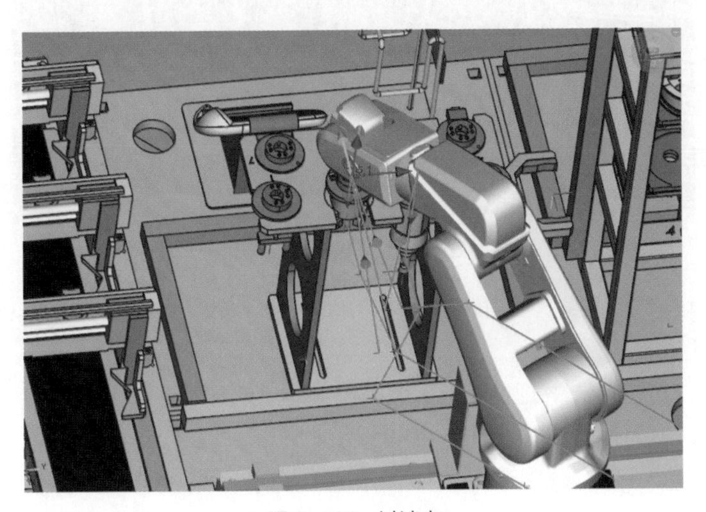

图 5-185 过渡点

② 上个任务中，吸盘工具还在机器人的六轴上，所以先进行吸盘工具的卸载。选中吸盘工具，设置偏移量，如图 5-186 所示。

图 5-186　卸载吸盘工具

③ 机器人回到“过渡点”，如图 5-187 所示。过渡点位置为 1 轴 −140°，2 轴 21°，3 轴 11°，4 轴 0°，5 轴 67°，6 轴 −50°。

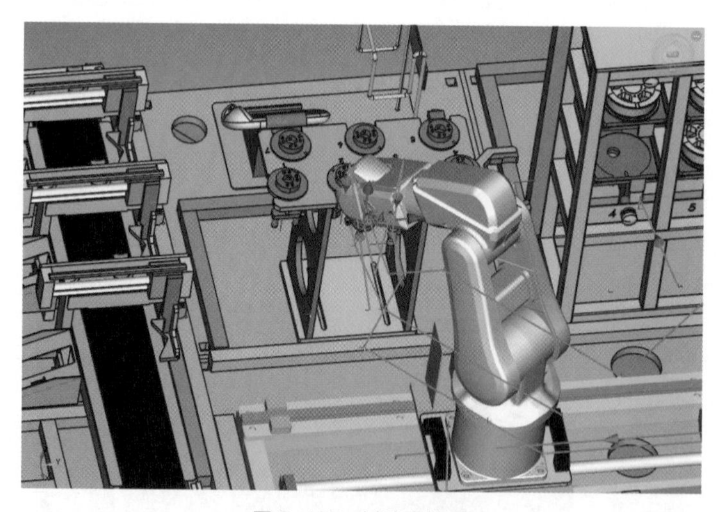

图 5-187　过渡点位置

④ 机器人到达“安全点”位置，如图 5-188 所示。安全点位置：1 轴 -90°，5 轴 90°，其他轴均为 0°。

⑤ 打磨工具的安装。选中打磨工具，如图 5-189 所示。

⑥ 修改入刀、出刀偏移量，如图 5-190 所示。

⑦ 机器人到达一个“过渡点”，如图 5-191 所示。过渡点位置为 1 轴 −140°，2 轴 21°，3 轴 11°，4 轴 0°，5 轴 67°，6 轴 −50°。

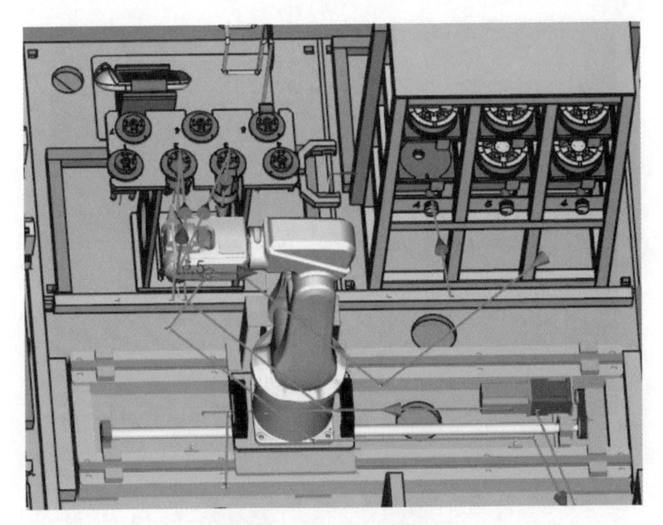

图 5-188　安全点位置

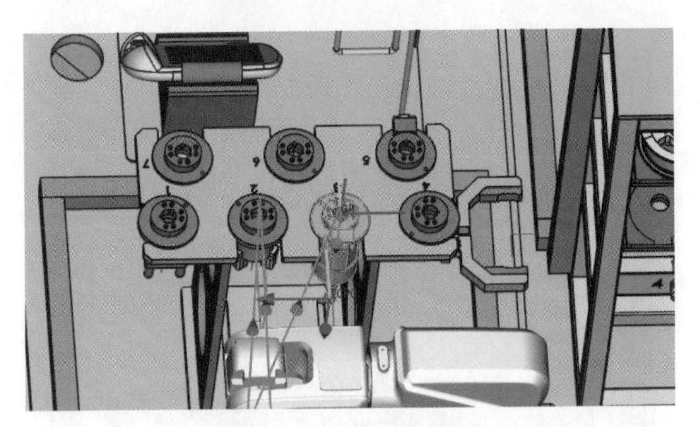

图 5-189　打磨工具的安装

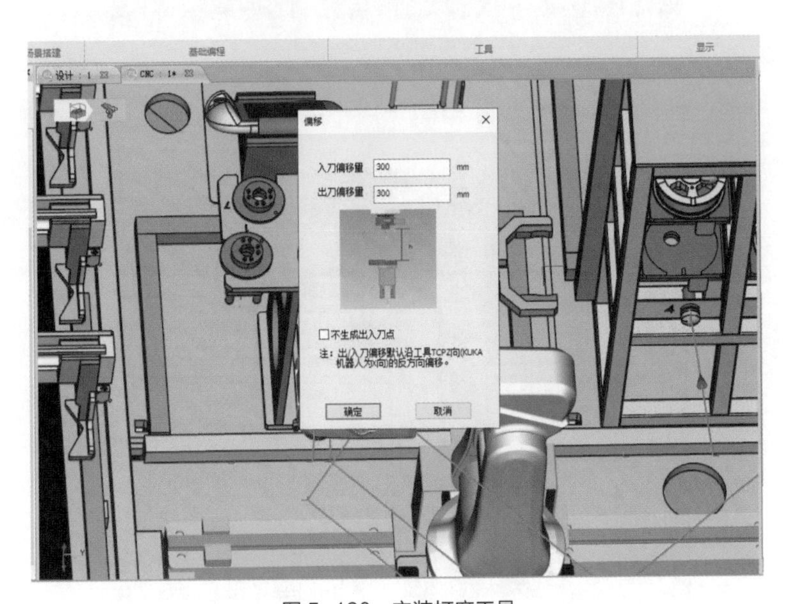

图 5-190　安装打磨工具

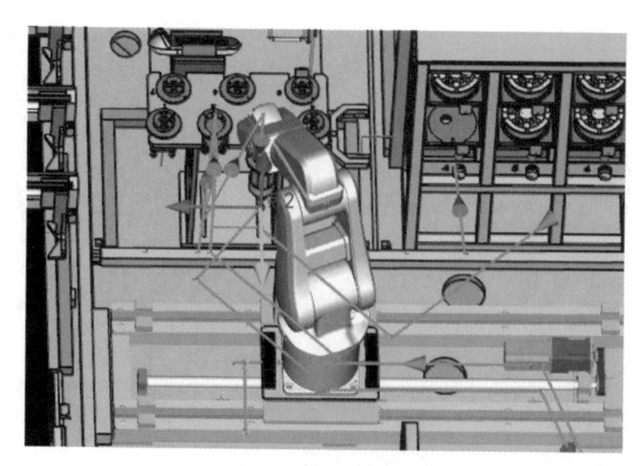

图 5-191　过渡点

⑧ 机器人到达“安全点”位置，如图 5-192 所示。安全点位置：1 轴 −90°，5 轴 90°，其他轴均为 0°。

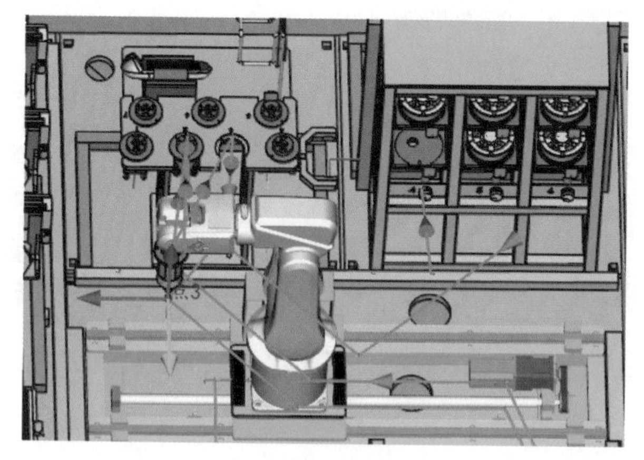

图 5-192　安全点

⑨ 单击三维球，机器人旋转 90°，如图 5-193 所示。

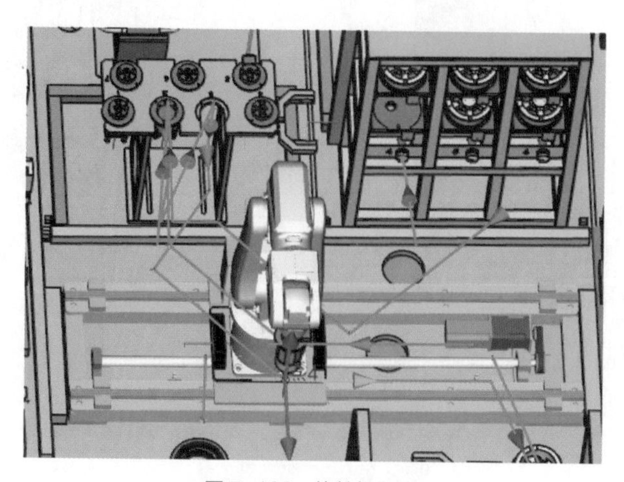

图 5-193　旋转机器人

⑩ 右击机器人轨迹，选择“添加仿真事件”，类型选择“发送事件”，输出位置选择“点后执行”，如图 5-194 所示。

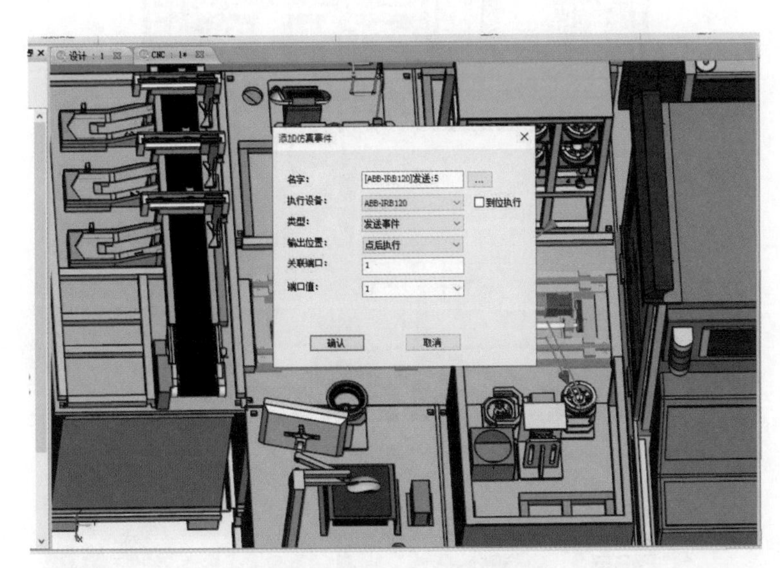

图 5-194　机器人添加仿真事件

⑪ 右击导轨轨迹，选择“添加仿真事件”，类型选择“等待事件”，输出位置选择“点前执行”，如图 5-195 所示。

图 5-195　导轨添加仿真事件

⑫ 导轨移动到安全位置，如图 5-196 所示。

⑬ 右击导轨轨迹，选择“添加仿真事件”，类型选择“发送事件”，输出位置选择“点后执行”，如图 5-197 所示。

⑭ 右击机器人轨迹，选择“添加仿真事件”，类型选择“等待事件”，输出位置选择“点前执行”，如图 5-198 所示。

⑮ 点击上方“机器人编程”菜单中的“生成轨迹”，如图 5-199 所示。

图 5-196　导轨移到安全位置

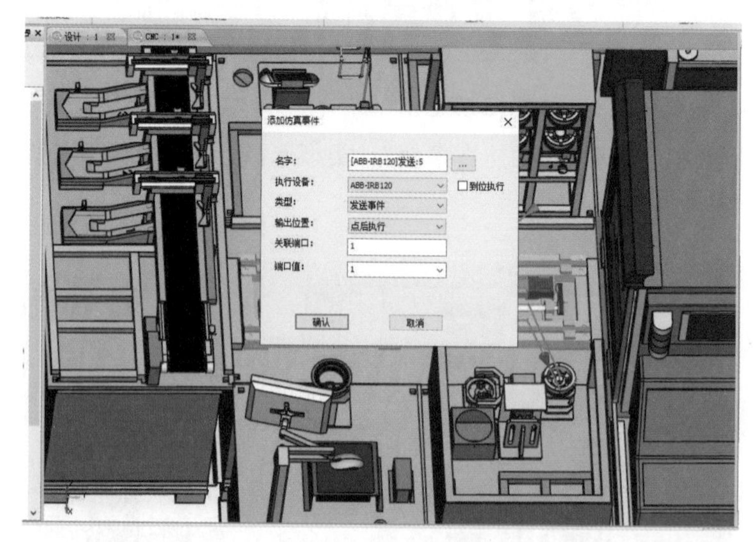

图 5-197　导轨添加仿真事件

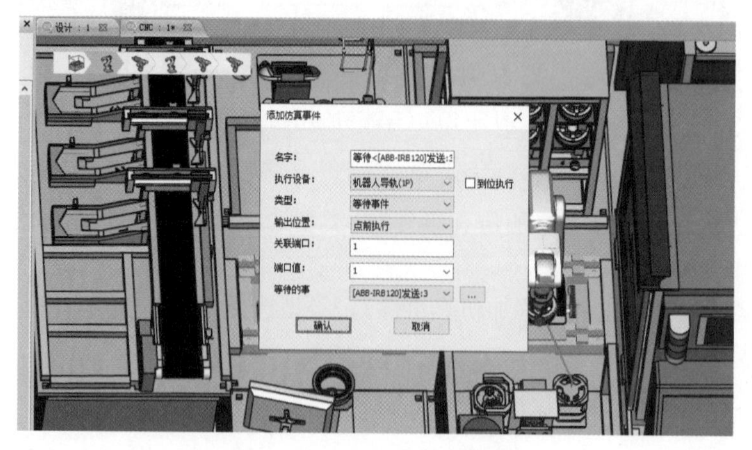

图 5-198　机器人添加仿真事件

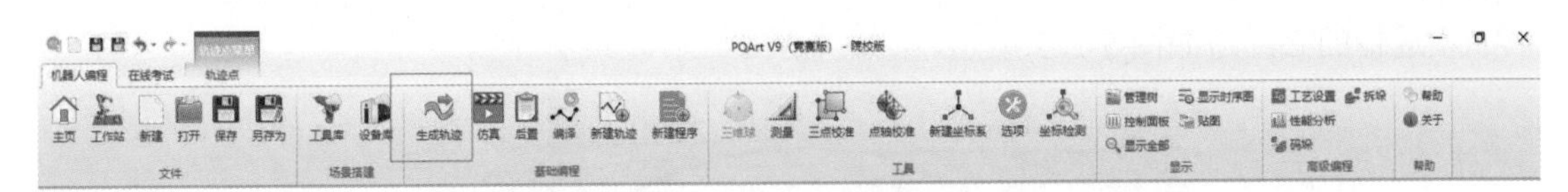

图 5-199　生成轨迹

⑯ 选择的边如图 5-200 所示。

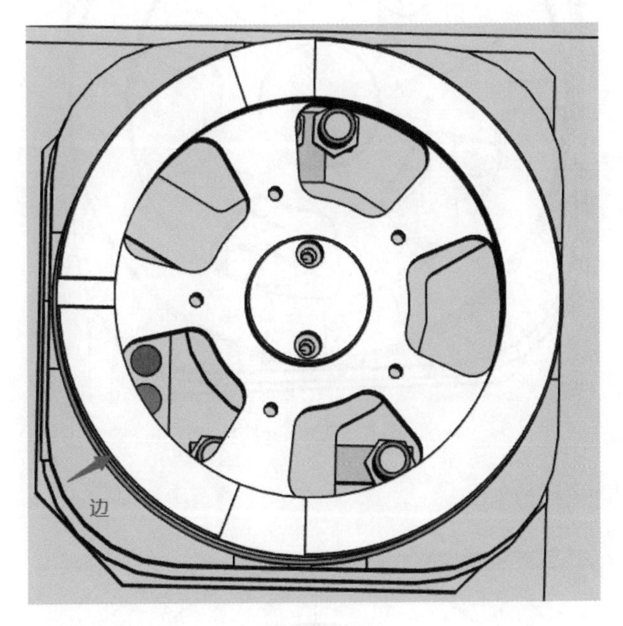

图 5-200　边

⑰ 选择的面如图 5-201 所示。

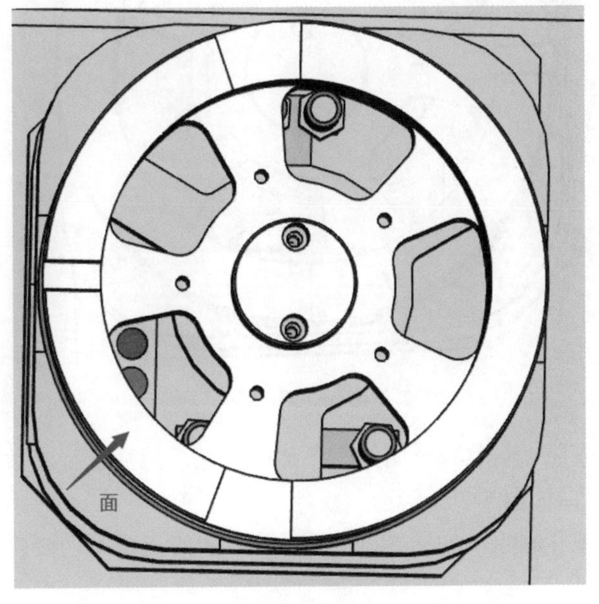

图 5-201　面

⑱ 选择的必经边如图 5-202 所示。

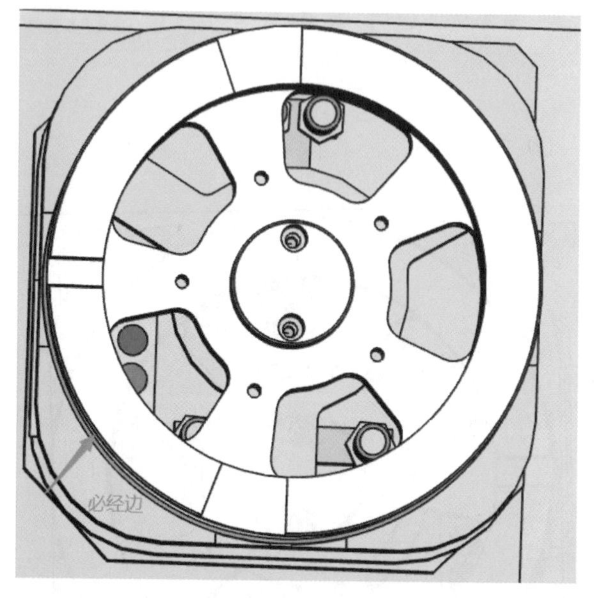

图 5-202 必经边

⑲ 选择的点如图 5-203 所示。

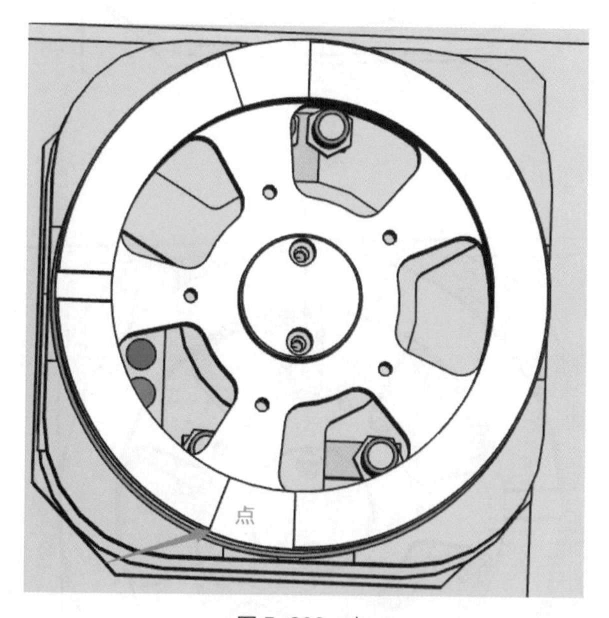

图 5-203 点

⑳ 使用打磨工具选择“沿着一个面的一条边”类型，然后选择“边”“面”“必经边”和“点”，最后点击“ √”，如图 5-204 所示。

㉑ 选择多余的轨迹并删除，如图 5-205 所示。多余的点是不需要打磨的地方，有轨迹的就是需要打磨的区域。

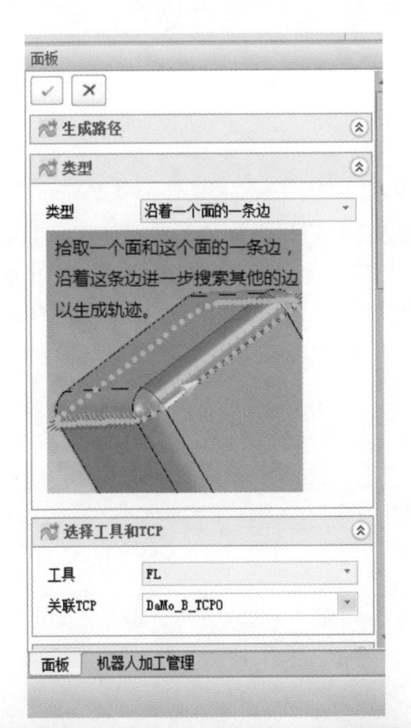

图 5-204　轨迹生成

图 5-205　删除多余的点

参考文献

[1] 叶晖，何智勇，杨薇 . 工业机器人工程应用虚拟仿真教程 [M]. 北京 : 机械工业出版社 , 2014.
[2] 魏志丽，林燕文，李福运 . 工业机器人虚拟仿真教程 [M]. 北京 : 北京航空航天大学出版社 , 2016.
[3] 刘天宋 . 工业机器人虚拟仿真 [M]. 南京：江苏凤凰教育出版社 , 2020.